R. P. ATHANASII
KIRCHERI
FULDENSIS
E SOC. JESU.
PHONURGIA
NOVA.

ATHANASII
KIRCHERI
E Soc. IESV
PHONURGIA
Mirandorum
In Sonos Artium
Physurgia
ad Leopoldum

ATHANASII KIRCHERI
E SOC. JESU.

PHONURGIA
NOVA
SIVE

Conjugium Mechanico-physicum
ARTIS & NATVRÆ
PARANYMPHA PHONOSOPHIA
Concinnatum;
quâ

UNIVERSA SONORUM NATURA, PROPRIETAS, VIRES effectuúmq, prodigiosorum Causa, novâ & multiplici experimentorum exhibitione enucleantur; Instrumentorum Acusticorum, Machinarúmq, ad Natura prototypon adaptandarum, tum ad sonos ad remotissima spatia propagandos, tum in abditis domorum recessibus per occultioris ingenii machinamenta clam palámve sermocinandi modus & ratio traditur, tum denique in Bellorum tumultibus singularis hujusmodi Organorum Usus, & praxis per novam Phonologiam describitur.

CAMPIDONÆ
Per RUDOLPHUM DREHERR.   ANNO M.DC.LXXIII.

JOANNES PAULUS OLIVA

PRÆPOSITUS GENERALIS SOCIETATIS JESU.

CUM Opus, cui titulus *Phonurgia Nova, sive de mirabilibus prodigiis soni, vocisque per machinas omnis generis propagandi* à P. Athanasio Kirchero nostræ Societatis Sacerdote conscriptum, aliquot ejusdem Societatis Theologi recognoverint, atque in lucem edi posse probaverint, potestatem facimus, ut typis mandetur, si ita iis, ad quos pertinet videbitur. *Datum Romæ 1. Decembris 1672.*

JOANNES PAULUS OLIVA.

Imprimatur

F. HYACINTHUS LIBELLUS
Sac. Palatii Apost. Mag.

COPIA PRIVILEGII
SOCIETATIS JESU
PRO SACRO ROMANO IMPERIO.

EGo Georgius Muglinus Societatis Jesu per Superiorem Germaniam Præpositus Provincialis, pro potestate à Patre nostro Joanne Paulo Oliva universæ Soc. Jesu Præposito Generali accepta, Dño Rudolpho Dreher Typographo Campidonensi , circa Phonurgiam novam ab Athanasio Kirchero Societatis nostræ Sacerdote conscriptam , concedo Jus Cæsarei Privilegii usurpandi, quo Typographis & Bibliopolis omnibus facultas adimitur, vulgatos à Societatis Jesu Patribus libros , sine Superiorum consensu, imprimendi, recudendi, aut intra S. R. I. ac Provinciarum Sacræ Cæsareæ Maiestati hæreditario Jure subiectarum fines importandi , & importatos distrahendi. Datam facultatem manu meâ, & Officii Sigillo firmavi. Monachii 22. Octobr. 1673.

GEORGIUS MUGLINUS.

LEO-
POLDO I.

ROMANORUM
IMPERATORI
SEMPER

AUGUSTO,
JUSTO, PIO, FELICI,
PERENNEM FELICITATEM PRECATVR
ATHANASIUS KIRCHERUS
E SOC. JESU.

VALIDO Tubæ clangore
exaltabo vocem meam, clas-
sicorum polyphonismo Cœ-
li verticem concutiam, Cornuum Tibia-
rúmque Martiali fragore animos aurésq;
Auditorum perstringam ; præpotenti,

inquam, illâ virtutum heroicarum Tubâ PÆANA canam, quâ Religiosissimus LEOPOLDVS I. Romanorum Imperator semper Augustus, raro exemplo Mundo inclarescit. Si enim Actionum Tuarum modum altiùs discutio, in Tuo CÆSAR invictissime, Magnæ Mentis pectore, ordine prorsus consono, experiri video omnia, quæ sparsim diffuseq; apud alios inchoata sunt virtutum inter se catenatarum præsidia; Religionis Amor, Fides & Constantia ergà commissum Curæ Tuæ Imperium, in profligandis Christianæ Reipublicæ hostibus Zelus; imperturbabilis prospera inter & adversa in tot tantísque insultibus & insidiis, animus. Sed enim in hoc ancipiti rerum statu

DEDICATORIA.

tu non defuerunt Tuæ irritamenta seve-
ritatis, neque Civilis motûs semina, men-
tiúmque exulcerationes ubique obviæ;
attamen Tuæ amusi justitiæ, id est, pro-
videnti grandis Animi Tui moderatio-
ne, quæ vulnerata erant, Clementiâ Tuâ
sanâsti potiùs, quàm recidisti, qui etiam
dissimulando, nec omnia anxiè inquiren-
do, maluisti videri invenisse bonos, quàm
fecisse; amari potiùs, quàm timeri. Hi sunt
validi virtutū clangores, quêis Mundum
reples, quêis admirabili Mentis Tuæ
sublimitate Echonem in Subditos Tuos
resonas   CLAMORE
                                           AMORE
                                           ORE
                                           RE
                                              CLA-

EPISTOLA

CLAMORE, Vitæ Tuæ exemplo sollicitas; AMORIS & benignitatis magnetismo trahis; MORVM probitate instruis; ORE quot verba fundis, iis tot Leges condis; RE-ipsâ; Iustitiâ in cognitionibus, in dubiis Constantiâ, Prudentiâ in Consiliis, Fortitudine & Clementiâ consono-dissonos Subditorum motus ita temperas, ut in absolutam concordiam cunctorum animos trahere videaris, quarum quidem præstantiam virtutum silentio supprimere malim, quàm eas nimis parcè attingere.

Sed ut ad veræ sapientiæ scientiarúmq; studium, quo si quandoq; à Mole Mundi, quam sustines, liberius tempus obtinueris, laudabili distineris, calamum convertam. Est Tibi Sapientissime CÆSAR,

non

DEDICATORIA.

non duntaxat ad artium scientiarúmque cognitionem capessendam, sed & ad reconditiora Naturę sacramenta penetranda mirè capax Ingenium. Neque enim aliter ad literatorum lauream viam sternis, quàm exemplo, cùm jam vel à tenera ætate, Tuo in pectore Musarū omnium palæstram erexeris ut proinde jam liberalium disciplinarum vertices non Lauro tantùm, sed & Imperiali exornatos Diademate videamus, compositúmque tandem MARTEM inter & PALLADEM dissidium literarius Orbis agnoscat; & vel inde luculenter patet, quòd post complurium Operum meorum sub felicibus Augustæ Majestatis Tuæ Auspiciis editorum evulgationem, cùm de Phonurgia mea,

EPIST. DEDICATORIA.

mea, hujus Opusculi argumento, ejusque arcanis inaudisses, instanter egisti, ut ea quantocyus publici juris fieret. Quod Opus omnibus jam numeris absolutū ante Augustos Majestatis Tuæ pedes omni, quâ par est, obsequii & observantiæ affectu, Tibi veluti Mecœnati munificentissimo venerabundus, depono. Quod si Tibi Sacratissime CÆSAR arriserit; ecce lætitia gestiens, illud cum Poëta liberiùs canam:

Jam dominas aures jam Regia tecta meremur,
Et Chelys Augusto Judice tacta sonat.

Atque hisce calamum sistens, Deum Opt: Max: ardenter oro, ut domitis inimicis Triumphes in excurrentis sæculi felicitatem. Vale Orbis Fulcimentum, Reipublicæ Christianæ Spes, & Salus.

Ex Coll. Romano 12. die Febr. 1673.

EXEGESIS
FRONTISPICII PRÆCEDENTIS.
QUA VELUTI EMBLEMATE QUODAM TO-
tius operis Argumentum explicatur.

ECce tibi, quæ mira foni vocifque Poteftas
    Efficit, & Mundo Prodigiofa parit!
Aurea clarifonis complentur Vocibus aftra,
    Jactant Angelicos femper habere Choros.
Non ceffant fummo denfare Celeufmata Divi,
    Tergeminum Plaufum turba beata canit.
Inter fe trepidi fpirant certamina Venti,
    Aëris horrifono murmure Carmen agunt.
Sibilat hinc Zephyr°, Boreas ftrepit, Eur° & Aufter.
    Luctantes faciunt Ire redire fonos.
Hymnifonis recitat volucres modulamina roftris,
    Orbe repercuffo quas rotat aura levis.
Flexanimas tendendo fides Helicona per Orbem
    Circinat, & Mufas Mira fonare fuas
Edocet infignis Pindi Phonafcus Apollo,
    Dum refonum blanda voce perennat Opus.
Concertant Dryades Cantu, Satyríque bicornes
    Ingeminant Calamos læta per arua fuos.
Exagitare feras fonitu, quem tortile cornu
    Exerit, ut totum mulceat ore nemus,

                Alma

'Alma Diana docet, Animos conflictibus addunt
Tympana, Siftra, Tubæ, dum reboare folent.
Cornua Nereides inflant; Vagus incola Ponti
Buccinat & gratum fundit ad alta melos
Hic Echus varias ludit per imaginis Umbras
Quas vaga vox fparfim flexa reflexa facit.
Hic fefe pandunt invifa Theatra fonorum
Quéis animum Magicus fafcinat arte fonus.
Fama fed immenfum volitat clangore per Orbem
Inclyta per cælos Cæfaris Arma vehens.
Hæc funt Kircheri, quæ fere, monumenta laborum
Miro quæ præfens dogmate monftrat opus.

Sic cecinit.

JOANNES STEPHANUS KESTLERUS.

IN
PHONURGIAM KIRCHERIANAM
SYNCHARMICUM.

HActenus exiguos extruxit Fama Triumphos,
    Kircheri & laudes vix tetigiſſe putat.
Plauſus erat major lato ſpargendus in Orbe,
    Et pleno reboans major ab ore ſonus.
En nova ſublimes quæ buccina percutit auras,
    Et quæ vel Famam vincere voce queat.
Unde novos potiùs nullo ſub limite Mundos,
    Subque novo terras ſidere quære novas.
Orbis hic anguſtus, certe magis ille ſonorus,
    Cum feriat geminum vox agitata latus.
Una ut naturæ vox, una & dignior Echo,
    Uno Kircherum geſtiat ore loqui.
Scilicet impavidus dum ſubterranea luſtrat
    Regna, tenebroſas auſus adire domos.
Ventorum & tractus ſequitur, nigróſque receſſus,
    Sæpe ubi diſrupto fædere terra fremit.
Dumque iterum ætherias ſpectat ſublatus in auras,
    Et tonitru & celeri fulmina torta manu.
Quid mirum eſt, inquit, tanto reſonare fragore,
    Quæ viſa antiquum eſt ferre ruina Chaos.
Vis cæca, & nullis frænari legibus apta,
    Nec ratio hæc, potiùs ſed furor arma quatit.

Magna

Magna quidem irarum, & ferale fonantia bellum,
    Muta fed, & nullis figna referta notis.
Hic labor hic meus eft, aliam fubtexere formam,
    Quaque tonare fimul, qua videare loqui.
Ignivomas voces, & verba tonantia reddas,
    Ore feras ventos, flumina voce feras.
Nec folles Vulcane tuos, fteropisve lacertos,
    Quæro, non ftrepitus turbinis Eure tuos
Mufarum hoc opus eft, poffunt namq; omnia Mufę
    Talia vel numeris monftra liganda docent.
Mufarum hinc fedes vifum eft, & Apollinis antra,
    Vifere, & infuetos voce ciere modos.
Dum totum hic bibit ore melos, fontemq; recludit,
    Numine & afflatur jam propiore Dei.
Divinum infpirat tandem Mufurgia pe&tus,
    Nec mortale fonans, fpiritus intus alit.
Hic feu dele&ent dulcis modulamina cantûs,
    Compreffove fonos aëre; five manu.
Pandit hic in fylvis quid & Orpheus, & quid Arion
    Inter aquas, & quid tu Philomela potes.
Nec fatis humanas fic gutture fle&ere voces,
    Sed docet ingenti verba animare fono.
Hicq; tubam memorat qua pofsit ferre per auras
    Verba, & longinquas ire loquela vias.
Tardior abfentes haud nunc mora terret Amicos,
    Mittitur aut dubia Littera fcripta manu.
                           Dum

Dum licet abſonos audire & reddere voces,
    Nec, quamvis oculis, diſtat ab ore locus.
Prima quidem eſt audita dato inclareſcere ſigno,
    Anglia, belligeris clangore nata tubis.
Anglica ſic dicta eſt tuba, ſic vel læta fatetur,
    Quod Kirchere Tuum eſt, Anglia velle ſuum.
Dumq; Tui nuſquam magis extat plauſus honoris,
    Quid mirum eſt Anglos præcinuiſſe Tibi.
Rara Avis, & diu domitrix Muſurgia fati
    Non timeas poſthac, his celebrata, mori;
Extremam Cygnus languenti voce ſalutat
    In Cantu ſuperos, non moritura Diem.
Nam fæcunda fores, quæ ſolum funere Phœnix
    Diſsimilem haud prolem vel rediviva paris.
Augurio en vocis Tibi par Phonurgia ſurgit,
    Voce pari reſonans, ſed nec honore minus.
Illic, heu taciturna nimis, Tuba conditur olim,
    Nomine ſub tanto ſed tacuiſſe juvat;
Hic donec pateant tantæ miracula vocis
    Spargat & Authorem latiùs Ipſa ſuum.
Ergo ſimul petat hoc ſibi vox & gloria centrum.
    Lausque ſono diſcat creſcere, Laude ſonus.
Jamque ſuæ incurvet modo cornua Luna Dianæ,
    Sunt propria indomitas iſta agitare feras.
Sylvicolæ texant, Satyri Faunique choreas
    Auribus Ecce iſtis fiſtula digna manet.
                          Ceru-

Ceruleam fi nonTritonque per æquora concham
Inflent, errantes decipit illa rates.
Horrifono miles Mars tuque accenderis ære,
Sed quoties diri funeris illa Tuba.
Cæfaris hæc noftra eft, hæc gefta, hæc illius arma,
Hæc quodcunque fonet Buccina, Cæfar erit.

ANTONIUS WIDDRINGTONUS Anglus.

AD

P. ATHANASIUM KIRCHERUM.

QUò Tuba côclufas ferat hinc per inania voces
Et procul à nobis, differis ipfe modum.
Mira equidem tradis nam quod Natura negavit
Hactenus id fieri fedulus artem doces.
Naturam amplificas, quæque illa impertit avarè
Rebus clauftra, magis tu fpatiofa facis.
Invideat vel amet? regnum namque illius ornas
Hinc, illinc major diceris Ingenio.
Invideat vel amet, neque enim modò difcet amare,
Aut odiffe Tuæ Nobile mentis Opus.
Per te docta prius quàm nos fermone doceres,
Edidicit meliùs, Fama animare tubas.
Nam tuba, quã pingis, refonat propè; fpargit at illa
Donatum chartis nomen ubique Tuum.
Hæc eadem ni fortè doces, minùs ipfe docebis,
Quam quod docta modis fecerit illa Tuis.

P. JOS. PINUS.

VIRTVTVM COMPENDIO, MVSARVM VNI-
ca Gemmæ, *Orbem in sui admirationem rapienti, vix imitabili,*
Antipodum Oraculo, *Viro* πολύμαθε, *Fuldensi* Flori, *Italia* Civi,
Romana Palladi, *Admodum Reverendo & Eximio*
in CHRISTO *Patri,* Patri ATHANASIO
KIRCHER *è Societate* JESU. ·

Nsequitur Te justus honor, Kirchere fugisse
   Non prodest, celer est, Tu fugis, ille volat.
Proemia cùm renuit, Virtus Tibi proemia portat,
   Quo magis hæc renues, tunc magis illa dabit.
Te vult Fulda suum, Latium sed gaudet honore,
   Hæc si lactando Te, dedit esse Tibi.
Te vult Roma suum, quod si contendere Fulda
   Vult cum Romanis Judicis arbitrio
Lis committenda est, causæ decisio, sic sit.
   Romæ mens, Fuldæ, sit valor ingenii.
Æternis Circis, celebret Tua Nomina Roma,
   Insculpatque suis, Symbola Fulda typis.
Objectum Circi non sit Te noscere Terras,
   Astra, Mare, aut quidquid vasta Mathesis habet,
Antipodum linguis uti, Memphisque sepulta
   Symbola, Romanis, arte citasse novâ :
Majus quid volumus, Tuba sit quâ Fama loquatur,
   Æthraque cernantur, contremuisse sono :
Ars Kirchere Tua est; Aquilis concessa Voluptas
   Ut solem fixo Lumine conspiciant.
                      Frons

Frons Aquilina Tibi, radios per condita vibras,
  Quid mirum? an non Tu rarior Orbis avis?
Altius ut tendat telum, vaga chorda premenda,
  Ingenio ut fcandas, candida corda premis,
Preffo corde nihil citiùs, protrudit in altum,
  Et quia Tu tantâ dexteritate vales,
Pro fermone inter Divos, Terræque Poliíque,
  Hoc inftrumentum fers plaga ab Ætherea.
Orbis Delicium Tu nempè ter Optime Cæfar
  Kircheri munus, fit Tibi conveniens,
Jam jam Fernandis poteris Tua facta referre, &
  Dicere quam forti, pectore multa geras.
Hactenus Heroum repetebat fama per orben
  CÆSARE TE, decet ut, Fama volare fciat.
Nam Tibi de cælo Nomen LEOPOLDUS, & ecce,
  D. non fit fiet, Magne LEO, POLUS es,
Jungito poft LEO, D. fenfus LEO de POLO habetur.
  Heroum Polus es, Fama Polaris erit.
Sic Kircher quas; KIRCH ER, hoc eft TEMPLUM
            (ILLE vocatur.)
Tu Templum Famæ Nobile, Kircher eris.

Ita Tibi Cliens Tuus devotiffimus accinebat, cum Maximi
  CÆSARIS, clementiffimo juffu, ROMÆ Te Directore, Orien-
talium linguarū fpecimen daret JOANNES BAPTISTA *Podeftâ*
Sacræ Cæfareæ Regiæque MAIESTATIS linguarum Orien-
talium Secretarius. *Romæ ex Mufæo meo, ad Collegium*
Maronitarum de Monte Libano, in Fefto S. THOMÆ
Aquinatis 7. *Martii* 1673.

IN
ADMIRABILEM PHONURGIAM
P. ATHANASII KIRCHERI
differtifsimi Naturæ Myſtagogi.

EPIGRAMMA
Quod meritißimo Inſtitutori ſuo debita gratitudinis & Obſer-
vantiæ causâ ſubnectit.

JOANNES STEPHANUS KESTLERUS.

INgenio defeſſa Tuo Natura laborat,
   Dum ſtudet in Vires creſcere mille novas.
Quævis in Arcanis penetralibus àbdita condit
   Alma Phyſis, ſtudiis ſunt ſuperata Tuis.
Tanta perinde Tuæ confurgit Gloria famæ,
   Orbis ut hanc capiat non ſatis Vnus adeſt.
Accedit Majus; dum Nomina Cæfaris ornas,
   Inde Tuis Vernat Laurus honora Comis.
Sic poſtquam terras famâ compleveris omnes,
   Aëris Imperium Regia Juno dabit.

PRÆ-

PRÆFATIO
AD LECTOREM.

TRICENUM jam annorum curri-
culum tranfigitur, quando Opus,
quod *Ars Magna Lucis & Umbræ* in-
fcribitur (quo, quæcunque ad Vi-
fûs vifibiliúmque doctrinam &
fcientiam quovis modo revocari poterant , multiplici rerum novarum argumento tradebantur) Literariæ Reipublicæ exhibebam , quod cùm non
exiguo plaufu à Literario Orbe exceptum fuiffe
intellexiffem, non fecus:

> - - - - - *ac unda truditur undâ*
> *Sic variè exagitant tumidas molimina mentes.*

incredibilis fanè animo peregrinis ideis prægnan-
ti uti novorum femper, novorúmque technafma-
tum producendorũ Cupido, ita quoq; Acufticam
faculatem Opticæ fidæ Sociæ pari argumentorum
varietate & opulentiâ conjungendi , ardentiſsi-
mum infedit defiderium; fiquidem parralleâ quadam comparatione unius cum altera conftitutâ,
certè tantam harum ad invicem affinitatem inveni, ut lucem nihil aliud, quàm confono-diffonum
quiddam oculis; auribus verò lucidumbre quidpiam effe, haud inconfentaneâ combinatione con-
cluferim, atque adeò ex harum mifcellâ, quicquid
in Mundo admiratione dignum , quodque mor-
talium

talium animos tantopere attonitos reddit, refulta-
re videatur. His itaque probè præcognitis, non
adeò difficile arduumque videbatur, utramque
paranymphâ rerum analogiâ connubio junctam
firmo unionis fædere stabilire.

Habet enim Phonurgia, sive soni practica scientia non minùs, quàm Photurgia, id est, scientia
Lucis longè latèque exporrectos δαυματυργίας suæ terminos, recessusque prorsus reconditos atque inac-
cessos, quos ut superarem, dici vix potest, quantum in doctrina subtili & ardua, κατὰ τὴν ἀκατάληπτον in
sua principia resolvenda mihi laborandum, quàm
meus hic animi sudârit & alserit ausus: Vicit tandem labor improbus, omnia inquam evicit im-
plantata mihi ad similia arcana Naturæ quibuscunque modis & mediis eruderanda propensio,
quâ factum est, ut nihil intactum intentatumque
reliquerim, ut ad ambitum concepti moliminis
scopum tandem pertingerem. Quod tametsi in
vasto Musurgiæ Opere quàm uberrimè præstite-
rimus, in hoc tamen præsenti opusculo præter ea,
quæ in *Nono Musurgiæ Libro* exposita sunt, hic re-
petita complurium novarum inventionum augmento cumulata stabilire conabimur, præsertim
hoc tempore, quo occasione Tubæ Mecologæ,
quam Trombam sive Trombonem vulgò vocant,
quam ante vicennium ego primus inventam, & in

Musur-

PRÆFATIO.

Mufurgia impreffam, nec non multiplici experimento comprobatam hic Romæ publici juris feci; quæ tandem præterlapfo Anno primùm in Anglia à clarifsimis & folertifsimis Regiæ Academiæ choragis refufcitata, atque in praxin deducta, non Britanniam tantùm, fed & Galliam Italiamq; omnium admiratione, clangore novo & infolito perculit; quam proinde tum ad multorum curiofioris doctrinæ Virorum, tum ad variæ conditionis Principum preces inftanter follicitatus ad incudē revocatam, multiplici varietate auctam, hoc præfenti Opufculo publici juris faciendam cenfui. Si proinde quidpiam ad Reipublicæ Literariæ emolumentum, & ad Principum delectationem, ufumque opportunum fructuofumque inde redundaverit, id non meæ tenuitati ingenii, fed πατραδóτη Luminum Patri acceptum Lector, ut adfcribat, velim. Vale & cæptis fave.

Authen·

Authentica Testimonia

De prima hujus Artis inventione.

JACOBUS ALBANUS GHIBBESIUS POETA
Laureatus Cæsareus in suo Epitalamio sic loquitur fol. 14.

[*At vocem stentoream optasset.*]

VOluisset utique sibi dari tubam illam novam,
quam suus Author vocat *Stentoro - phonicam*,
ad amplificandam, & dilatandam vocem, ut longè undique perciperetur ad complura passuum
millia; nupera est inventio Academicorum Societatis Regiæ Londini; præcipua verò laus tribui-
tur clar. Viro Samuëli Morlando Equiti Aurato,
tanquam primo & unico Inventori; Tametsi ᴵᵘᵖᵖᵘˢ
clamet Athanasius Kircherus, sibiq; decus famamq;
vendicet; Asseruit enim nobis hæc scribentibus,
rem totam abhinc annos circiter viginti à se descri-
ptam & vulgatam in *Tom. 2. Musurgia, Cap. de Phonismis.*
ubi sermo de Cornu Alexandri Magni (*cupidus
tria præco*) Tot omnino ad milliaria probatum est
in Anglia coram Rege; mirabilius multò est futurum, quod narravit mihi idem Kircherus de suo
Tiburtino secessu ad Montem Vulturellum, uti
rem recentisimam; is ibi cùm villicaretur (bis in
anno solenne ipsi)Religionis causâ ædem B. Vir-
gini sacram, quã instauravit, invisens hoc ineunte
Mense *Junio* anni 1672. (quo ipso Mense nondum
effluxo mando ego tantum prodigium memoriæ)

per

per inflationem fimilis Tubæ vefperi factam, accivit conceptis verbis & clarè editis in pofterum diem ad Chriftianæ pietatis Officia, & ad Euchariftiam duo ampliùs millia pecuariorum & Colonorum ex circumfitis agris, Pagis & Caftellis, qui fubinde cum conjugibus & liberis, ut vocati bene manè à quarto ufque lapide præfto fuerunt. *Hucufque* Ghibbefius.

P. GASPAR SCHOTTUS.

IN MAGIA NATURALI Parte II. Fol. 156.

NOn merè inanis eft fpeculatio, quæ circa *Tubum acufticum in remota loca voces propagantem* verfatur, fed effectum infallibilem habet Machina. Nam P. Kircherus Romæ curavit fibi fieri ex laminis ferreis ftanno obductis, (𝕭𝖑𝖊𝖈𝖍) Germani appellant, ingentem & longifsimum Tubum rectum inftar infundibuli, eumque intra conclave cubiculo fuo conterminum ita difpofuit, ut orificium majus promineret intra hortum Collegii Romani, minus verò orificium intra cubiculum fuum defineret. Quoties igitur Janitor Collegii eum ad portam evocare volebat, ne femper afcendere, aut altum clamare cogeretur, verfus patulum infundibili orificium in porta remotiori ftans fe vertebat, & quæ vellet dicto Patri Kirchero in fuo Cubiculo ad menfam ftudenti infinuabat, refpon-

ſponſumque accipiebat. Idemque confirmat citato *Libro ſecundo Folio 145.* & paſsim in toto Libro, ubi de Acuſticis inſtrumentis, de Tubis in
vaſtiſsima ſpatia voces propagantibus agit; qui
uti meus individuus fuit in re Litteraria ſocius,
ſic omnia mea circa prodigioſas acuſticas Machinas Experimenta ignorare non potuit, teſtis fi-
dus & *auctoritas,* Operum meorum aſsiduus Compi-
lator & Scholiaſtes.

P. FRANCISCUS ESCHINARDUS.
IN DISCURSU DE SONO PNEUMATICO
Fol. 10.

HÆc à pluribus Menſibus (ſcilicet ex quo Tuba Anglica Romæ promulgata fuit) quam-
plurimis etiam digniſsimis Viris Ore & Scripto
ſignificavi; & audio non paucos nunc inclinare in meam ſententiam, ſicuti ſemper illi favit
P. Athanaſius Kircherus, à quo de Tubæ phonicæ
conſtructione plura mox accipies, qui præter ea,
quæ edidit in Muſurgia Anno 1648. conſtruxit
Conicum Tubum 21. palmorum longum, quo tam
reddebat, quàm accipiebat voces, etiam tenues ex
diſsitis locis mirificè auctas; rem notiſsimam in
Collegio Romano. Hæc P. Eſchinardus.

Conſentiunt hiſce Ephimerides Romanæ An-
ni 1672. ubi de Cornu Alexandri Magni, tum in
Muſurgia, tum in *Arte Magna Lucis & Umbra, Cap. de
Phoniſ-*

Phonifmis agit, hæ exprefsè dicunt: Hoc inventum jam à vicennio Romæ à P. Kirchero evulgatum. Idem teftatur Joannes Philipus Hardorfferus *in Libro de Recreationibus Mathematicis, Tractatu de Musicæ experimentis.*

Mufurgia *Tomo II. fol. 271.* fic dicit: Acuftica inftrumenta ea vocamus, quibus, uti Opticis inftrumentis remota nobis objecta & fenfui vifivo impervia, veluti vicina & propinqua oculis fiftimus; ita acufticis inftrumentis, fonos ad fpacia remota, & fenfui acuftico impervia intra organa ad Naturæ exemplar fabricata mirâ induftriâ coarctatos auribus repræfentamus abfentium. Item *Fol. 275. Coroll.* ubi defcribitur Tubæ Conicæ & Cylindraceæ differentia, & de fono vehementi cornu Alexandri Magni, & caufis ejus. Item *Fol. 278.* ubi de Tuba in Arcum torta: cùm enim fimiles reflexiones intra Tubum fervent, hinc fit, ut infinitæ lineæ femper acutiùs reflexæ ubique aliquem orthophonifmum relinquant, ex quibus tandem vehemens illa foni intenfio nafcitur, quam in hujufmodi Tubis miramur: cùm præterea Tubus femper ex amplo in anguftum decrefcat, fit, ut præter Orthophonifmos inter gurguftia illa Tubæ conftitutos, is foni intenfionem mirum in modum augeat, & infinitis hoc pacto polyphonifmis auctus fonus per umbonem in infinitum pænè propagetur.

DE

DE PRAXI VERO, ET FABRICA HORUM TU-
borum Tubarúmque sic dicitur fol. 303.
Pragmatia VIII.

TUbum intra fabricam sive conicum, sive cochleatum ita disponere, ut quoscunque sonos tam articulatos quàm inarticulatos in conclavi aliquo, à publico quantumvis remoto, id est, ad remotissima spatia, ita certè & distinctè reddat, ac si ad aures absentium contingerent, nemine unde venire possint suspicante; & experientiâ in utroque Tubo in Collegio Romano comprobatum fuit Anno 1649.

IN ANNUIS SOCIETATIS JESU ANN: 1594. 1595. à P. Sebastiano Beretario scriptis Romæ 1602 & editis Neapoli 1604. pag. 751. agens Author de Populis Montanis dictis in Americâ & Provinciâ Peruvii sic scribit:

ALtera est (harum Gentium) consuetudo, quâ Gentibus omnibus præstare videntur. Tubis enim tibiisvé certa inflatis ratione, ita quod volunt significant, ut & longè audiantur; & perinde ac si expressis vocibus loquerentur, intelligantur, neque tamen ab iis, qui eorum linguam norunt, quæ significantur percipiuntur; nisi diu apud eos versati sint. Et cùm in quodam ejus Gentis populo Nostri penuriâ comeatûs laborarent, die quodam bene mane magnus feminarum numerus cum paropsidibus farinæ, escarumq; aliarum plenis præstò fuêre, ad eorum inopiam levandam.

d   dam.

dam. Miratus Samaniacus (Sacerdos Societatis)
rei infolentiam, Caciquii Imperio id facere juſſas
accepit: buccinamq; illam quæ pridie ſub noctem
ſtrepuiſſet, id ſignificaſſe. *Hæc ibi.*

Multa ex aliis Authoribus adduci poterant, ſed
hæc pauca ad atteſtationem ſufficiant.

INDEX

INDEX ARGUMENTORUM,

Quæ hoc Opere continentur.

LIBER I.

PHONOSOPHIA ANACAMPTICA

PRÆFATIO.

Continens

Definitiones: Axiomata feu Hypotheſes: Poſtulata & Data.

SECTIO I.

DE NATURA ET PROPRIETATE SONI.

(*)   CAPUT

SECTIO II.

DE ARCHITECTURA ECHONICA.

CAPUT Continens varia Problemata.
I.

PROBLEMA. *Si objecta* phonocamptica *ex determinato loco*
1. *ita disponatur, ut ad vocale non parallela tantùm, sed & normalia sint, vox ex singulis reflectetur in se ipsam.* 41

2. *Datis duobus punctis sive stationibus, tum objecti situm, tum angulos determinare, sub quibus vox loxophona it, & redit.* Ibid.

3. *Datis quibuslibet punctis, seu stationibus quomodolibet dispositis, dummodo legitimam Echonis producenda distantiam habeant, ita objecta* Anacamptica *disponere, ut vox reflexa solis illis, qui dictas stationes, aut lineas directo-reflexas occupant, innotescat.* 42

(**)   4. *Datis*

SECTIO III.

TUBORUM, TUBARUMQUE ACUSTICArum Fabrica.

SECTIO IV.

DE FABRICIS IN USUM RECREATIONEMque *Principum quèis secreto consilia sua sibi invicem communicare possint, constituendis.*

2. Fabri-

SECTIO V.

DE MIRIFICIS ORGANORUM ACUSTIcorum *fabricis, quêis ad immensa spacia tam articulata quàm inarticulata voces propagari queant.*

CAPUT I. De Conicarum sectionum usu in Phonurgia.

SECTIO VI.

ARCHITECTONICA INSTRUMENTORUM Acusticorum, *quorum ope per sonos quà articulatos, quà inarticulatos ad maximam locorum distantiam quemlibet reciproco eor. responsu mentem suam alteri quantumvis dißito manifestare posse, experientiâ demonstratur.*

CAPUT

INDEX ARGUMENTORUM,

TECHNAS-

TECHNAS-

INDEX ARGUMENTORUM.

LIBER II.

PHONOSOPHIA NOVA.

Quâ recondita & abstrusa sonorum rationes per numeros exponuntur.

SECTIO I.

DE PRODIGIOSA SONORUM VI ET
Efficaciâ.

(★★★)   2. Duæ

SECTIO II.
PHONURGIA LATRICA
Sive

DE PERTURBATIONIBUS ANIMI MORbisque vi Muſica curandis.

CAPUT

SECTIO III.

DE VARIIS PRODIGIOSIS SONIS.

ATHANA-

ATHANASII KIRCHERI
E SOC. JESU.

PHONURGIÆ
LIBER I.

PHONOSOPHIA ANACAMPTICA
quæ & Ars Echonica dicitur.

PRÆFATIO.

ECHO ludibundæ Naturæ jocus, à Poëtis imago vocis, juxta illud VIRGILII.

> *Saxa sonant vocisque offensa resultat*
> *imago.*

Echo quid?

A Philosophis reflexa, repercussa, reciproca vox, ab Hebræis *Bat col.* filia vocis dicitur; Cujus ea recondita natura est , ut in hunc usque diem latentem vix sit qui explicârit.

Notum quidem est, & pæne vulgare, reflexam vocem esse, sed quomodo, ex quibus, quâ propagatione, quâ celeritate, distantiâ efficiatur, adeò incognitum, ut quicquam aliud; nec videtur occurrentium difficultatum vastitas ullâ ratione exhauriri posse, nisi ab illo, qui maximâ experientiâ, singularíque industria instructus Nympham hanc fugitivam miris artibus elusam tandem deprehenderit, quod cùm nullus hucusque præstiterit, Ego desiderio ejus investigandæ sylvarum occultos recessus, nemorum, montiúmque abdita receptacula, vallium, ruderum, camporum, paludúmque scabrosa plana scrutatus, nihil non intentatum reliqui, quò ad abditam

Descriptio naturæ Echûs.

A   ejus

ejus naturam pertingerem; fed eam dum perfequor, fugit, dum fugio perfequitur, dum blandè loquor blandè eludit, dum valde clamo, quafi affeclis fibi vocibus afcitis voces congeminat, cedere nefcia; fubinde veluti indignabunda refponfum averfa fubter-fugit; nonnunquam ad unum verbum, garrulitate penitus infolenti decem alia refundit; varietate itaque atque inconftantia hujus fæpe fæpius illufus quà cantibus quà omnis generis Inftrumentis Muficis, fugaciffimam Deaftram fiftere, verbifque jam ad feveritatem, modò ad blandiendum compofitis, omnibus modis placare conatus fum, fed illa, uti fylvis & folitudinibus affueta, ita cicurari nefcia, facilè omnes meos conatus elufit, comitem tandem mihi copulans

Geometriæ ope natura Echûs inveftiganda. Geometriam *Anacampticam*, denuò illam ferocius aggreffus fum, cujus fagacitate tandem factum eft, ut fe fifteret, votifque meis planè fatisfieret. Quid igitur circa eam in varia mea peregrinatione diverfis in locis obfervarim, curiofo Lectori hoc tractatu communicare, &, ut Lector immenfas fonorum divitias luculentiùs cognofcat, fpecimen quoddam in hoc tractatu exhibere vifum eft, rerum prorfus admirandarum. Et *Primò* quidem novas *Phonocampticæ* artis rationes, & Canones proferemus. Secundò *Architectonicam Phonocampticam*, five artem *Echometricam*, ex penitiffimis naturæ arcanis recludemus. Tertiò *Echotectonicam*, five *Acufticorum* Inftrumentorum fabricam, quam & *Catoptricam Phonocampticam* appellamus, producemus; quà quidem nihil in prodigiofa illa Magia *Catoptrica* contineri, quod *Phonocampticam* exhibere non poffit, multis modis & forfan haud contemnendis inventionibus demonftrabimus. Et quamvis BLANCANUS nofter primus, quod fciam, fuerit, qui de *Echometria* fcripferit, (in quo infignem planè apud pofteros laudem meruit;) nos ejus veftigiis infiftentes, traditis tamen ab illo minimè contenti, animum ad altiora attollentes, novam femper & novam variarum inventionum fcaturiginem aperientes, in eum hanc *Echofophiam* gradum evehere conati fumus, quem fcientia uti recondita, ita paucis nota, fuo veluti jure poftulare videbatur. Non dubito, quin Reges & Principes hifce allecti, magicas antiquorum in quorumvis fonorum exhibitione fabricas, omni ftudio impofterum fint inftauraturi. Sed relictis verborum ambagibus, ad rem ipfam procedamus; Et ut in *Echofophia* noftra folidiùs procedamus, primò

more

more Geometris affueto Definitiones, Axiomata & Poftulata præ-
mittere vifum eft, ut artis normam præcisè fervantes in omnibus
ἰσμεθοδίσις procedamus.

DEFINITIONES.

1. *Magia* five *Ars Phonocamptica* eft reconditior fonorum
fcientia, qua reflexæ & multiplicatæ vocis virtute, prodigiofas &
caufarum ignaris miraculofos effectus præftamus.

2. *Phonocampfis* nihil aliud eft, quàm reflexio vocis, quam
Græci & deinde alii *Echo* vocant.

3. *Centrum Phonicum* dicitur punctum, ex quo fonoræ lineæ
initium ducunt, ut in fequenti figura punctum A.

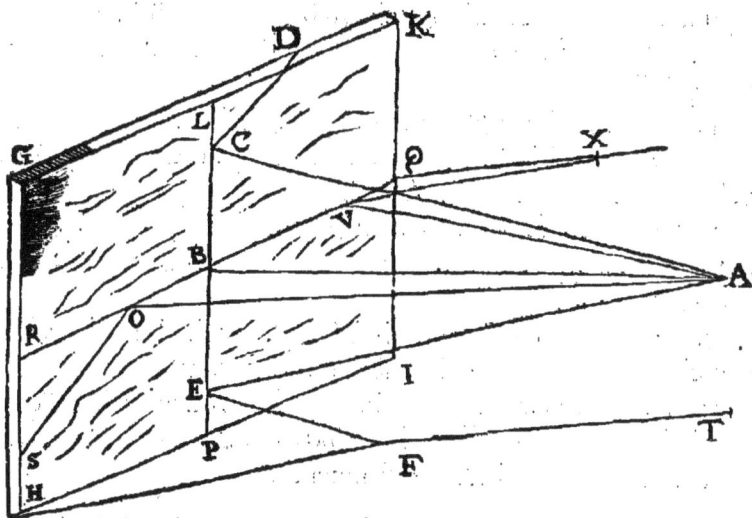

4. *Centrum Phonocampticum* eft punctum extremum in linea *Phonocamptica*, in quo reflexa vox auribus fe fiftit, uti funt
centra B O V C E.

5. *Objectum Phonocampticum* dicitur omne obftaculum vocem reflectens, uti eft paries G K H I.

6. *Medium Phonocampticum* illud dicimus medium, per
quod fonus propagatur.

A 2 7. *Linea*

7. *Linea Phonica* five fonora aut vocalis illa eft, per quam vox it, & redit, qualis in figura eft A B. eftque multiplex, ut fequitur.

8. *Linea* 'Ορθόφων@ five fonora recta illa eft, per quam vox unde profluxit, eo refluit, uti funt omnes lineæ normaliter ad fonorum corpus à muro reflexæ; in figura eam refert linea A B. refpondetque radio Lucis normali. Λοξόφων@ dicitur linea fonora oblique in oppofitum murum incidens, & fub eodem angulo reflectens, uti in figura eft linea O S. & C D. Eftque quadruplex, vel enim in altum reflectitur ab imo ex C. in D. & dicitur *Anophona*, id eft fupra-fonora vel *Catophona*, id eft deorfum-fonora, ex alto in imum reflectens ut E F. ex A E. vel dextrorfum reflectitur, ut V X. vel finiftrorfum, ut O S.

9. *Triangulum Phonicum* omne illud dicitur, quod efficit linea *orthophona* & *loxophona* unà cum diftantia centri reflexionis à puncto normali, cujufmodi eft A B C. vel A B E.

10. *Actionis linea* tota fonoræ lineæ longitudo eft, intra quam perceptibilis eft.

11. *Angulus Phonoptotus* five angulus *incidentiæ* eft, quem linea fonora cum objecto *Phonocamptico* facit, ut Angulus A B C. vel anguli A O B. A V B. A E B.

12. *Angulus Phonocampticus* eft, quem linea reflexa cum objecto *Phonocamptico* conftituit, ut eft Angulus L C D. vel S O R. P E F. X V Q.

13. *Angulus confufionis* foni eft Angulus ex duobus *Phonifmis* conicis aut cylindraceis fe interfecantibus caufatus.

14. *Polyphonifmus* eft vocis in corpore concavo variè reflexæ multiplicatio, ut *Phonifmus* nihil aliud eft, quàm actus foni fphæricè, conicè vel cylindricè fe diffundentis.

15.		Parabolicum		Parabolica	
16.	Objectu Phonocampt.	Hyperbolicu,	eft corporis concavi	Hyperbol.	fuperficies.
17.		Ellipticum		Elliptica	

18. *Organa acuftica* funt Inftrumenta, quæ auribus applicata, magnæ vocis multiplicandæ vim habent.

19. *Phonoclafticum* corpus id dicitur, intra quod fonus refringitur, *Phonoclafis* verò ipfa vocis refractio eft, uti in aqua fit.

Axio-

Axiomata & Hypotheſes.

1. Omnis Angulus *Phonoptotus* eſt æqualis angulo *Phonocamptico*, ſive quod idem eſt, omnis Angulus incidentiæ, eſt æqualis Angulo reflexionis.

2. Omne centrum *Phonicum* ſonorum rectis lineis radiat in orbem.

3. Natura in ſono non niſi per breviſſimas lineas finem ſuum attingit.

4. Omne id & ſolùm audiri poteſt, quod ſonora linea attingere poteſt.

5. Sonus, reflexione multiplici in unum radiante, vehementer intenditur.

6. Omnis reflexio ſoni, fit vel in ſe, vel in oppoſitam partem.

7. Tantò vox tardius auribus ſiſtitur, quantò objectum *Anacampticum* remotius, tantò citius, quantò propinquius fuerit.

8. Sonus menſuratur à lineæ ſonoræ activitate.

9. Tubus *Phonicus* ſive *Conicus* eſt Inſtrumentum ſive Organum, quo quis ad remota loca ſermocinationem inſtituere poteſt. Eſtque multiplex, uti poſtea.

10. Inſtrumenta *acuſtica* ſunt Inſtrumenta, queis quiſpiam cum alio ſecretò, palamvé congreditur.

Poſtulata & Data.

1. Dato in objecto *Phonocamptico* puncto quolibet, in quo reflexio fiat, reflexam lineam determinare.

2. Ex quolibet objecti puncto, ad quodlibet punctum reflexio conſtitui poteſt.

3. Datâ Tubâ proportionatæ longitudinis ad datam diſtantiam per eam ſermocinari cum aliis quis poteſt.

4. Data intenſione vocis, ad quantam diſtantiam ea ſeſe per tubam extendere poſſit, cognoſcere.

SECTIO

SECTIO I.

CAPUT I.

Qua reflexi soni Natura & proprietas describitur.

PRÆLUSIO I.

SONVS LVCIS SIMIA EST.

Quid sit sonus?

SONUS nihil aliud est, quàm qualitas sensibilis, quæ auditu percipi potest, neque est motus, ut quidam opinantur, corporum se collidentium: consequitur tamen motum corporum se collidentium sonus, non quidem immediatè sed mediante fractione aëris intermedii; unde corpora, quæ plus habuerint aëris & levoris, maximam sonandi vim sortiuntur, quia aër magis in levibus & aëreis corporibus frangitur, quàm in non aëreis & crassis; unde

Ad sonum collisio duorū corporum solidorum non semper est necessaria.

non semper quoque ad sonum necessaria sunt duo corpora solida se collidentia; sed aëris & aquæ impulsus sono producendo maximè aptus, ut fistulæ, & fremitus maris, tonitruaque luculenter edocent; fracto igitur ex collisione quorumcumque corporum aëre, sonus fit, qui à puncto collisionis non secus ac colorum species, in sphœram radians diffunditur: sicuti enim colores species suas, ceu vicarias objecti per radiationem emittunt undique, ita & sonus

Aqua subjectum soni est.

speciem suam. Porro medium soni, quo ejus species ad auditum deferuntur, non sunt subjectum sonorum, sed aër & aqua; & de aëre quidem nullum dubium est, de aqua experientia quoque nos certiores reddit; siquidem pisces certo sonitu congregari solitos, PLINIUS refert. Pisces quoque nominetenus vocari solitos comparuis-

Pisces audiunt.

se, idem PLINIUS refert; quin & tonitrua vehementer formidant, quod non fieret nisi sub aquis audirent. Urinatores quoque sub aquis vehementiores sonitus se percipere asseverant, & tanto facilius quantò minùs ab aquæ superficie abfuerint: quod manifestum signum est, sonum per aërem porosis corporibus, cujusmodi aqua,

Similitudo radii directi & reflexi ad sonum in aë-

ligna, muri sunt, ad potentiam auditivam penetrare. Aqua igitur medium soni est, etsi multò liquidiùs, faciliúsque soni per aërem, quàm per aquam traducantur; sicut enim se habet lucis radius ad

medium

medium denſius, in quo refringitur, hebetatúrque, ita radius ſono- re & in a-
rus in medio denſiori quoque refringitur. Hebetantur igitur, ob- qua.
tunduntúrque ſonoræ ſpecies aquæ craſſitudine, ut ſpecies viſibiles medio denſiore. Hinc tempore pluvio, & aëre vaporoſo minùs,
quàm eo defæcato audimus. In Aulis quoque Peripetaſmatis ſtra- Cur in Au-
tis vox obtuſa abſorptáque difficiliùs percipitur, quàm cùm nu- la tapeti-
bus orna
dantur tapetibus muri. Hinc quoque ratio deducitur, cur in pleno ta, ſonus
non ita ſin-
hominibus loco Muſica langueſcat, quia abſorpta intra veſtes, hu- cerus ſit.
manorúmque corporum concava vim perdit. Ita Aula, lanâ, vel
paleis ſtrata adeò obtundit ſonum, ut vix percipiatur. De quibus
pluribus in ſequentibus.

His præmiſſis, ſonum lucis Simiam eſſe, id eſt, in omnibus ferè Sonus imi-
lucem æmulari, modò oſtendendum eſt, quod, dum facio. No- tatur lu-
cem.
tandum primò, ſonum virtutis ſuæ ſphœram, intra quam ſolus is
percipiatur, efficere; extra verò eam neutiquam: ſed hæc ſphœra
fieri non poteſt, niſi per rectas lineas à ſubjecto ſonoro per medium
veluti ex centro, undique diffuſas, conſtituatur. Radiatio igitur
ſoni luminoſam profluentiam proximè æmulatur, neque ἀκτινοβολίας
alia differentia eſt, niſi quòd illa inſtantaneo, hæc ſucceſſivo motu
per aërem propagetur, & quòd luminis radii, non per tubos circulares propagentur; ſecus radioſa ſoni diffuſio.

Certè eandem quodammodo rem eſſe lumen, & ſonum, ipſe
Virgilius videtur innuere, dum dicit:

> *Tum clarior ignis auditur*

Sicuti *& lib. 6.*

> *Viſaq̃ Canes Lattrare per Umbram.*

Siquidem nihil oculis occurrere poteſt, quod ſub Analogica
quadam ratione auribus ſeſe ſiſtere non poſſit. Sicuti igitur lumi- Parallela
nis proprium eſt, repræſentare differentes colores corporum, juxta compara-
tio luminis
differentes nunc radiorum incidentium, nunc reflexorum directio- ad ſonum.
nes in ſuperficies, & hinc ad oculos factas; ita ſonorum proprium
eſt, repræſentare differentes corporum qualitates ope moti aëris
eorum ſuperficies impingentis, ferientiſque; ita ut haud incongruè
poſſimus dicere, colores nihil aliud eſſe, quàm differentem immer-
ſionem & reflexionem radiorum in medio; quemadmodum ſoni
nihil aliud ſunt, quàm differentes aëris motiones: Si enim quiſpiam ſubtiliſſimas aëris motiones, dum aliquod Inſtrumentum re-

ſonat,

fonat, cerneret, certè is nihil aliud, quàm picturam aliquam infigni colorum varietate adumbratam videret, quâ oculis fefe diverfæ fonantium corporum qualitates, uti dictum eft, fifteret. Prætereà, uti lumen abftractè confideratum invifibile eft, ita & fonus: neque enim in hoc mundo quicquam, nifi fuperficies coloratas repræfentantes quantùm poffunt, folem, cæteráq; corpora luminofa, fpectare poffumus: lumen autem invifibile effe, fatis fuperque oftendunt fpecula concava, quæ nullum radiorum veftigium relinquunt, nifi in puncto concurfus radiorum, adhibito opaco reflectente corpo-

Nullum accidens per fe fenfibile. re: imò,ut ftrictiùs loquamur,dico, nullum accidens per fe fenfibile effe, nifi per corpora à quibus fuftinetur, five per quantitatem, quæ ipfis dat extenfionem, fine qua in punctum, & nihilum abiret. Uti igitur lumen fine aëre invifibile eft, ita & fonus, qui dum aërem reddit fenfibilem nobis, quamplures corporum qualitates, quas nifi ope fonorum cognofcere nefcimus, manifeftat: Etfi quis paulò penitiùs naturam luminis introfpexerit, is inveniet, id nihil aliud effe, quàm quemdam veluti aëris motum, qui fecum imaginem devehat primi motoris, corporis fcilicet luminofi, ad eam oculis fiftendam fub nomine & apparentia coloris, vel luminis. Ita fonus nihil aliud eft, quàm ejufdem aëris motus, qui fecum portat differentes caufæ fuæ qualitates, videlicet corporum eum moventium: unde hic nobis imaginem fub nomine & apparentia foni obiicit; Forma enim fenfibilis, verbi gratiâ: campanæ alicujus fonantis, fub eadem quafi ratione oculis furdi alicujus fe fe fiftit, fub quâ auribus alicujus cæci eadem accidit. Porro ficuti lumen fine corporis, à quo profluit, actuali influxu confervari non poteft, ita & fonus fine motione aëris.

Lumen eidem ratione oculis, ac fonus auribus allabitur. Ridendi igitur funt, quotquot fonum canali inclufum, multo tempore confervari poffe putant, ut fufiùs dicetur in *Magia noftra Echotectonica*; imò experientia docet meliùs nos, & majori cum voluptate affici, dum hiftoriam quamdam five defcriptionem vivam alicujus rei legimus; aut ab infigni Oratore variis verborum, fententiarúmque figuris, veluti coloribus quibufdam adumbratam audimus, quàm fi oculis res eafdem afpiceremus.

Sicut præterea objectarum rerum fpecies occulta quadam ratione afficiunt oculum & nervum opticum, ad producendam ope fpirituum fimilem imaginem, ita & fonori corporis imago aëre devecta

vecta afficit aërem implantatum acuſtico, ſeu auriculari nervo ad imaginem ſonori corporis repræſentandam. Ex quibus, ni fallor, apertè oſtenditur, ingens opticorum, acuſticorúmque corporum in agendo atque producendo in hominibus tum viſum, tum auditum ſimilitudo.

Denique ſicuti in medio denſiori refringitur viſus, ita & ſonus; uti poſtea fuſè oſtendetur. Quid enim aliud eſt ſonus in corpore valde poroſo, & molli receptus; niſi umbra quædam ſoni obſtaculum, ne ulteriùs protendatur, obiiciens? *Refractio & reflexio ſoni.*

CONSECTARIVM.

Hinc ſequitur methodus quædam determinandi, quantò ſonus intra aquam ad ejuſdem corporis ſonum extra aquam factus ſit gravior, & conſequenter quantò aër aquâ rarior ſit. Experientiâ enim ab inſigni Mathematico non ita pridem compertum eſt, ſonum alicujus campanæ duorum graduum verbi gratiâ: extra aquam, intra aquam quinque graduum fuiſſe, cujus quidem rei cauſa alia non eſt, niſi raritas & denſitas diverſorum mediorum. Aqua enim ſonori corporis ſpeciei intra aquam plùs reſiſtit, quàm extra aquam; ex qua reſiſtentia naſcitur tarditas motûs medii, quam tarditatem ſonus ſequitur gravior: ſicuti enim ſeſe habet medium ad medium, ita vibrationes in uno medio factæ ad vibrationes factas in altero; & ſicuti vibrationes ad vibrationes, ita ſonus ad ſonum. Si igitur, ut in propoſito exemplo fuerit, ut 5. ad 2. & motus aëris ad motum aquæ in eadem ſe proportione habebunt, unde aëris raritas ad denſitatem aquæ ſe habebit, ut 125. ad 8. *Quantò ſonus intra aquam gravior, eodem extra aquam.*

Vides igitur Phoniſmos photiſmis prorſus eſſe operationibus ſuis parallelos, excepto motu, qui in lucis diffuſione inſtantaneus, in ſono ſucceſſivus eſt. Sonus quoque non tantùm ſecundùm lineas rectas propagabilis eſt, ſed & ſecundùm curvas, uti patet, dum tranſit per canales ac tubos, ſeu per ſimiles ſoni ductus, in quibus non tantùm commodè defertur; ſed & plurimùm augetur, roboratúrque; imò longiùs, quàm in aperto aëre propagatur, uti poſtea experimentis variis comprobabitur. *Phoniſmus photiſmo ſimilis eſt.*

B   PRÆ-

PRÆLUSIO II.

DE OBIECTO PHONOCAMPTICO.

Echûs abdita vis.

Objectum Phonocampticum non tantùm muri, rupes, parietes, similiáq; corpora dura & solida sunt, sed & terra, arbores, folia, ligna, terra simplex quantumvis porosa, maximè aqua & humores quivis apti erunt voces & sonos reflectere. Quæ res mirum in modum non semel perplexum me reddidit. Dum non semel in mediis campis inter ROMAM & TUSCULUM sitis, ubi nullus murus, nullæ arbores, sed virgulta tantùm & inhospita saxa agrorúmque sulci dominabantur, *Echum* tamen non sine admiratione licuerit perspicere, adeò res sæpè exigua mirum effectum causare potest. Virgulta autem & sulcos dictorum agrorum *Echum* causasse inde mihi constitit, quòd alio tempore condictum locum transiens, sulcis eversis, virgultísque excisis, *Echum* ampliùs audire non licuerit; Multæ quoque *Echi* maximæ olim celebritatis nostris temporibus desiêrunt, vel muris eversis, vel Anacampticis objectis mutatis alteratísque: Certè ad sepulchrum CÆCILIÆ METELLÆ, quod hodie *Capo de boui* dicitur, ad Castra prætoriana situm, maximæ celebritatis *Echum* olim fuisse BOISSARDUS refert in *Topographia Roma*, quam tamen singulari studio inquisitam modò reperire non licuit; verùm verba BOISSARDI adduxi, ut, quid de ejus relatione sentiendum sit, Lector cognoscere possit, ita autem in *Topographia Urbis* loquitur.

METELLORUM *sepulchrum*, inquit, *forma rotunda ex quadratis facta marmoribus candidis instar amplißima turris intus concava, & superiore parte aperta, cujus muri craßi sunt circiter 24. pedum, ea mænium angulo adjacet, in cujus circuitu incisa sunt marmorea boum capita cute & carne nudata, ut in sacrificiis fieri solitum erat, qua contineantur lemniscis fasciarúmque involucris, conjungentibus fructuum, florum ac foliorum congeriem, Festones vulgò appellant, & in intervallis patina reposita sunt sacrificiorum; Capita boum ferè sunt ducenta, ideo Capo di boui vocatur; volúntque antiquarii geminam Hecatomben factam esse in funere celebri* CÆCILIÆ METELLÆ, *cujus nomen in fronte sepulchri legitur, in ingenti marmorea Tabula versus portam Arcis prætoriana.* CÆCILIÆ Q. ORETICI F. METELLI CRASSI. *Ad radices collis, in quo turris ædificata est,*

est, si quis integrum versum Heroicum pronunciet, Echo admiran-
da eundem reddet versum & articulatum sæpius. Ego Virgilia-
num illud primum Æneidos distinctè repeti octies integrum audivi,
& postea confusè aliquoties. Nusquam gentium ejusmodi Echo
auditur: qua igitur tanto dicitur excitata artificio, ut in funere
hujus CÆCILIÆ *plorantium ejulatus, exclamationes & planctus*
funebres in immensum multiplicarentur, dum Hecatombe illa cele-
braretur duplex, & ludi funebres in honorem Matronæ præberen-
tur. Hæc BOISSARDUS.

Ego sanè desiderio hujus curiositatis incensus, tam prodigiosam *Echum* hanc bis aut ter summo studio inquisivi, sed frustra; eandem reperire nunquam licuit, uti nec ulli alteri hìc ROMÆ curiosorum hominum; certè dispositionem loci hujus *Echûs* minimè capacem esse facilè viderit, qui secutura nostra progymnasmata phonica penitiùs fuerit scrutatus; unde nescio, quomodo Author hæc tam audacter pronunciaverit; An forsan situs ratio immutata? an vicinum ædificium obvium fuerit dirutum? certè studio summo hæc inquirens nihil à centum annis, quo ipse *Echum* audisse testatus est, adeò dirutum esse inveni; unde hæc aliis curiosioribus ampliùs excutienda relinquamus: Ego certè, ut dixi, aliquoties omnes circumcirca muros exploravi; sed nihil tale, quale dictus ille describit BOISSARDUS, me reperire potuisse, fateor.

Porrò aquam objectum Anacampticum esse posse, experientia docet, cùm omnes putei ferè *Echum* efficiant distinctissimam, uti testatur puteus in atrio *Palatii Vaticani*, qui voces hominum etiam submississimas tam distinctè refert, ut homines intus latere jurares. Et quidem tantò perfectiùs omnia refert, quantò fuerit liberiori aëri expositus puteus, coopertus enim tecto, aut linteo nihil præstat, cujus quidem rei causa non est alia, nisi duplex reflexio, quarum una ex fornice reflectit deorsùm, altera ab aqua sursùm, & sic confusè, nihil autem distinctum eas referre necesse est; Cùm aqua præterea maximè polita, & speculari superficie sit, & ad reflectendum aptissima, non mirum est, ad lacus, stagna, flumina, maria, *Echum* lubentiùs, quàm alibi stabulari. Certè putei id præ reliquis declarant, qui aquis abundantes decuplo resonantiores sunt, quàm aquis nudati, præsertim si interior superficies concava ad sphœricam figuram accesserit. Concludimus igitur, omne solidum, vel liqui-

Cur Echo non sit in puteis tecto instructis.

Echo in Palatio Vaticano.

Putei cur ita resonantes.

dum

dum etiam objectum Anacampticum esse posse: Et tantò quidem vegetius sonum repercutient, quantò fuerint politiora, non secus ac meliùs lucem figurásque ostendit speculum tersissimum minùs terso politóque. Secundò aquam maximè reflexionis esse capacem, ob superficiem prorsus specularem. Tertiò omnia reliqua objecta scabrosa, & mollia, reflectere quidem, sed debilius & inordinatè, uti in herbosis montium clivis, in sylvis magna arborum prægrandium constipatione gaudentibus, in quibus nulla ordinata reflexio, sed ex varia & multiplici arboris ad arborem reflexione vocis, non relinquitur, nisi vehemens quidam Phonismus, sive bombus confusus, tinnitúsque similis iis, qui in puteis audiri solent. Verùm hæc omnia fusiùs in sequentibus prosequemur.

Aqua reflexioni aptissima.

Unde bombus in sylvis.

PRÆLUSIO III.

DE MEDIO PHONOCAMPTICO,
sive de lineâ actionis.

Duplex medium Phonocampticum, Physicum & Mathematicum.

Uplex hoc loco medium considerandum est, Physicum, & Mathematicum, Physicum medium est spatium illud aëreum, per quod vox propagatur, diversǽque qualitatis & constitutionis est. Mathematicum medium est magnitudo, vel parvitas intervalli propagatæ vocis durationem metientis, de utroque breviter hac prælusione tractabimus à medio Mathematico initium facturi.

§. I.

De Lineâ actionis Phonica.

Linea actionis quid & quotuplex.

Ineam actionis Phonicæ vocamus eam, quæ radiosæ sive Phonicæ diffusionis actionem terminat, estque duplex: simplex & mista; simplex linea actionis sive directa illa est, quæ vocis propagationem terminat, & sphœræ activitatis Phonicæ semidiameter dicitur. Mista est, quæ ex incidente & reflexa constituitur, quam & ideo directo-reflexam vocamus, hanc etsi Blancanus æqualem constituat directæ sive simplici; in rigore tamen necessariò minor esse debet. Certum enim est, vocem in murum illisam, veluti fractam ibidem, vigorísque aliquod detrimentum

Directa major est linea reflexâ in rigore.

tum

tum paſſam, debilius redire directâ; quam nullo obſtaculo impeditam vigore uniformiter difformi propagari notum eſt, & fuſe in *Arte Lucis & Umbra* demonſtravimus. Quantò autem hæc linea actionis miſta ſimplici minor ſit, difficulter determinari poteſt, certè differentiam tam exiguam arbitror, ut illa potiùs rationis, quàm ſenſûs dici poſſit; ſine ſcrupulo igitur Phyſicè æqualis directæ conſtitui poteſt; & ſic nos accepimus tum hîc, tum in *Arte Lucis & Umbra fol.* 576. Cùm repercuſſione in vicino medio aliquantiſper aucta vox, facilè, quod illiſione perditum erat, reſtauret.

Poteſt autem hæc linea ſecundùm tres caſus conſiderari; *Primus* ſt, vel enim linea reflexa æqualis eſt lineæ incidenti, & tunc obſtaculum Phonocampticum medium neceſſariò lineæ actionis occupabit: ut ſi linea actionis in primo caſu, ſit A C. & obſtaculum Anacampticum in B. medio lineæ puncto ſit, radius A B. ex B. reflexus in V. tantus erit, quantum A B. vel B C. dimidium totius A C. lineæ actionis Phonicæ. Primus caſus.

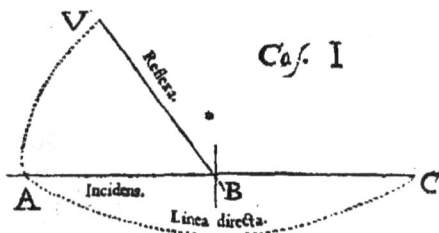

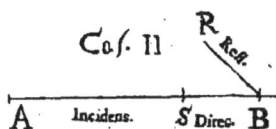

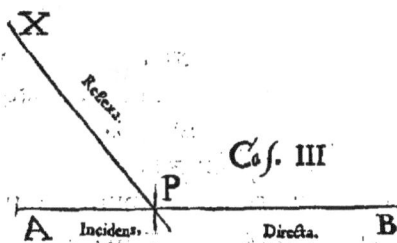

Secundus caſus.
Secundus. Si verò linea Phonica reflexa major fuerit incidente tum obſtaculum Phonocampticum ultra medietatem conſtituetur, ut in S. eritque reflexa B R. tanta, quanta S B. reſidua directa totius A B. ut figura oſtendit.

Tertius.

Tertius
cafus.

' *Tertius.* Si verò linea reflexa Phonica dimidio totius major fuerit, tunc obftaculum Phonocampticum neceffariò citra medietatem lineæ actionis conftituetur, ut in P. erítque reflexa P X. tanta, quanta P B. reliquum totius lineæ A B. directæ. Ex quibus quidem luculenter patet, Lineas five Orthophonas five Loxophonas femper unâ cum reflexis fimul, directis æquari.

§. II.

De Celeritate Soni, *Qua medium tranfit, five de fpacii Phonici quántitate.*

Magna
difficultas
in determinando
fpacio E-
chonico.

Nihil adeò dubium perplexúmque inveni, quàm incertam dubiámque intervalli Echonici determinationem; BLANCANUS 24. paffus geometricos minimum fpatium determinat, eft autem minimum fpacium illud, quod unam fyllabam diftinctè poft primam auribus clamantis fiftit. MERSENNUS 69. pedes ponit; ego exactiffimè omnium experientiam fumens, femper diverfam inveni, ita, ut tandem defperans vix aliquid certi hâc in materia determi-

Experientia omni
inftrumē-
torum genere fumpta.

nari poffe putârim; Nam voce, tuba, fclopo, experimenta adortus ex uno & eodem loco deprehendi, quò vehementior eft fonitus, tantò eum celerius reflecti, ita ut vocem, quæ fyllabam diftinctè reddebat, tubæ confunderet fonus, fclopi verò fonitus eam ita abforberet, ut vix diftinctum quid audiri potuerit. Ut proinde vehementer mirer, quid optimo MERSENNO in mentem venerit, ut fonitum quemcúnque ex uno & eodem loco femper æquè celerem effe

Species foni aëris
undulatione definiuntur.

afferuerit; Si enim fpecies foni forent intentionales, haud dubiè, ut in vifibilibus fpeciebus apparet, de ifta æquiceleritate aliquid concludi poffet; Sed cùm foni fpecies ut plurimùm reales fint, atque aëris undulatione veluti vehiculo quodam transferantur, certum eft, pro concitati aëris vehementia celerius femper, & celerius fonum vectum iri. Sicuti pila, quò fortiori impetu muro illiditur, tantò celeriori motu & confequenter remotiori fpatio repercutitur; Pari prorfus pacto vocis motum fe habere, non aliud nifi fenfata nos docet experientia. Quæ adeò vera funt, ut vel ipfe MERSENNUS id fateatur in fua *Harmonia univerfali Gallica lib. 3. fol. 214.* ubi ait: fe in valle *Montmorentia* juxta ædes *Ormeffonias Echum* obfervaffe, qui cùm noctu 14. fyllabas repeteret, interdiu non nifi 7. id eft

mediam

mediam partem ex iis repetierit, cujus quidem rei caufa alia non eft, Cur noctu Echo per- fectius, nifi nocturni aëris fumma tranquillitas & imperturbata confiftentia; diurni verò innumeris motibus agitati difciffio & difcontinuatio, quàm de die perci- unde & vox confequenter variis veluti obftaculis impedita minús fe piatur. celerem præftat. Si enim hujufmodi non obftent, & motus fonorus fub determinato intervallo femper fit ἰσοχρόνῳ & ἰσοβραδὴς, five æquiceler, non video, cur diurno tempore non tot fyllabas, quot nocturno repetierit *Echo*; Quòd igitur feptem tantùm fyllabas interdiu repetierit, noctu 14. fignum manifeftum eft, lentiùs de die ob dictam paulò ante rationem fonum promoveri, ac proinde ultimas feptem fyllabas in medio perturbato variifque motibus agitato flaccefcentes paulatim intermori; Certè fi eodem loco fclopum exploffiffet, nullum dubium effe debet, quin is de die etiam omnes fyllabas repetijffet, neque quicquam huic experimento fuffragatur vibrationum in Inftrumento Chronometro æquidiuturnitas aut duorum globorum heterogeneorum ex alto in terram motus ἰσοχρόνῳ. Hæc Fallacia Inftrumé- ti Chrono- metri per vibratio- nes Chor- darum. enim experimenta, fi in majori fpacio contingant, plurimùm fufpecta funt, plenáque fallaciæ, uti alibi demonftrabimus, exiftunt, inæquali enim temporis fpacio in terram collidi fola experientia docebit, in altitudine 500. pedum, fed de his alibi.

Cùm igitur in certa menfura determinanda negotium difficile, præterea experimenta diverforum multùm difcrepantia comperiam, & ego in hoc negotio otiofus effe nolui; fiquidem experientias ab aliis factas ad incudem revocans, omnis generis experimenta ab *Echo* monofyllaba exorfus; voce, tubâ, fclopo, totius negotii periculum feci, inveníque monofyllabam inter fpacium 20. pedum nihil prorfus mutationis admittere. Diftantiam igitur pro *Echo* monofyllabica inveni 110. circiter pedes, quæ fuam, ut dixi, latitudinem habebat 20. pedum, intra quod fpacium femper eandem fyllabam repetebat. Tuba verò intra fpacium 90. & 110. pedum, primum fonum reddebat diftinctè; Sclopus verò intra hoc fpacium Echo Mo- nofyllaba fpacium requirit 110. pedum Rom. aliquantulum cum primo fono confundebatur; intra 400. verò pedes & 900. heptafyllabicum verbi gratiâ: *Arma Virúmque cano,* intra tempus, quo quis celerrimè recitaret AVE MARIA ufque ad verba BENEDICTA TU inclufivè, perfectè & diftinctè reddebat. Chronometro quoque vibrationum ufus fum, fed femper exiguo Varia ex- perimenta fumpta. cum fucceffu; deinde diverfis temporibus manè meridie, vefperi,

noctu,

noctu, vel per me, vel per alios prius optimè & curiosè inftructos, experimenta fieri curavi, & femper diverfam foni celeritatem invenimus, diverfámque intervallorum quantitatem; intempefto noctis filentio *Echo* dominium fuum exercere videbatur ob caufas paulò ante dictas, minimam mane reperimus ob rofcidam nebulofámque aëris conftitutionem, meridie melius fingebat, utpote aëre fubtiliore, & adhuc melius vefperi, ob aëris perfectam decoctionem.

Noctu & vefperi fonus omnium optimè redditur mane & meridie pefsimè.

Præterea tempus fummo ftudio & diligentia obfervavi; tempore pluvio aut nivofo *Echo* mirum in modum obtundi, ut vix vim habere videatur; Poft imbres vehementes, utpote aëre defæcato plurimùm virium acquirere. Hic Romæ, mirum dictu, fpirante *Borea*, maximum vigorem acquirit. *Auftro* flaccefcit; *Euro* & fubfolano mediocriter fe habet. Quando murus obtenditur *Borea*, flante *Borea*, mirum dictu, vox directa reflexâ notabiliter tardior eft; Eodem verò tempore in meridianam fuperficiem incidens directa vox celerior reflexâ eft, in priori enim experimento vox directa contraria vento, ægriùs voce reflexa per medium fertur, vox reflexa verò vento fecundo dilata celerius redit ad aures, ut quod obftinatione medii prius perdiderat, jam celeritate recuperet. Idem de reliquis plagis dicendum, ut vel hinc appareat, magnam effe celeritatis foni per medium delati diverfitatem.

Tempus varium variat Echum.

Paradoxū Echonicū.

CONSECTARIVM I.

Ex hac infinita diverfitate & variatione mediorum luculenter patet, omnem intervalli Echonici determinationem effe dubiam, fallacem, & prorsùs incertam; neque fibi unquam, quidquid Blancanus & Mersennus dicant, conftare, nifi acufticis organis (de quibus poftea tractabitur) Catoptricâ induftriâ conftrictâ legibus geometricis fubigatur. Quæcunque igitur impofterùm dicentur, non nifi hypotheticè fumenda funt.

Difficilis determinatio diftantiæ Echonicæ.

CONSECTARIVM II.

Patet *fecundò*. Ufum Inftrumenti Chronometri five vibrationum, uti & pulfus in hoc negotio fuperfluum effe; cùm fonus tam incomprehenfibili celeritate fubinde medium percurrat, ut

Fallacia inftrumēti Chronometri, quo quidē pu-

dum

dum filum currere incipit, jam vox finito peridromo se auribus si-
stat, ac proinde aquam cribro haurit, qui tam velocium motuum
quantitatem quocunque instrumento Chronometro se certò de-
prehensurum confidit.   Nam ad minimum omni possibili diligentiâ adhibitâ; nunc 10. modò 20. subinde & 30. pedum spacio
aberrabit.   Atque hæc eadem ratio est, quare *Echo* Monosyllabi-
ca intra 20. ut plurimùm pedum intercapedinem duret ; Est enim
5. 10. aut 15. pedum spacium ad incrementum celeritatis motus vix
sensibile ; Quod verò MERSENNUS ait, *Echum* Monosyllabicam
tempore unius minuti secundi, spacium 100. passuum Geometricorum conficere, id nequaquam intelligendum est geometricè,
sed physicè & crassâ mensurâ, quantùm videlicet datum est di-
gnoscere sensibus.   Atque hæc non dico, quòd curiosum Lectorem, à tam laudabili observationum studio absterrere velim, sed
ut difficultatem negotii proponam, & quantâ in experimentis ritè
servandis diligentiâ, vivacitate & dexteritate ingenii opus sit , ut
tandem habeatur aliqualis mensura *Echoni* indagandæ accom-
modata; Cùm igitur BLANCANUS deprehenderit spacium *Echoni*
monosyllabicæ formandæ esse 24. passuum geometricorum, sive
quod idem est 120. pedum geometricorum; MERSENNUS verò 100.
pedum geometricorum illud velit esse: Ego arbitror, medium se-
curius tenendum esse, spacium hypotheticum 110. pedum, quod
cum citatorum Authorum observationibus congruit propè verum ; Quòd verò rarò conveniant observationes, causa est diversitas medii vocum sonorúmque inæqualitas ; Nam ut supra dixi,
sunt aliæ vires *Echoni* aliis diei temporibus, aliæ hyeme sunt, aliæ
æstate, autumno vernóque tempore aliæ constitutiones, non dubito quoque *Echum* monosyllabicam, quæ hic sub ROMANO CLI-
MATE tempore unius minuti secundi 110. pedum geometricorum
spacium conficit, aliis & aliis climatibus diversum & tempus &
spacium insumere; qualitatem quoque reflexi soni pro diversitate
objectorum anacampticorum diversam reperimus ; sunt *Echo* debiles & languidæ, sunt fortes, sunt stridulæ & streperæ, sunt aliæ
jucundæ, amœnæ, aliæ luctuosæ & planctum æmulantes; sunt
præterea tinnulæ, limpidæ, quæ quidem diversitas non nisi ex di-
versâ repercutientium corporum constitutione venit , quæ prout
magis aut minùs porosa sunt, minùs aut magis sonoræ, limpidæ,

Margin notes:

tant se de-
terminare
posse quã-
titate spa-
cii phoni-
ci.

Quæ spacii
qualitas E-
choni red-
dendæ ve-
ri similis.

4. anni
tempora,
uti & diei
naturalis,
quin & cli-
mata di-
versa, di-
versimode
faciunt E-
chum.

Objecto-
rum Pho-
nocampti-
corum di-
versa con-
stitutio, E-

C   vege-

vegetæque reperiuntur. Habent enim singula corpora aliam & aliam partium coagmentationem; quâ fit, ut singula quoque diversos distinctósque sonos sortiantur, corpora lævia & porosa uti clarum & tinnulum sonum, ita densa & aspera obtusum & gravem sonum edunt; Hinc fit, ut vox alicui corpori illapsa, ea qualitate & proprietate, qua ipsum imbutum est, imbuta redeat. Nam quemadmodum lux in superficiem illapsa, colore superficiei tingitur, ita vox tingitur veluti sono corporis, in quod incidit. Atque hæc est ratio, cur reflexa vox jam clara, modò obtusa, nunc amœna, nunc luctuosa reddatur. Verùm examinatis omnibus iis; quæ ad naturam *Echûs* cognoscendam, quodammodo requiri videbantur, nihil jam restat, nisi ut reflexionis naturam irrefragabilibus rationibus stabiliamus.

CAPUT II.

DEMONSTRATIONES SONI REFLEXI.

PROPOSITIO I.

OMNIS ANGULUS PHONOPTOTUS ÆQUALIS
est angulo phonocamptico, sive quod idem est, angulus incidentia soni, aqualis est angulo reflexionis ejusdem.

Uæcunque in *Arte Anacamptica Lucis & Umbra* de reflexione Lucis ostendimus, hûc revocari possunt, sunt enim soni operationes Lucis operationibus in omnibus, si pauca excipias, parallelæ; Primò igitur ostendendum est Angulum phonoptotum æqualem esse Angulo Phonocamptico, quod ita facimus. Sit objectum Phonocampticum A B. Centrum phonicum C. Phonocampticum D. Dico sonum C. in E. illisum reflexum iri in D. Est enim juxta hypothesin I. Angulus Phonocampticus A E D. æqualis Angulo Phonoptoto B E C. Angulo scilicet incidentiæ, reflexionis angulus; ergo: Si enim angulus A E D. non sit æqualis angulo B E C. Sonus ergo reflexus ex E. repercutiatur in R. erit ergo A E R. Angulus, Angulo A E D. vel

æqualis,

æqualis vel inæqualis. Si prius A E R. Angulus æquabitur A E D.
Angulo , à quo veluti pars continetur, fed hoc abfurdum eft. Si
pofterius, id eft, fi

A E R. Angulus
Angulo A E D.
vel B E C. non
æquatur,& nihilo-
minus reflexio fiat
in punctum R; er-
go natura jam fi-
nem fuum non
fub breviffimis li-
neis attinget, quod

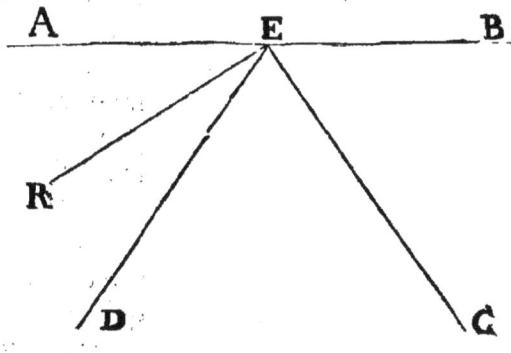

eft contra *Axioma III.* & abfurdum in Phyfica. Erit igitur neceffariò angulus phonoptotus B C E. æqualis angulo phonocamptico A E D. quod erat demonftrandum , naturam autem
operationes fuas fub æqualitate angulorum incidentiæ & reflexionis, feu fub breviffimis lineis inftituere, idem effe , in *Arte Anacamptica parte* 2. *Propofita* fufé demonftratum eft , ad quam
propofitionem Lectorem curiofum remittimus.

PROPOSITIO II.

QUANDOCUNQUE VOX INCIDIT IN OBJE-
ctum aliquod Orthophonon, five perpendiculare, ea in fe
ipfam reverberabitur.

SIt centrum phonicum , five vocis origo in A. Objectum verò
ορθόφωνον C D. fluat autem vox ex A in B. ορθογώνε five ad angulos rectos, dico eam ex B. reverberatum iri in A. rem ita
oftendo, fi per impoffibile non reflectatur ex B. in A. reflectatur
ergo in V. erit igitur per IV. hypothefin angulus D B A. incidentiæ, æqualis angulo C B V. reflexionis , Angulus videlicet
acutus obtufo , quod eft abfurdum. Suppofuimus autem vocem
ex A. in murum ferri normaliter, & confequenter conftituere angulum incidentiæ A B D. rectum, reflexionis igitur angulus ne-

C 2   ceffariò

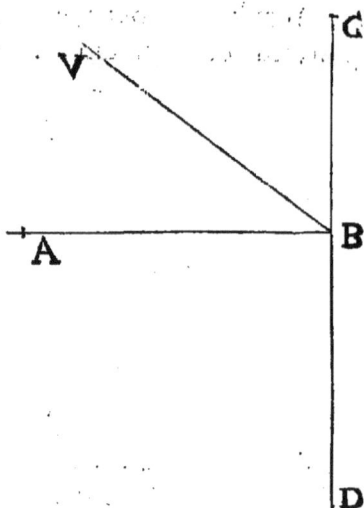

ceſſariò quoque rectus eſſe debet ; juxta citatam *Hypotheſin*
IV. in ſe ergo reflectet , ſcilicet
per lineam B A. per quam ab
A. flexit in B. quod erat de-
monſtrandum ; docet & hujus
propoſitionis veritatem , cum
lux ipſa normaliter incidens,
tum pilâ, dum in murum normaliter illiditur in ſe ipſam re-
percuſſa, aliáque innumera, de
quibus vide noſtram *Artem*
Anacampticam Lucis.

PROPOSITIO III·

QUANDOCUNQUE VOX INCIDIT IN OBJE-
ctum aliquod Loxophonum ſive oblique, vox non in ſe ipſam, ſed
in oppoſitam partem repercutietur.

Poſſunt eſſe hujus propoſitionis quatuor caſus. Vel enim vox
in murum verticaliter erectum oblíque incidit, tunc vel dex-
trorſum, vel ſiniſtrorſum pro ſitu ſonori reflectit ; vel vox infra emiſſa in obje-
ctum phonocam-
pticum ſuperius
oblíque incidit,
& ſic reflectet ſur-
ſum ; vel ſi illa de-
ſuper emiſſa oblí-
que in murum in-
feriorem incidit,
& tunc reflectetur
deorſum. Singulos caſus ſeorſim demonſtrabimus. Sit itaque in
D E. Centrum phonicum in C. ſive vox loxophona incidens
in B. dico vocem ex B. in oppoſitam partem videlicet in A. ſub

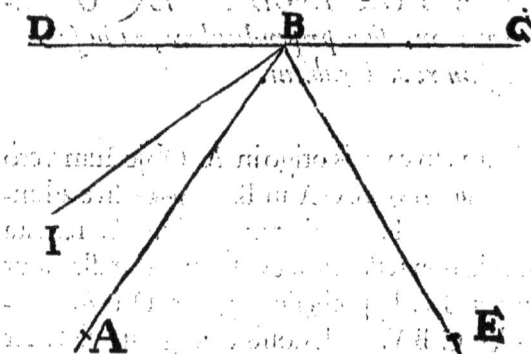

æqua-

æqualitate angulorum reflexum iri; Si enim non reflectetur in
A. ergo vel in se ipsam, hoc est, in C. vel in I. aut alium quem-
cunque locum extra A B. reflectetur. At non in se ipsam, cùm
per præcedentem perpendicularis tandem in se ipsam reflectatur;
Linea autem C B. cùm ex suppositione loxophona sit, id est, oblíque in murum incidens; non in I. quia angulus I B D. æqualis
foret angulo C B E. pars toti, quod, cùm absurdum sit, non aliam
in partem reflectet, nisi in A. Sic enim anguli incidentiæ E B C.
& A B D. reflexionis constituentur æquales, naturáque sub bre-
vissimis lineis finem suum attinget. Quandocunque ergo linea
sonora loxophonos in murum incidit, in oppositam necessario partem sub æqualitate angulorum incidet, quod erat demonstran-
dum. Ex his patet, sonorum in A. constitutum reflexurum sonum
in C. sinistram, & in C. constitutum in A. dextram.

Porrò si vox consistat in A. & Phonocampticum fuerit B C.
turris in monte posita; Dico vocem ex A. in B. & hinc in V. reverberatum iri. Ratio prorsus eadem est, quæ in præcedentibus;
cùm enim oblique incidat in B. necessario vox sub æqualitate angulorum reverberabitur in V. idem contingeret, si sonorum con-
stitueretur in V. reflecteret enim vocem in A. ut ex figura patet,
atque ex demonstratis hisce sequentes canones formamus.

CAPUT

CAPUT III.
CANONES PHONOCAMPTICI.
Sive
ECHOMETRICI.
CANON I.

CUM Phonocamptica Ars in omnibus leges Phono-camptica, five reflexionis lucis fervet, non tantùm principales pofitionis differentias, quæ funt furfum, deorfum, finiftrorfum, dextrorfum, in reflectendo fervat, fed & intermedias quafcunq; partes pro fitu objecti Anacam-ptici; Si fuperficies Echica, five Phonica fuerit ad objectum anacam-pticum normalis & fimul horizonti parallela, *Echo* nafcetur, vel or-thophona, vel loxophona pro diverfo fitu vocalis dextro, vel finiftro.

Si verò fuperficies phonica furfum, vel deorfum oblíque incide-rit in fuperficiem aliquam azimutalem objecti Anacamptici naf-centur reflexiones anophonæ, vel catophonæ, five *Echi* furfum & deorfum reverberantes.

Si denique fuperficies phonica in planum aliquod phonocam-pticum, neque verticali, neque horizontali circulo parallelum, fed inclinatum oblíque & lateraliter inciderit, reflexiones nafcentur laterales & loxophonæ, inter horizontem & verticem interme-diæ, uti in *Arte anacamptica Lucis* demonftravimus.

CANON II.

QUandocunque ergo objectum Phonocampticum fuerit pa-rallelum fimul & normale fonoro, tunc fuperficies reflexio-nis erit ad horizontem recta; Si verò fuerit parallelum lo-xophonum, id eft, objectum phonocampticum fuerit æqui-di-ftans à fonoro, at non normale, uti funt vel obliqui muri, vel turres in montibus refpectu fonori in valle conftituti; tunc fuper-ficies reflexionis erit æqui-diftans uni ex azimutalibus five, quod idem eft, verticalium uni congruet. Si verò objectum phonocam-pticum neque parallelum neque normale fuerit fonoro, tunc fu-perficies Phonocamptica five reflexionis erit æqui-diftans uni ex planis inclinantibus aut inclinatis.   C A-

CANON III.

Quandocunque sonorum A. fuerit in plano horizontali, objectum vero Phonocampticum C. in eodem plano horizontali, necessario sequetur reflexio sursum in V. si fuerit inclinans simul & inclinatum, pro ratione inclinationis declinationisq; reflectet non sursum, sed mediâ viâ, ita ut tota planorum sciatericorum doctrina, quam in *Arte magna Lucis & Umbra* tradidimus, huic Echometriae pulchrè accommodari possit.

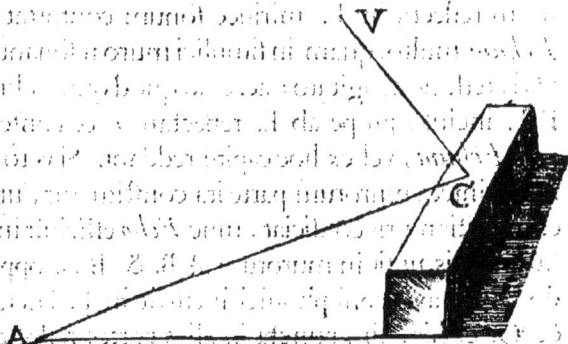

PROPOSITIO IV.

QUANDOCUNQUE DUO MURI AD ANGULOS rectos committuntur, clariſſima Echo percipitur à sonoro ita diſtante, ut axis coni phonici angulum rectum biſariam secet. Conus enim ibidem variè reflexus, vocem reflexam mirificè conſortat, ut in figura patet.

Sint duo muri G B. & D B. in B. normaliter commiſſi,

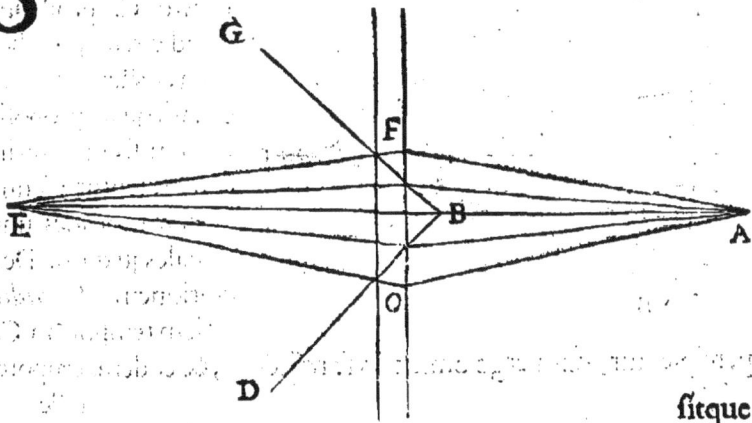

sitque

fitque conus Phonicus E F B O. axis E B. angulum rectum bifariam fecans, & quoniam E. reflectens in punctum F. inde ad angulos æquales reflectitur in O. & hinc iterum in E. contra radius E. in O. incidens, hinc reflexus in F. inde iterum contrario motu reflectit in E. mirificè fonum confortat, mirum non eft, *Echum* multò, quàm in fimplici muro refonantiorem effici, aëre varia reflexione agitato; accedit, quòd omnes lineæ inter E O. & E F. inclufæ prope ab E. reflectant; & confequenter intenfiorem *Echum*, vel ex hoc capite reddant. Si verò coni phonici axis in extrinfeca murorum parte ita conftituatur, ut angulos obtufos cum dictis muris conficiat, tunc *Echo* efficitur ineptiffima, & nullius valoris, ut fit in murorum A B. & B D. oppofita parte, quando A B. axis coni-phonici incurrit in B. latera verò coni in F. & O. ex his enim puncta in alias partes reflectentia nihil remittunt ad fonorum A.

PROPOSITIO V.

QUANDOCUNQUE OBJECTUM PHONOCAMpticum concavum circulare eft; in centro phonico, quod & centrum circuli eft, conftitutus; Echum percipiet confonantiffimam.

Sit objectum Phonocampticum A B. concavum circulare fonorum, five centrum phonicum C. quod & centrum circuli A B. fit linea C V. opticum dico confonantiffimam *Echum* percipi.

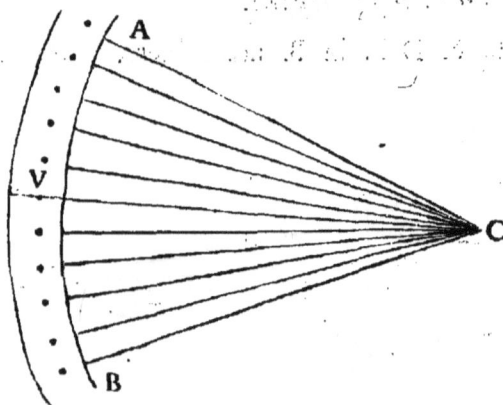

Quoniam enim omnes fonoræ lineæ ex centro C. prodeuntes ad circuli peripheriam, rectæ funt, neceffariò juxta propofitionem fecundam in fe reflectentur; cùm præterea omnes fint æquales juxta 15. Definitionem *Euclidis* eodem tempore in C. percipientur; cùm ergo omnes in fe reflectant, & eodem tempore refle-

reflectent, *Echum* vehementer intendent, quod erat probandum.

Quemadmodum autem *Echo* in concavis circularibus magnam vim acquirit, ita in convexis circularibus eandem prorsus perdit, reflexis lineis in alias & alias partes dissipatis.

COROLLARIVM.

Hinc patet. Quantò quis à centro concavi circularis fuerit remotior, tantò *Echum* reddi imperfectiorem, quantò verò à centro muro concavo fuerit vicinior, tantò sonum reddi confusiorem. Mediocritas itáque distantiæ tenenda est.

PROPOSITIO VI.

QVANTO VOCALE, SIVE SONORVM FVERIT vicinius objecto phonocamptico, tantò reflexa vox percipietur remotius: & quantò vocale fuerit remotius ab objecto phonocamptico, tantò reflexa vox percipietur vicinior.

CUM in *prælusione* 3. ostensum sit, lineam activitatis directo-reflexam semper tantam esse, quanta est linea actionis, sive semidiameter sphæræ activitatis, necessariò sequitur tantò reflexam lineam esse longiorem, quantò directa brevior, & tantò breviorem hanc, quantò illa longior. Sit objectum phonocampticum H B I. Sítque linea actionis directo-reflexa S B F. æqualis V R. lineæ actionis directæ: Dico tantò reflexam vocem remotius ab objecto perceptum iri, quantò directa eidem fuerit vicinior. Quoniam enim F B. & B S. directo-reflexa linea, æqualis est V R. lineæ actionis directæ, vox
in F. necessariò vocem reflexam reddet in S. iterum constituto vocali, sive sonoro in G. dico reflexam vocem in D. perceptum iri.

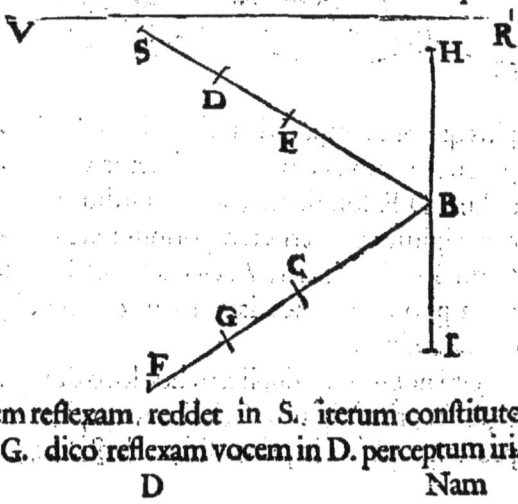

Nam G B. & B D. simul junctæ æquant V R. lineam actionis directam : ergo *&c.* Porrò vocali constituto in C. dico, reflexam vocem perceptum iri in E. Nam C B. & B E. simul sumptæ, æquant lineam actionis V R. quantò igitur vocale objecto phonocamptico fuerit vicinius, tantò reflexa vox ab objecto contingit remotiùs, & contra, quod erat demonstrandum.

PROPOSITIO VII·

SI PLURA OBJECTA PHONOCAMPTICA ITA fuerint ordine disposita, ut unum semper ab altero remotius sit, & ad ea tardiùs Ortophonos pertingere possit, nascetur Echo polyphona, id est, pluries successivè vox projecta reddetur.

Sint objecta phonocamptica A B C. ita ordine disposita, ut unum altero semper remotius sit. Sitque vocale in D. & ad singula objecta normale, quo clamante dico, vocem tertiò repetitum iri. Cùm enim ex suppositione objecta E F G. ad vocale sint normalia & orthophona lineæ D E. D F. D G. ex E F G. punctis necessariò reflectent in se ipsas in D. Cùm verò linea D E. sit brevior, inde celeriùs quoque reflectetur in D. D F verò cùm sit longior, quàm D E. plus quoque temporis in redeundo in D. insumit, & consequenter post reflexam vocem E. percipietur vox reflexa F. & cùm D G. adhuc D F. longior sit, adhuc tardiùs perveniet ad aures D. nascetur igitur ex diversis temporibus inæqualibus ob linearum diversarum longitudinem, *Echo* triphona D E. D F. D G. Si ergo objecta phonocamptica ita fuerint ordine disposita *&c.* quod erat ostendendum.

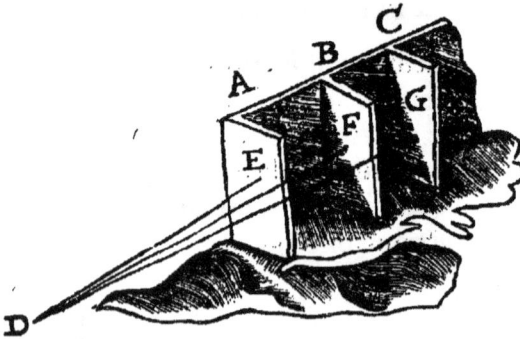

Ubi notandum, duplicem hoc loco durationem vocis considerari posse, primò ipsum vocis sonum, qui tam diu durat, quamdiu profertur; estque in prima sui productione vegetus & fortis; Secundò

dò ipfam vocis propagationem per lineam actionis, quæhujus conditionis eſt, ut durante prima voce, & ipſa duret, longius autem
provecta, filentéque prima, ea adhuc propagata duret, donec obſtaculo alicui impulſa reflexáque *Echo* generetur per lineam ſcilicet directo-reflexam; Unde experientia docet, multo tempore poſt primam vocem, reflexam tandem vocem nos audire; Eſt igitur tota
duratio vocis à productione prima uſque ad terminum ejus com-
menſurata ſpacio illi per quod it, redítque vox; Si igitur diſtantia
minor fuerit, citiùs quoque redibit vox reflexa, ſi major, tardiùs;
Unde conſequenter in minori diſtantia pauciores ſyllabas repetere
poteſt; in majori plures, & quamvis omnes voces primæ ſyllabæ reflectantur, omnes tamen non audiuntur, quia prima vox fortior reflexas debiliores ita obtundit, ut ipſa durante audiri nequeant, ipſa
ceſſante tandem citiùs, aut tardiùs pro quantitate diſtantiæ exau-
diantur.

CONSECTARIVM.

Hinc patet, cur ſubinde ultimæ tantùm ſyllabæ alicujus voca-
buli audiantur, nunquam prior; quia videlicet reflexa vox redit durante adhuc prima, qua ceſſante tandem reliquæ ſyllabæ percipiuntur. Sit murus A B. diſtantia
minor C D. ex quo quis voce
forti proclamet vocem PA-
RATIS, certum eſt, primam
ſyllabam PA, primùm muro
illidi, deinde ſecundam RA,
tertiò TIS, retrogrado prorfus ordine, contrario verò ordine reflecti, ita ut PA, priùs ſe
auribus ſiſtat, deinde ordine
duæ ſequentes ſyllabæ, RA,
TIS; Si igitur diſtantia fuerit
monoſyllabico proferendo apta, tùm proferendo dictam vocem
PARATIS, non niſi ſyllaba TIS, percipietur, prima enim ſyllaba
PA, pertingendo ad D. reflexionis punctum ibi reflexa perveniet in
C. & RA in e, & TIS in f, confuſe igitur ibi ſyllabæ nihil reddent. Et interim dum PA, reflexa vox ex e pervenit in C. RA,
venit ex D. in f. & ex f. in e. interim dum recta ultima ſyllaba

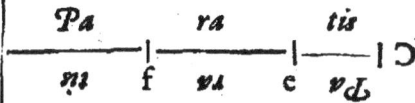

TIS, per-

TIS, perveniet in D. denuo igitur ibidem fit confusio, ita ut *Echo* audiri non possit, donec cessantibus duabus syllabis PA, RA, ultima syllaba TIS, tandem sine confusione sola percipietur in C. Visâ igitur naturâ soni secundùm lineas simplices, nihil restat, nisi ut de compositis quoque dicamus.

§. I.

De Phonismis.

PHonismus, ut ex definitione patet, est diffusio vocis cylindrica, sive conica, sive radiatio vocis in modum coni, aut cylindri; Notandum autem, sonum non simplici linearum projecturâ, seu actinoboliâ contingere, aliàs enim nihil prorsus audiri posset, & in hoc differt à luce; sed in

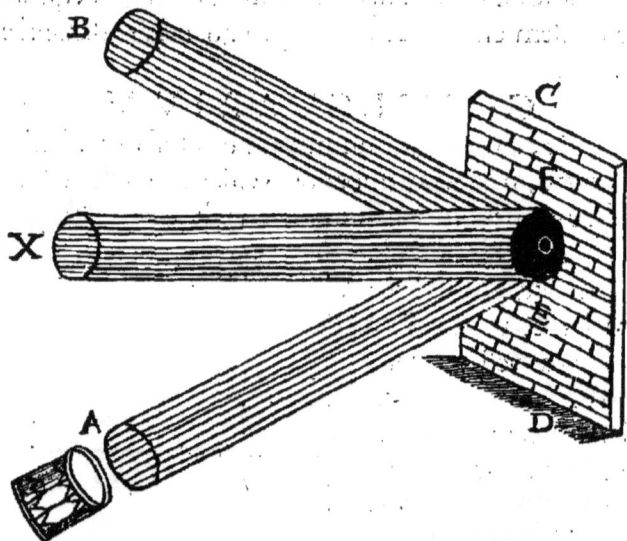

projectione & reflexione sua agit per modum cylindri, aut coni sonori: Sonus igitur non purè Mathematicam latitudinem habet, sed prorsus sensibilem & corpoream, ita ut in reflexione non una linea, sed continuata linearum multitudo sonum efficiat: Sit verbi gratiâ: sonorum A. reflexionis terminus B. objectum, sive murus reflectens C D. incipiat motio soni in A. dico, non unicam tantùm lineam A O. ex O. facta reflexione in B. ibidem effecturum sonum, sed totius cylindrici coni A F E. reflexum iri in B. per cylindrum E F B. verùm rem paulò exactiùs demonstremus.

PROPO-

PROPOSITIO VIII.

PHONISMVS CYLINDRICVS REFLECTITVR IN oppofitam partem projectura cylindrica.

SIt Tympanum aliquod in A. cujus fonus inciderit in fuperficiem D C. dico, phonifmum futurum cylindraceum, id eft, reflexionem non linearem, fed cylindraceam futuram; Concipiantur enim ex A. fingulis Tympani punctis lineæ fonoræ in fuperficiem E F. duci, quæ haud dubie phonifmum conftituent fub forma cylindri, dico, hunc eundem fub forma cylindri in B reflexum iri; Cùm enim in cylindro A F E. phonico lineæ fonoræ omnes inter fe fint parallelæ, fingulæ per 2. hujus, & per 6. *Artis noftræ anacampticæ* propofit. παραλλήλως reflectent in B. bafin cylindri phonocamptici. Patet ergo propofitum. Sed hæc ex præcedentibus veriffima funt. Notandum ergo, triangulum illud F H E. à nobis vocari triangulum confufionis foni, quamdiu enim auris intra illud conftituta fuerit, tamdiu reflexa vox erit imperceptibilis, fed & reflexa cum directa confundetur, extra verò illud in toto illo fpacio B H F. tantò percipitur diftinctius, quantò τῷ B. auris fuerit vicinior.

Notandum fecundò, hoc triangulum tantò in H. fore acutius, quantò linea A O. magis ad rectam X O. accefferit.

PROPOSITIO IX.

PHONISMVS ORTHOPHONVS IN SE ipfum reflectit.

SI verò fuerit Phonifmus ad objectum phonocampticum rectus, nafcetur columna, five cylindrus fonorus rectus; fit X. fonor C D. paries, ad fonorum parallelus & normalis, dico, lineas fonoras cylindri in fe reflexum iri, nam cùm fonorum ex hypothefi ad parietem C D. normale fit, omnes confequenter lineæ fonoræ erunt parallelæ, ergo & omnes juxta propofitionem 2. in fe reflectent, patet ergo propofitum.

PROPO-

PROPOSITIO X.

IN PHONISMO CONICO AXIS TANTUM SUB
angulorum æqualitate reflectitur, phonismus vero reflexus erit conus
truncatus, sicuti in photismis & actinobilismo optico, axis pyrami-
dis luminaris sive visualis vim habet principalem tum illumi-
nandi, tum res distinctè repræsentandi; eodem pacto
res se habet in phonismo conico.

Sit phonismus conicus A B C. directus, sive phonoptotus; objectum phonocampticum C H B. dico non nisi axem A H.
sub æqualitate angulorum reflecti in D. medium punctum
basis coni, cùm enim hæ duæ lineæ axes conorum constituant, e-

runt termini horum axium necessariò, centra basium coni tam directi, quàm reflexi; constituunt ergo A H B. angulum incidentiæ
æqualem D H C. angulo reflexionis; ergo hæc sola repercutietur
in D. reliquæ omnes in alias & alias partes sub æqualitate angulorum repercutientur, ubi A B. reflectetur in F; A K. in G; A L.
in D; A M. in N; A C. denique in I. Si enim non in dicta puncta
reflectant, reflectantur ergo in D. omnes; erit ergo angulus reflexionis singularum inæqualis angulo incidentiæ. Quod est absurdum
& contra hypothesin, non ergo nisi solus axis sub æqualitate angulorum reflectitur in D. nulla alia; & consequenter Phonismus reflexus non erit conus, sed is nescio quid coni truncati & inversi affe-
ctabit.　　　　　　　　　　　　　　　　　　　　PROPO-

PROPOSITIO XI.

PHONISMVS CONICVS AD PARIETEM RECTVS
reflexione sua pariet conum phonicum truncatum inversum.

S It phonismus conicus A. ad parietem B D C. normalis, dico,
reflexum phonismum conum truncatum inversum formatu-
rum; quoniam enim linearum ex A. in murum incidentium
(per 2. hujus) nulla
nisi axis sive media
in se reverberatur,
ergo omnes in alias
& alias A. puncto
reflectent, cùm verò
puncta illa ex peri-
pheria circuli, base
scilicet coni phoni-
ci, sive phonismi conici sub æqualitate angulorum reflectantur, reflexarum linearum terminus V X. necessariò erit circulus, cujus
centrum A. erit centrum phonicum, sive centrum sonori, aut quod
idem est, apex phonismi conici directi, superficies verò truncata circularis communis erit basi coni phonici A B C. truncatus verò
conus inversus ad directum erit V X B C. quem in D. puncto
axis, paries B C. eidem normalis secat. Phonismus igitur conicus, &c. quod erat.

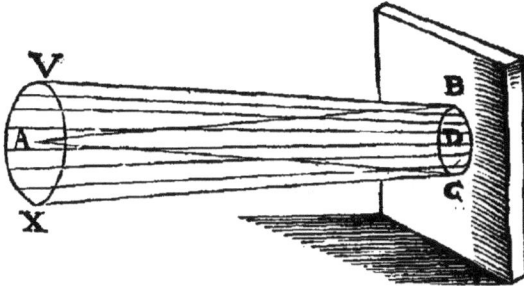

COROLLARIVM.

Ex hac propositione sequitur, si in circulo V X. diversorum aures ponerentur, omnes eundem sonum, sive *Echum* eandem audituros; erit autem basis hujus truncati coni V X. tantò amplior,
quantò objecto phonocamptico B C. fuerit vicinior & tantò con-
tractior, quantò A. punctum phonicum à muro fuerit remotius;
ut in *prælusione* 3. §. 3. dictum est.

§. II.

De Polyphonismis, sive prodigioso sonorum augmento.

Quid sit polyphonismus & polyphotismus. QUemadmodum igitur intra concava corpora coarctata lux maximum sui augmentum acquirit, ita & sonus; quod idem acustica specula in photismorum confluxu operantur, hoc in phonismorum confluxu organa. Otica sive acustica, ita, ut polyphonismus nihil aliud sit, quàm multorum phonismorum, seu conorum vocalium in unum punctum confluxus. Sicuti polyphotismus nihil aliud est, quàm multorum photismorum in unum punctum concursus. Quoniam verò hic polyphonismus propriè concavis corporibus, quà polygonis, quà cyclicis convenit, mearum partium esse ratus sum, tam subtile & illustre argumentum paulò fusiùs (præsertim cùm nemo, quod sciam, sit, qui illud attigerit) declarare.

Suppono igitur primò, vocem in patenti campo nulli reflexioni esse subjectam, sed sphœricè in omnem partium situm radiare, mox tamen ac obstaculum aliquod occurrerit eidem normale, tum primum phonismum fundare; Si verò vox media fuerit inter duo obstacula, sive parietes, eam hoc situ duos fundare phonismos, & sic de cæteris. Hoc igitur supposito nihil restat, nisi ut quot, qualésque in corporibus phonismos vox producat, videamus. *Sit igitur.*

PROPOSITIO XII.

CENTRO PHONICE IN AXE PRISMATIS TRIGONI *Isopleuri concavi constituto, vox emissa triplici phonismo aucta in centrum suum redibit.*

SIt prisma trilaterum concavum A B C. Centrum phonicum sit constitutum in D. axe prismatis, dico vocem emissam triplici auctam phonismo ad centrum suum redire, quoniam enim radii, sive axes phonismorum. D. E. D. F. D. G. ad latera prismatis per *propos.* 2. sunt normales; necessariò revertentur in se triplo auctæ, quoniam etiam omnes radii vicini per modum normalium accipiuntur : & iidem juxta *hypothesin* 3. circa idem centrum
trum

trum D. occurrent, ibidem variis reflexarum linearum occurfi-
bus mirificè intendetur vox; vicinæ ergo perpendicularibus in
D. recurrent, reliquæ juxta *pro-*
pofitionem 4. variis fecundariis
reflexionibus in latera tinnitum
five confufum bombum red-
dent. Centro *itaque* phonico
in axe prifmatis trilateri concavi
conftituto vox emiffa triplici
phonifmo aucta ad fuum centrum redibit, *quod* erat demonftrandum.

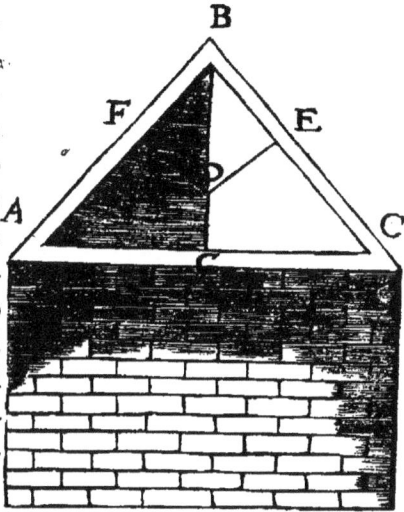

PROPOSITIO XIII.

CENTRO PHONICO IN AXE PRISMATIS QUA-
drilateri concavi conftituto, vox emiffa quadruplici phonifmo
aucta ad idem centrum redibit.

SIt A B C D. prifma quadrilaterum concavum, centrum phonicum in E. dico, vocem emif-
fam quadruplici phonifmo
auctam in E. redituram. Quoniam enim radii five axes phonifmorum E B. E C. E D. E A.
funt ad latera normales per 2. *hu-*
jus, in fe reflectetur vox; cum prę-
terea fint æquales eodem quoque tempore confonabunt in E.
cum verò vicini radii per modum normalium accipiantur, &
II. circa E. ad latitudinem aurium reflectentur: quatuor *igitur*
phonifmis, quos 4. prifmatis latera fundant, vox aucta redibit
in centrum E. *quod* erat oftendendum.

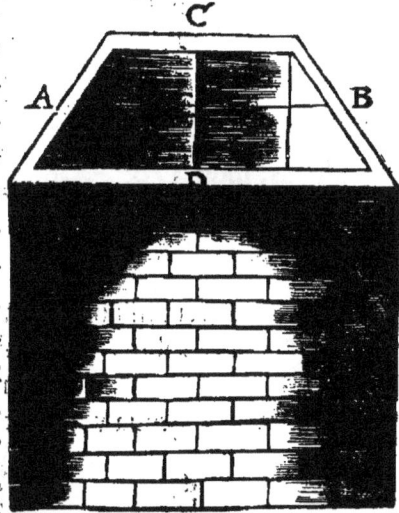

Quomodo

Quomodo verò reliquæ lineæ tandem per varias reflexiones in centrum E. revertantur, dicendum eſt. Et de normalibus quidem jam dictum eſt; de obliquis quoque dicamus : Sint igitur, ut in *figura* ſequenti patet, E C. & B E. loxophonæ lineæ, dico eas in E. reverſuras ; Nam E C. in C. reflexa, ſub æqualitate angulorum

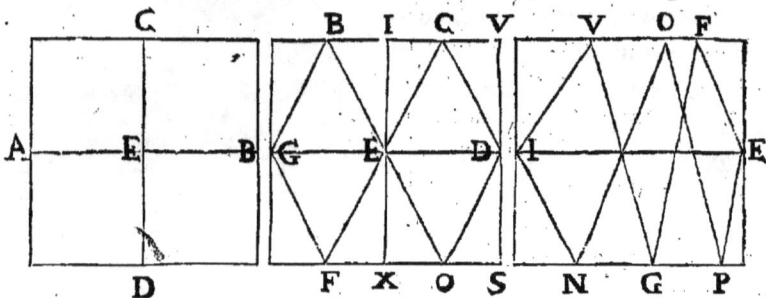

E C I. & V C D. reflectetur in D. hinc ſub eadem angulorum æqualitate V D C. & S D O. reflectetur in O. & tandem ex O. ſub æqualitate angulorum S O D. & X O E. in E. centrum: pari pacto E B. reflexa ex B. in G. & hinc in F. tandem in E. E F. quoque ex F. contrariâ viâ in G. & hinc in B, & denique in E. reflectetur; ita E O. ex O. in D. & ex D. in C. & denique in E. contrariâ ſimiliter priori viâ revertetur. Iterum linea E F. ut in 3. *figura* patet ex F. reflexa in G. hinc in V. & hinc in I. & hinc in N. hinc in O. & ex O. in P. & tandem in E. ſemper ſub æqualitate angulorum reflectet, ita ut poſt 7. reflexiones tandem in E. revertatur; Si verò fluxus vocis contrariâ viâ inſtituatur ex E. in P. poſt totidem reflexiones tandem in E. revertetur. Idem dicendum de reliquis lineis, inter O & F. intermediis.

CONSECTARIVM I.

Ex hiſce patet, cur in puteis quadratis tanta ſit intenſio vocis, & tam vehemens bombus, lineæ enim variè reflexæ & ad idem principium revertentes, mirificè ſonum intendere ſolent, patet etiam mira naturæ in augenda voce in corporibus concavis induſtria.

PROPO-

PROPOSITIO XIV.

CENTRO PHONICO CONSTITUTO IN AXE PRIS-
matis pentagoni æqui-latri, vox emissa, quinque phonismis
aucta revertetur illuc unde profluxerat.

Sit prisma pentagonum æqui-laterum A B C D E, & vox ex L.
axis puncto seu centro phonico emissa quaquaversum propagetur: dico quinque phonismis L B C. L C D. L D E. L E A.
& L A B. auctam redituram in L. primò enim per *Propositionem*
2. axis conorum phonicorum L G.
L I. L K. L F. L H. cùm ad latera normales sint, necessariò in L.
revertentur, reliqui verò vicini radii varià reflexione agitati tandem
etiam in L. reflectentur; Nam vox
ex L in O. punctum incidens illinc reflectetur in P. ex P. in V.
ex V. in S. ex S. in I. & hinc tandem in L. remeabit , vides igitur
nullam esse lineam phonicam in-
ter puncta H A. vel H B. interceptam, quæ non tantùm post varias reflexiones in L. remeet; Idem dicendum est de reliquis phonicis lineis in quodcunque latus incidentibus. Aure itaque in axe
prismatis pentagoni æqui-lateri constitutâ *&c. quod* erat demonstrandum.

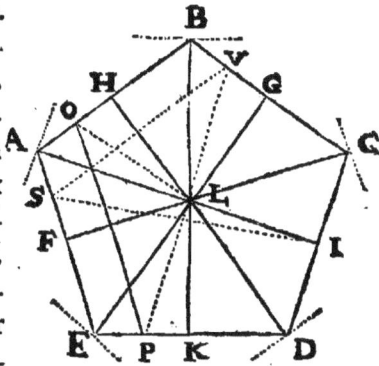

PROPOSITIO XV.

CENTRO PHONICO CONSTITUTO IN AXE
hexagoni prismatis æqui-lateri, vox emissa sex phonismis
aucta revertetur ad seipsam.

Sit prisma hexagonum concavum isopleurum A B C. D E F.
& centrum in axe O, in quo emissa vox 6. phonismis aucta
revertetur in locum unde profluxit, videlicet in O. Quoniam
enim omnes lineæ seu axes conorum ad dimidium laterum A B C
D E F. sunt normales, per *propos.* 2. in se ipsas reflectentur, videlicet in O. reliquæ verò vicinæ variis reflexionibus ultrò citróque va-

E 2 *1*　　　　　　　　gabun-

gabundæ tandem etiam in O. per præcedentem, reflectunt, bombus itaque vehementiſſimus percipietur ; Nam V G. ex O. vox prolapſa in m. hinc reflectetur in K; ex K. in N, & tandem in O.

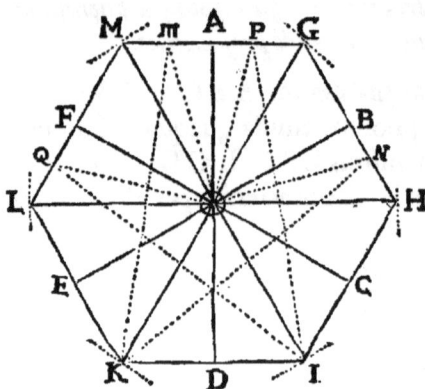

In P. verò prolapſa illinc reflectetur in I; ex I in Q. & ex Q. tandem etiam in O. Idem dicendum eſt de ſingulis aliis phonicis lineis inter M A & A G, interceptis. *Aureitaq, conſtitutâ & c. quod & c.*

Nota, quòd ſi quis in punctis G H I K L M. ad radios normales poneret ſuperficies, dico *Echonem* reflexis ſuis lineis deſcripturam perfectum hexagonum. Vox enim ex A. incidens in G. ex G. in H, ex H in I. & ex I in K. & ex K in L. & ex L. in M. & hinc in A. denique neceſſariò ſub æqualitate angulorum reflectetur. Ita in præcedente pentagono vox in H. ex B. reflectetur in C. & ex C. in D & ex D. in E. & ex E in A. & H. denique reflectetur. Si punctis videlicet A B C D E. ad radios figuræ normales ſuperficies erigerentur. Idem dicendum de omnibus aliis Polygonis.

COROLLARIVM I.

Ex dictis denique clariſſimè patet, quòd, quò priſmata concava habuerint plura latera, tantò ſonum magis augmentatum iri, auctis enim phoniſmis, augetur ſonus, ſed phoniſmi augentur juxta incrementum laterum & c. præterea quantò plura fuerint latera tantò anguli incidentiæ & reflexionis erunt recto viciniores, & conſequenter phoniſmi juxta *hypotheſim 3.* magis circa centrum unientur; Verum uno paradigmate rem explicaſſe ſufficiat. Sit dodecagonum priſma, ut ſequens figura oſtendit, cujus centrum O. ſitque A C B O. ex duodecim phoniſmis unus, dico ſonum ex O. emiſſum, præterquam quòd 12. phoniſmis augeatur, etiam augmentatum iri ex lineis, magis ad normalem accedentibus, cujusmodi ſunt omnes illæ inter A & B. mediæ lineæ; O A. verò, & O B. lineæ extremæ uniuscujuſque phoniſmi tantò à centro in prima

reflexio-

reflexione ſuâ diſtabunt, quanta eſt lateris polygoni latitudo , poſt multiplicem tamen reflexionem tandem omnes in centro concurrent, ut in præcedentibus viſum eſt.

COROLLARIVM II.

Patet quoque, ſi ſonorum conſiſteret verbi gratiâ : in A. & in ſingulis angulis normales ſuperficies eſſent erectæ, futurum, ut ſonus reflexione dodecagonum deſcriberet. Si verò alternæ ſuperficies AH K MO F. tollerentur, vox ex E. incidens in B. reflecteretur in I. & hinc in L. & hinc in N. & hinc in G. & tandem in E. reverberaretur, atq; circulari ſuâ reflexione efficeret hexagonum ; ex F. verò in B K N F. reflexa deſcriberet quadratum, ut figura clarè oſtendit.

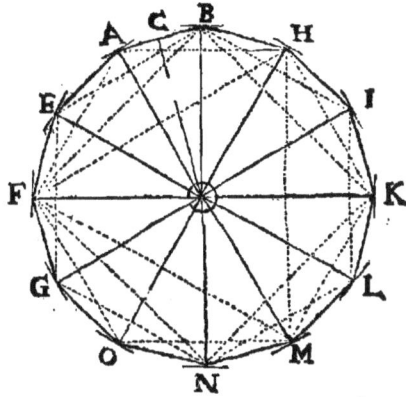

Iterùm F. in H. & hinc in M. & iterum in F. reflexa, triplici reflexione deſcribet triangulum æquilaterum. Vides igitur, quomodo vox in unico dodecagono omnes reflexione ſuâ ſonorâ aſpectuum aſtrologicorum lineas deſcribat. Multa alia reflexionum arcana miracula ſub hujuſmodi figuris latent, quæ ſoli ipſi patebunt, qui noſtra hîc tradita, penitius fuerit perſcrutatus.

CONSECTARIVM II.

Hinc ſequitur , cùm multiplicatio polygonorum in infinitum ereſcat, multiplicationem quoque phoniſmorum ſecundùm omnes differentias in infinitum creſcere ; unio tamen ſonorum in axe corporis concavi potiſſimùm contingit ; Nam in hoc omnes lineæ ſonoræ, à lineis mediis laterum polygonorum verticalibus reflexæ uniuntur. Bombus verò ſeu tinnitus maximè naſcetur in angulis concavis ſolidorum concavorum ; Unde nullo planè negotio ratio aſſignatur tantæ in puteis reſonantiæ.

PROPO-

PROPOSITIO XVI.

CENTRO PHONICO CONSTITUTO IN AXE CYlindri concavi, vox emissa ex omnibus punctis peripheriæ in se ipsam reflectetur.

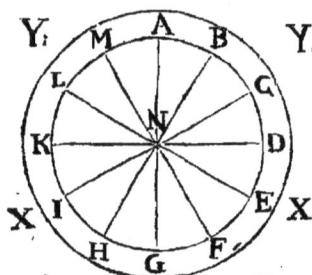

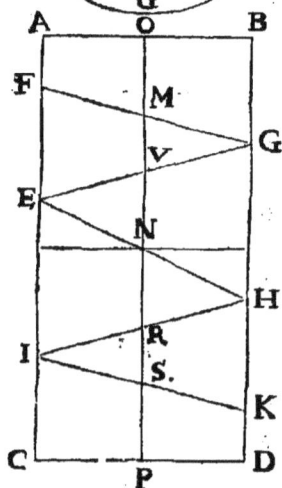

SIt cylindrus concavus X Y. vox in N. centro constituto; dico eam ex omnibus punctis peripheriæ, A B C D E F G. A B G H I K L M. & quibuscunque aliis infinitis in N. reflexum iri. Quoniam enim omnes lineæ ex centro ad circumferentiam ductæ ad illam sunt rectæ, rectæ autem juxta *propos. 2.* in se reflectuntur; reflectentur *ergo* omnes lineæ ex peripheria in N. ubi & omnes unientur, patet ergo propositio. Cùm præterea vox non in unius tantùm circuli puncta incidat, sed in tot puncta, quot considerari possunt in lineis longitudinis cylindri; hæ autem lineæ omnes ad axem parallelæ sunt, omnia harum linearum longitudinis puncta alicubi in axem reverberabuntur. Unde mirifica & prorsus miraculosa multiplicatio soni, qualem in profundioribus puteis experimur, nullo negotio patefit; Sit puteus A B C D. axis O P. Centrum phonicum N. ex quo vox emissa cadat in E, ex E. ergo reflectetur in G. & ex G. in F. semper axem intersecando in punctis M V. similiter vox incidens in H. reverberabitur in I; & ex I. in K. axem secando in R S, & similes reflexiones contingunt in omnibus punctis linearum altitudinis putei, cujusmodi sunt A C & B D. in antecedenti schemate.

PROPOSITIO XVII.

IN PYRAMIDUM QUOTCUNQUE LATERVM, uti & conorum concavorum axe constitutâ aure, vox emissa nunquam revertetur in se ipsam, nisi in punctis L & M, non verò in alijs punctis.

AD sonorum vox extra puncta L M. non redit intra corpora conica concava, ut proinde inepta hujusmodi sono multiplicando sint corpora. Cùm enim vox λαξόφωτῳ in singula latera impingat, ipsa sursum reflectet. Sit Pyramis A B C. centrum phonicum K. ex quo vox illapsa in G. reflectet in E. & ex H. in F. ex N. in O. & hinc iterum in L. ex quo patet reflexionem semper sursum eniti, nec in se ipsam remeare nisi in duobus punctis L & M. uti dictum est.

PROPOSITIO XVIII.

CENTRO PHONICO CONSTITVTO IN CENTRO quinque corporum Regularium concavorum, vox reflexa tot phonismis aucta redibit in se, quot corpus habuerit latera.

SInt corpora regularia 5. tetraedrum, cubus octaedrum, dodecaedrum, vicosaedrum, & sic dicuntur, quòd latera æqualia habeant, & quòd solo circulo inscriptibilia sint, horum enim singula plana, à centro æqui-distant. Unde vel ex ipsa definitione singulorum patet, quomodo vox in iis propagabilis sit; In centro enim tetraedri centro phonico constituto vox 4. phonismis aucta redibit in se, in octaedro 8. in dodecaedro 12. in vicosaedro denique

20. pho-

20. phonifmis aucta ad fe redibit, quorum omnium demonftratio pendet ex præcedentibus, eftque ita facilis, ut explicatione non indigeat.

PROPOSITIO XIX.

SPHÆRA CONCAVA SONO PROPAGANDO
omnium aptiſſima eſt.

CUm enim omnes lineæ ex omnibus punctis fuperficiei circularis ad centrum ductæ inter fe æquales fint, omnéfque ad fphœricam fuperficiem rectæ, neceffariò in fe reflexæ in centro omnes unientur fonorum fpecies, ibi igitur vehementiffimus fonus fiet. Sphœra *ergo* concava fono propagando omnium corporum ficuti capaciffima eft, ita fono multiplicando aptiffima. *quod* erat demonftrandum.

SECTIO II.

SECTIO II.
ARCHITECTURA ECHONICA
Id est

DE ECHONIBUS ARTIFICIOSE CONSTI-
tuendis, necnon miris fabricarum Echonicarum effectibus.

Ræmiſſis omnibus iis, quæ ad Theoriam Echonum pertinere quovis modo videbantur, jam ſingula per problemata in praxim redigemus, ut ſpeculationum noſtrarum uſus omnibus melius & luculentius pateſiat, *Sit itaque*

CAPUT PROBLEMATICUM I.
PROBLEMA I.

SI OBJECTA PHONOCAMPTICA EX DETERMI-
nato loco ita diſponantur, ut ad vocale non Parallela tantùm, ſed
& Normalia ſint, vox ex ſingulis reflectetur in ſe ipſam.

SInt objecta Phonocamptica B C D O E I. vocis determinatus locus A. ſupra puteum, dico lineas ſonoras in dicta objecta incidentes recurſuras in A. Quoniam enim ex hypothe-

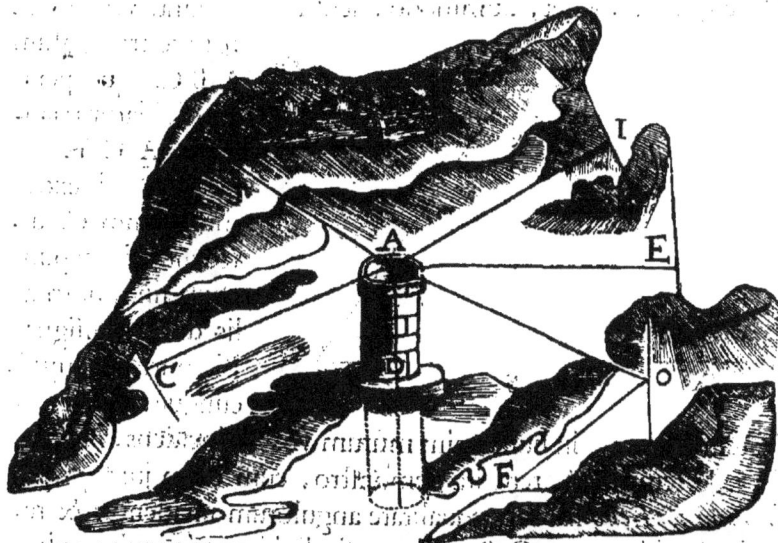

ſi vox in dicta ſolidorum corporum puncta incidens ortɣɛɩ⊙ refle-
F   ctitur,

ctitur, radius autem ο϶ϭόγόν϶ in se ipsum reflectatur juxta *propos. 2.* omnes in A. citiùs, aut tardiùs juxta distantiæ vocalis, ab objectis Phonocampticis proportionem reverberabuntur.

CONSECTARIVM.

Ex quo patet luculenter, cur subinde stantibus in montibus, vox ex imo vallis reverberetur ad nos ; quia videlicet radius sonorus ad rupem C. normalis revertitur in A. ita stans in valle F. percipiet vocem A. in O. reflexam, & contra ex D. quoque fundo putei vox reflexa multiplicato sono remeabit in A.

PROBLEMA II.

DATIS DVOBVS PVNCTIS SIVE STATIONI-
bus tum objecti situm , tum angulos determinare, sub
quibus vox Loxophona it & redit.

SINT duo puncta data A B. quorum hoc centrum productionis soni, alterum A. terminus sit vocis reflexæ ; petitur, quomodo constituendum sit objectum anacampticum, ut A. vocem B. reflexam percipere possit : ducantur ex B. & A. duæ lineæ quomodolibet, dummodo alicubi concurrant. v. g. in C.

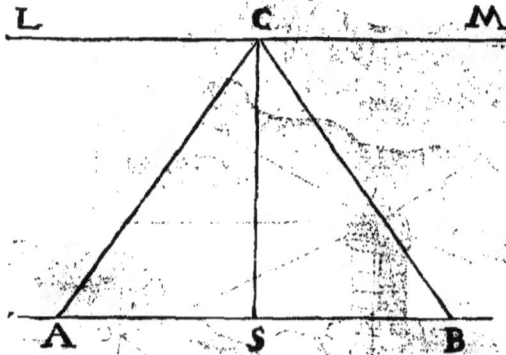

fiátque triangulum A B C. quo peracto dividatur triangulus A C B. bifariam ; ad extremum enim C. dividentis lineæ punctum lineâ normalis ducta ; assignabit muri, aut cujuscunque corporis reflectentis situm, in hunc enim murum vox B. incidens, necessariò reflectetur in A. rem ita demonstro, cùm enim juxta *propositionem 1. Echo* fiat sub æqualitate angulorum incidentiæ & reflexionis, hic autem C. S. cathetus sit dividens triangulum phonocam-

nocampticum bifariam , lineaque L C M. objectum reflectens
referat , ad cathetum C S. normalis erecta , necessariò L C A.
& M C B. angulos incidentiæ & reflexionis dabit æquales ; Sed
& anguli juxta cathetum æquales sunt , ex B. igitur vox in objectum L C M. jam determinatum incidens sub æqualitate angulorum reflectetur in A. Datis *igitur* duobus punctis,seu stationibus quibuslibet assumptis tum objecti situm, tum angulos,sub
quibus vox Loxophona it & redit , determinavimus , *quod* erat
faciendum.

PROBLEMA III.

DATIS QUIBVSLIBET PUNCTIS SEU STATIO-
nibus quomodolibet dispositis, dummodo legitimam Echonis produ-
cenda distantiam habeant ,ita objecta anacamptica dispone-
re,ut vox reflexa solis illis, qui dictas stationes aut
lineas directo-reflexas occupant ,
innotescat.

SINT stationes datæ A B C D E F G. sitque prima vox A. petitur juxta puncta data ita objecta Anacamptica disponere ,
ut vox reflexa nulli alteri , nisi dicta stationum puncta occupantibus innotescat. Dicta puncta lineis rectis conjungantur ,
quibus peractis singulos angulos per præcedentem bifariam seces.
Dico ad extrema li-
nearum angulos bi-
fariam secantium
puncta normales e-
rectas assignaturas
situm objectorum
requisitum,vocém-
que reflexam à solis
datas stationes aut

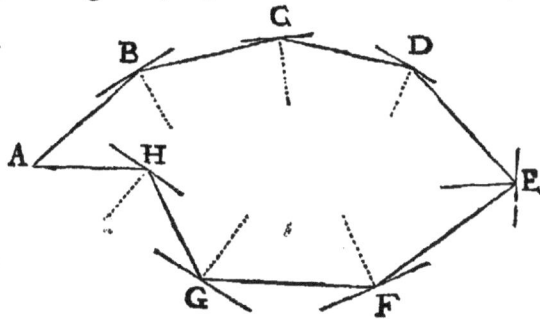

lineas directo-reflexas occupantibus perceptum iri. Quoniam
enim lineæ angulos bifariam secantes nihil aliud sunt, nisi catheti superficiei reflexionis ea ubíque catheticos angulos per *propos.6.*
faciet æquales. Si igitur in extremis punctis erigantur normales,
fundabunt illi in singulis duos angulos rectos cum catheto, à quibus

bus si priores angulos catheticos subtraxeris erunt per *definitionem 6. Eucl.* reliqui anguli directo-reflexi, id est angulus incidentiæ, reflexionis angulo æqualis. Vox igitur ex A. in murum B. incidens inde reflexa abit in C. & hinc in D. & ex D. in E. & ex E. in F. & ex F. in G. & ex G. denique in H. vox igitur in singulis objectis illisa sub æqualitate angulorum in data puncta reflectet. *Datis igitur &c. quod &c.*

CONSECTARIVM.

Patet igitur aure constitutâ in quocúnque datorum punctorum puncto *Echum* perceptum iri, & diversis 7. hominibus in 7. punctis stantibus singulis *Echum* ex A. prolapsam manifestatum iri, imò neque in punctis tantùm datis, sed in quacúnque parte linearum puncta conjungentium, quas directo-reflexas vocamus patefiet.

PROBLEMA IV.

DATIS PUNCTIS QVOMODOLIBET DISPOSItis, in ijs ita objecta phonocamptica disponere, ut vox partim internè partim externè reflexa, semper tamen aure, in quibuscunque lineis directo-reflexis constitutâ Echo percipiatur.

SINT puncta data quomodolibet disposita A B C D E F G H. rectis AB. BC. CD. DE, EF. FG. GH. conjuncta, dividantur singuli anguli bifariam, cathetis BV, CV, DV, EV, FV, GV, HV, ad quos in punctis B C D E F G H. normales erigantur, supra quas objecta Phonocamptica disponantur. Dico objecta super normales ita disposita, vocem partim internè partim externè reflexura : vocémque reflexam, ubicúnque in lineis dire-

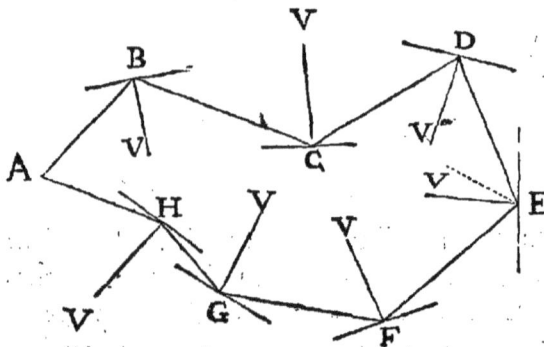

directo-reflexis auris fuerit conftituta redditum iri. Cùm enim anguli tam cathetici, quàm directo-reflexi ex fuppofitione fint æquales. Ergo per *propof.1.* vox neceffariò ex B. reflexa internè illideatur in C. ubi externè reflexa feretur in D. internè in E. deinde iterum in F. & hinc internè in G. ubi denuò externè in H. & denique externè in A. femper fub æqualitate angulorum reflectet. *Datis igitur punctis &c. quod erat fac: &c.*

Dicimus autem externè reflecti, quando objectum aliquod Phonocampticum fuperficiem reflexionis cum catheto fuo habet extra datorum punctorum diftrictum, five quando catheti reflexionis extra porriguntur, internè verò reflectunt, quando catheti reflexionis, intus vergunt; in propofito exemplo objecta Phonocamptica externè reflectentia funt C, & H. eorúmque catheti extra vagantes CV. & HV. reliqua objecta habentia cathetos intus vergentes, uti fuit BV. DV. EV. FV. internè reflectentia funt.

PROBLEMA V.

ECHUM POLYPHONAM CONSTRUERE, SIVE qua poft editam primam eandem vocem, aliásque propofitiones aliquoties repetat.

IN memoriam hoc loco revocanda ea, quæ in *tertia pralufione* de intervallo *Echonis* tradidimus. Nam cùm certa & Mathematica diftantia in hoc negotio lubrico dari non poffit, omnium optimè faciet, qui dictam diftantiam ad fenfum, five mechanicè exploraverit; Ita autem faciet: feligat fibi murum folidum, politum, reflexioni vocis aptiffimum, deinde normaliter ab illo accedat; recedátque donec unam fyllabam perfectè reddiderit, fpaciúmque diligenter menfurà aliquà notà exploret, deinde tempore opportuno &tranquillo recto tramite retrocedat donec bifyllabum vocabulum perfectè reddiderit, fpaciúmque diligenter menfuret; poftea retrocedat in tantùm donec trifyllabum *Echo* reddiderit, & fic femper magis magífque à muro recedendo donec decafyllabum, five verfum quempiam perfectè reddiderit, in omnibus polifyllabis perfectè obfervando diftantiam.

Et experientiâ inveniet fpacium quéis *Echo* unâ fyllabâ augetur, non effe æquale, fed femper minus & minus: pari pacto; ut polyphona sit *Echo* & syllabam aliquoties repetat , spacia quêis diftinctè heptasyllaba crescunt , non sunt æqualia sed minora & minora semper.

Cujus quidem rei ratio alia non est nisi languor vocis , quæ , quantò remotiùs spacium percurrit , tantò semper magis magísq; flaccescit, donec penitus exanimetur ; cùm ergo vox semper magis & magis debilite-	*Exempli gratiâ.*		
	Monosyllaba -	100.	
	Bissyllab. - -	190.	
	Trisyl. - -	270.	
	Tetrasyl. - -	350.	*pedum.*
	Pentasyl. - -	430.	
	Hectasyl. - -	515.	
	Heptasyl. - -	600.	

tur, certum est spacia æqualia esse nequaquam posse, sed remotiora semper strictiora (ut in prospectiva columnarum fit) ut sint, necesse est. quâ tamen proportione decrescant , difficilè est cognoscere, cùm velocitas motûs ad spacium exactam & certam propositionem admittere vix possit ; securiùs igitur aget, si ad sensum uti polysyllaba spacia ita & polyphonæ *Echonis* spacia exploraverit; Ita autem res mechanica ope pluriùm indagari poterit. Sit murus A B. à quo in tantùm recedat *Echometra*,donec illud : *Arma virúmque cano*, perfectè reddiderit, quòd fiet in puncto C. ubi primus *Echometra* immotus signum ultimæ reflexæ syllabæ (*cano*) dabit alteri socio, tantùm in linea C L. recedenti donec dato primo in C. peractæ reflexionis signo , *Echo* incipiat secundò. Hícque peractæ reflexionis signo dabit tertiò in eadem linea tantùm recedenti,donec finitâ reflexione secundi inchoat 3. & sic in infinitum. Spacia enim hæc diligenti mensurâ explorata dabunt loca, quibus erecti muri , repetant integras propositiones aliquoties.

Sed hæ observationes cum difficiles sint melius fecerit *Echometra* si muros æquali intercapedine & reflectenti voci proportionato spacio diffitos selegerit, hi enim ut plurimùm voces aliquoties perfectè repetunt, quemadmodum experientia me docuit , in diversarum turritarum urbium mœnibus; Primùm in muris *Urbis Avenionensis* , in quibus vox octies distinctè repetitur etiamsi obstacula phonocamptica sint æquali spacio diffita. Similiter in *Romanæ Urbis* mœniis, ubi pro multitudine turrium vox nunc bis nunc quater, nunc quinquies sexies aut septies reflectit , sed jam ad problema initio propositum,propiùs accedamus.

Sit

Sit igitur protenſus murus quiſpiam 7. turribus ; ut in *figura* præſenti patet , tanto ab invicem ſpacio , quanto vocale X. diſtat

à prima turri A. diſſitis , ſintȝue ſingulæ turrium ſuperficies ad vocale X. parallelæ & normales ; dico vocem X. in ſingulos muros
A B C D E F G. incidentem in ſe reverſam *Echum heptaphonam*
formaturam. Nam cùm ex ſuppoſitione vox in ſe reflectatur ex
omnibus muris ad ſonorum normalibus ; ac deinde ob remotiores
ſemper & remotiores turres vox tardiùs & tardiùs recurrat , neceſſariò ultima turris tardiùs reddet vocem , quàm penultima , & penultima , quàm antepenultima , & ſic de cæteris. Auris *igitur* in X con-

ſtituta , *Echum heptaphonam* percipiet: *Heptaphonam* igitur *Echum*
conſtruximus , *quod* erat faciendum.   PRO-

PROBLEMA VI.

DATIS PUNCTIS QUIBVSLIBET IN CIRCULO
dispositis, Echonem circularem construere & polyphonam.

SInt puncta phonocamptica in circulo A B C D E F G H I K L M.
quomodolibet disposita, ad quæ ex A. centro phonico ducantur lineæ A B. A C. A D. &c. dico, ex G. puncto semidiame-

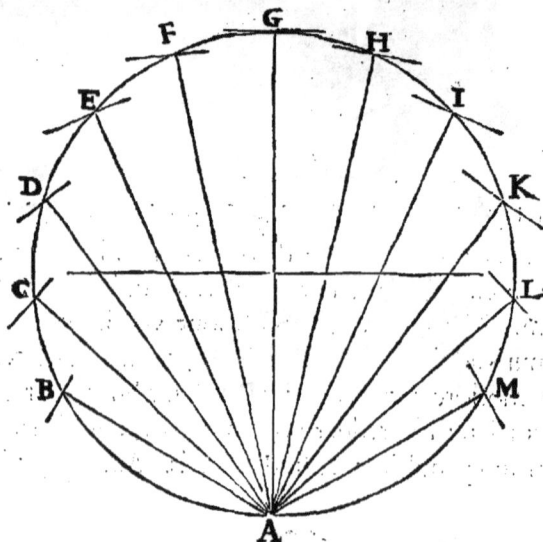

tri circuli lineas A B. A C. A D. A E. A F. A H. A I. A K. A L. A M.
ductas assignaturas objectorum phonocampticorum situm, & sonoras ex A. ductas fore ad objecta A B C D. &c. normales. Vox
ergo ex A. in objectum phonocampticum supra lineam B. situm,
vocem reflectet in A. & lineæ C D E F G H I K L M. cùm ad
lineas sonoras ex A. descriptas sint normales, objecta phonocamptica super eas fundata vocem reflectent similiter in A. cùm præterea lineæ ex A. productæ, semper longiores & longiores sint, sequitur quoque, vocem tardiùs & tardiùs in A. reflexum iri, nascetur igitur *Echo polyphona*, successivè voces toties repetens, quot
puncta in circulo fuerint disposita, quæ si ambobus semi-circulis æ-
qualem ab A. habuerint distantiam, æquali tempore in *Echum*
reverberabunt, eamque duplo fortiorem reddent.

CON-

CONSECTARIVM.

Ex his patet, quantâ facilitate quis *Echum polyphonam* in circulo conſtruere poſſit, ubi vides quoque admirabilem quandam proprietatem *hujus figuræ* motùs ſonori languorem exprimentem, nam ſpacia anacamptica G H. H I. I K. K L. uti dictum eſt æqualia non ſunt, ſed continuo decremento, tantò ſemper magis deficiunt, quantò ad quantitatem lineæ actionis quam A. refert, propiùs acceſſerint, ita ut ſicuti ſe habent ſpacia G H. ad H I. & I K. ad K L. ita ſe habeant quoad diſtantiam objecta phonocamptica, ut voces repetant, reſpondétque præclariſſimè omnibus experimentis à nobis factis.

PROBLEMA VII.

CHORVM ALICVJVS ECCELESIÆ CONSTRVE-
re eo artificio ut tres Cantores tantùm præſtent quantùm centum

CHori tholus ita diſponatur, ut intus ſphœricam ſuperficiem habeat, Organum verò Cantoréſque circa centrum hujus tholi diſponantur, & habebis intentum, quoniam enim omnes vocales lineæ ad tholum normales ſint ad locum unde refluxerunt redibunt, vehementiſſiméque ſonum intendent. Porrò ſi à Choro tanta diſtantia ſumatur, quæ *Echoni* triſyllabæ repetendæ ſufficiat, atque eo in loco ſuperficies ſphœrica in muro fiat, ex eo loco templi, ubi ut plurimùm homines devotioni indulgere ſolent, tanquam ex centro deſcripta: Voces non tantùm vehementiſſimè hoc in loco intendentur, ſed & diverſum Chorum à primo conſtituent; ſi enim Cantiones per trium notarum clauſulas ita adornent, ut poſt datas clauſulas ſemper tantùm pauſetur, quantùm temporis dictæ clauſulæ valent, homines in dicto loco exiſtentes, omninò ſibi perſuadebunt duos Choros eſſe, & à magna Cantorum turba conſtitutam clauſulam.

Primo itaque Choro primam clauſulam cantante, illo interim
G   pau-

paufante, alter tholus cantatam repetet; Hoc negotium infigni fucceffu in vaftiffimo templo Sancti Petri inftitui poffet, fi Muficus
effet qui notitiam tam abditarum rerum haberet. Templum quoque Sancti Jacobi *Incurabilium* hìc Romæ tam huic negotio aptum eft, ut Architectus huc refpexiffe videatur.

CONSECTARIVM.

Ex his & præcedentibus fatis conftat quomodo artificiofæ *Echi*
conftitui poffint.   Certè non in templis tántùm fed & in campis
Echi juxta præcedentia ita conftitui poffunt, ut accommodatæ
claufulæ harmonicæ non femel tantùm, fed & bis, ter, quater &
quoties volueris repetantur, omnéfq; putent diverfis Choris diftri-
butisfieri, quod uno Choro concinitur. Pro duobus enim Choris
repræfentandis poft præcedentem claufulam prolatam, paufæ duorum temporum, pro tribus trium, pro quatuor denique Choris
quatuor temporum paufæ ponendæ funt ut fequitur.

Mufica per Echo.

Vides in hoc paradigmate claufulam primam A. femel reflectere, fecundam claufulam B. ob lineas fonoras longiores bis repeti,
claufulam C. tertiò repeti, quia lineæ fonoræ ad huc longiores feruntur, fic claufula D. quater repetitur ob linearum fonorarum
longinquitatem, & fic de aliis.

Patet igitur ex dictis quomodo *Echo* conftitui poffit diverfos
Choros repræfentans. Si verò fpacium tam longum effet, ut in eo
vox evanefceret longioribus fpaciis, confultiùs tubæ, tympana,
aliaque inftrumenta vehementis foni attribuerim, cùm enim longiùs quàm voces ferantur reflexæ, eorum foni fuaviùs fe fiftent
auribus, quàm in propinquo.

PRO-

EROTEMA.

UTRUM ECHO HETEROPHONA CONSTITUI
possit, quæ diversa verba à primis resundat?

Videtur hoc negotium nescio quam ἀντιλογίαν primâ fronte involvere : quomodo enim inquies vox à se ipsa differri possit, non video ; cum *Echo* nihil aliud sit quam fluxus quidam primæ vocis continuatus reflexúsque neque ullâ ratione aliud proferre possit reflectendo, nisi quod primò prolatum est, videtur ergo prorsus implicare *Echum* dari alterius repræsentativam. Respondeo *Echum* multipliciter considerari *vel* ὀρθόφωνον sive directam, *vel* λοξόφωνον seu obliquam : iterum *vel* μονόφωνον aut unam, *vel* πολύφωνον sive plures syllabas reflectentem. Dico igitur *Echum* ὀρθόφωνον aliud non repræsentare valere, uti & μονόφωνον quàm quod prolatum est, verum esse ; dari tamen aliquas *Echus* λοξοφώνους aio, quas aptas esse posse dicimus aliud quàm prolatum est repræsentare. Nonnulli tamen *Echum* quoque ὀρθόφωνον ita disponi posse putant, ut directa vox aliud, aliud reflexa ferat, ita quidam Græca verba dum proferunt, *Echum* in Latino respondere faciunt ut in sequentibus verbis patet.

Οἱ Θεοὶ πάντα πολῦσι πόσαις	*bonis.*
Πάντα πολῦσι	*lusi.*
Οἱ Θεοὶ ἐνθάδε	*ætate.*

Hôc vel simili modo ex quavis lingua voces similiter desinentes, ita tamen ut in diversis linguis diversam significationem haberent, seligi possent ; Verùm similia ut coacta sunt, & exigui ingenii, ita non facilè in praxin nisi longo studio, & exiguo cum fructu deducuntur, meliùs forsan hæc in una & eâdem lingua effici possent, cujus rei aliquot exempla ponemus ; Vide *figuram* 2. *præcedent.* *fol.* 47.

G 2   Sit

Sit verbi gratiâ: *Echo* inftituenda quadrifyllaba, objecta B C D E F. ita difpofita fint, ut fingula unam fyllabam tardiùs reflectant. Sitque trifyllabum fequens vox　　　　　CLAMORE
CLAMORE. Sonorum autem five vo-　　　　　　AMORE
cale fit in A. Cùm igitur objecta ita　　　　　　MORE
difpofita fupponantur, ut fingula fylla-　　　　　ORE
bam tardiùs reflectant, certum eft fin-　　　　　RE.
gula objecta diverfa verba fignificantia reflectere, ita objectum
B. CLAMORE; AMORE objectum C. MORE objectum
D. ORE objectum E. RE denique objectum F. reddet: *Polyphona* igitur *Echo* femper alia & alia vocabula repetet, ut fi quis
clamet; *Tibi verò gratias agam, quo clamore?* refpondebit *Echo*,
gratias agam CLAMORE, AMORE, MORE, ORE, RE.

Sic vocabulum CONSTABIS in diverfis objectis femper diverfa & diverfa reflectet, ut hîc patet, innumera hujufmodi inveniri poterunt, fucceffivè alia & alia　　　　CONSTABIS
à priori voce reflectentia, ita ut *E-*　　　　　STABIS
cho non jam primam, fed alias & alias　　　　ABIS
femper voces reddat; hifce igitur duo-　　　　BIS
bus modis *Echo ortophona* & quidem　　　　　IS.
in varijs objectis diverfas à priori voces reddere poteft, non aliter.

Quæritur *igitur*, utrum *loxophona Echo* ita conftrui poffit, ut
ad quæfita alia quâvis linguâ refpondere poffit?

PROBLEMA VIII.

ECHUM HETEROPHONON CONSTRUERE
cujus reflexa vox femper alia & alia inquavis
lingua refpondeat.

REquirit hæc *Echo* operam duorum, ita autem inftituatur:
primò fpacium determinetur quatrofyllabo aut pentafylla-
bo perfectè pronunciando aptum, id eft, quod 4. aut 5. fyllabarum vocabulum perfectè exprimat, hôc peracto objectum di-
fponatur hâc induftriâ, ut cujufpiam prima ftationis confiftentis
vox in objectum incidens reflectatur ad aures in fecunda ftatio-
ne confiftentis; fed ut primus fecundum non videre fed audire poffit; unde objectum è regione concursùs duorum murorum vel
pro-

promontorij alicujus difponendum, ut in præfenti fchemate patet, in quo E F. muri in D. commiffi, C. rupes five obftaculum
reflectens, five artificiale five naturale fit, perinde eft. Sit autem centrum phonicum reciprocum in punctis A & B. tanto
fpacio ab objecto C D. diffitum, ut quatuor aut quinque quem-

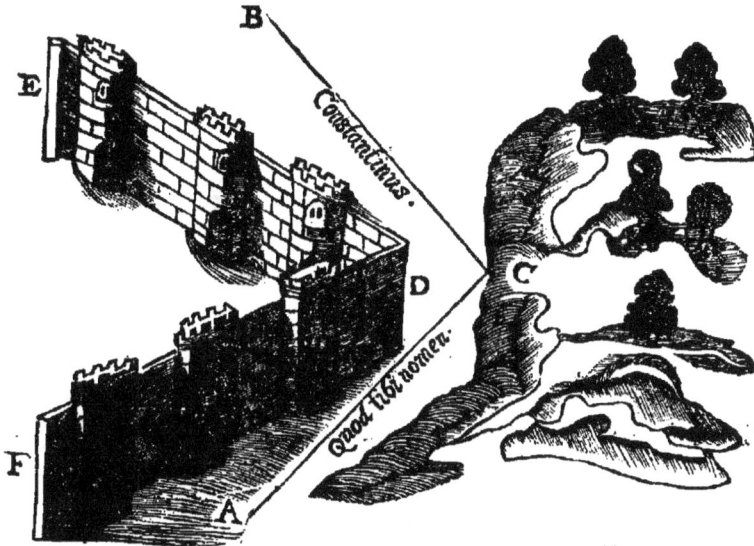

admodum dixi fyllabas perfecte referat. Hoc pacto mox ac prior
in A. proclamare inceperit vocem, illa loxophonè in C. incidens non reflectetur in A. fed in B. quam mox ubi audiverit in
B. confiftens, refpondet alias voces quâlibet linguâ editas, quæ in
C. illifæ mox fe auribus in A. confiftentis ingerent : Aliud igitur is ac primò prolatum erat, percipiet ; ut fi prior clamando in-
terroget ; QUOD TIBI NOMEN, & alter in B. conftitutus refpondeat CONSTANTINUS. in A. confiftens immediatè ad verba
interrogationis refponfum per non fua, fed alterius verba reflexa
percipiet; Certè hoc artificium, præfertim fi cum induftria inftituatur, tam arcanum eft, ut cùm hìc ROMÆ in Prędio noftro periculum
hujus feciffem, nemo ferè fuerit, qui rationem comprehenderit,
omnes mirati & veluti ftupore attoniti, dum ad omnia quæfita
Echum refpondere alijs verbis audirent : ad tegendum tamen artificium duo fint oportet, qui æquali, quantùm fieri poteft, voce
præditi fint, ita enim magis latebit illufio, *Echum ergo* conftruxi-
mus Ἑτερόφωνον &c.   COROL-

COROLLARIVM I.

Ex dictis patet, duos in punctis A & B. quodlibet hâc industriâ significare sibi posse, imò duos choros alternis vocibus mirâ
quâdam ratione concertare, aliaque peragi ingeniosi artificis relinquenda arbitrio.

COROLLARIVM II.

Patet quoque, quod, quemadmodum suæ sunt Opticæ fallaciæ
visûs, ita & Acusticæ; Nam in A. constitutus manifestè putabit,
vocem ex D. provenire, atque adeò esse vocem à se emissam;
erítque artificium tantò arcaniùs, quantò voces similiores, quan-
tóque alteruter de altero minùs sciverit. Verùm de his copiosior in
sequentibus erit dicendi materia.

CAPUT II.

TRIGONOMETRIA PHONOCAMPTICA
Sive

DE LINEARVM PHONICARVM
Dimensione.

PROBLEMA I.

DATA DISTANTIA NORMALI A MVRO
cum angulo reflexionis, vel incidentia omnium punctorum
loxophonorum à normali puncto B. distan-
tiam reperire.

SIT murus F D B. distantia normalis cum nota mensura 25. *passuum*, lineæ loxophonæ A D, & D E, dico alterutro angulo C A G. vel G A I. sive, quod
idem est, reflexionis D A B. vel E D F. incidentiæ, &
angulo phonici catheti C D A. noto, notas fieri lineas. D B. A D.
A C. C D. E D; Angulus C A D, quia angulo A D B. incidentiæ
æqualis est, per instrumentum dioptricum notus sit 76. *grad.* qui
subtracti à 90. relinquunt 14. *grad.* pro G I angulo catheti phonici C D A. ut igitur lineam D B. habeas sive punctum loxo-
phonon

phonon D A. fiat ut finus anguli phonoptoti 76. *grad.* ad finum anguli catheti phonici ; 14. *grad.* ita fpacium 25. *paff.* ad aliud prodibit operatione peractâ D B. linea diftantiæ puncti reflexionis à puncto B. Si verò lineæ loxoptotæ A D. quantitatem defideres , fiat ut finus anguli A D B. phonoptoti ad finum totum ; ita notâ menfurâ 25. *paff.* ad aliud prodibit A D.

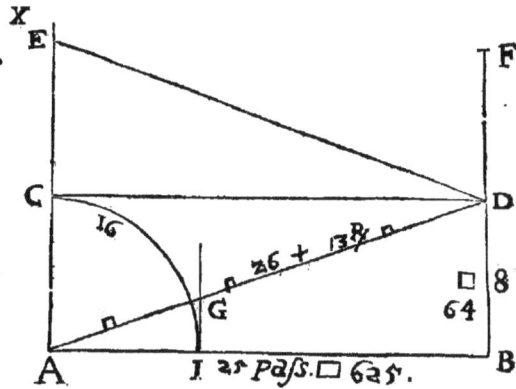

linea loxoptota quæfita cui cum linea E D, reflexa æqualis fit, ejus quantitas ex fe innotefcit.

Si verò defideres fcire in quod punctum lineæ A X. vox D. reflectatur, ita age. Dupla diftantiam B D. ex puncto A. in lineam A X. & habebis punctum E. in quod vox A. ex D. reflexa percipietur, quæfitum, cum enim cathetus C D. triangulum reflexionis E D A. bifariam fecet, erunt anguli E D C. & C D A. æquales, æquales ergo & finus eos fubtendentes videlicet A C. & C E. horum enim termini A & E. determinant fpacium inter A. centrum phonicum & punctum E. in quod reflexio definit: *Data itaque* &c.

COROLLARIVM.

Hinc patet primò , Loxophonas lineas directè reflexas inter duas parallelas conftitutas femper effe æquales. *Secundò* orthophonum radium A B. vel C D. ad objectum phonocampticum F D B. femper effe æqualem catheto phonico C D. inter parallelas E A, & F B. conftitutas. *Tertiò* fpacium B D. qualecunque & quantumcúnque illud fuerit duplicatum femper metiri diftantiam A E. in cujus termino E. vox à D. reflexa definat.

PRO-

PROBLEMA II.

*DATA DISTANTIA CENTRI PHONICI A PUN-
cto reflexionis terminantis notam facere lineam ortophonam.*

SIt diftantia A C. vel C E. nota, & centrum reflexionis E. vel
A. nota fiet A B. vel C D. orthophona, fi fiat ut finus anguli
G A I. catheti phonici ad finum anguli incidentiæ A D B. in
C G. arcu noti; ita nota menfura D B. ad aliud: operatione enim
peraCta, prodit A B. five C D. fi verò lineas loxophonas A D. &
D E. noffe velis, fiat ut finus anguli catheti phonici ad finum to-
tum, ita D B. ad aliud. Operatione enim peraCta prodibunt A D.
D E. lineæ loxophonæ quæfitæ. Ratio patet ex 15. *prop. refolutio-
nis triangulorum apud* CLAVIUM quem confule; *probl. 1.2.3. Geo-
metria.*

PROBLEMA III.

*NOTA LINEA LOXOPHONA ORTHOPHONAM
& diftantiam centri phonici à puncto normali five
centro reflexionis reperire.*

SIt linea loxophona A D. nota. *primò* orthophonam C D. in-
veftigabis hoc paCto, fiat ut finus totus ad finum anguli A D B.
phonoptoti ita nota menfura A D. ad aliud, & operatione peraCta, prodibit A B. vel. C D quæfita. Iterum ad reperiendam lineæ D B. quantitatem, fiat ut finus totus ad finum anguli catheti
phonici G A I. ita nota menfura A D. ad aliud, & faCta operatione, prodibit B D. quæfita.

PROBLEMA IV.

*NOTA LINEA ORTHOPHONA, LINEAS LOXO-
phonas & diftantiam centri phonici à centro reflexionis reperire per tangentes & fecantes.*

SIt A B. linea orthophona nota; & fcire cupias lineam loxo-
phonam A D. fiat ut finus totus A I. ad A G. fecantem anguli catheti phonici 14. *grad.* ita nota A B. 25. *paff.* ad aliud, &
prodibit A D. loxophonæ quantitas quæfita; Iterum ad invefti-
gandam

gandam B D. fiat, ut finus totus A I. ad I G. tangentem anguli 14. *grad.* ita nota menfura 25. *paff.* ad aliud, & prodibit quantitas B D. quæfita. Si verò nota fuerit B D. notæ fient A B. & A D. hoc pacto; fiat ut tangens G I. ad finum totum, ita nota menfura B D. ad aliud & habebitur linea orthophona A B. Iterum pro linea loxophona A D. fiat ut tangens G I. anguli 14. *grad.* ad fecantem A G. ita nota B D. ad aliud prodibit A D. quantitas quæfita.

III. *Data quantitate loxophona, orthophonam* C D. &
B D. hoc pacto inquires.

Fiat ut fecans A G. ad A I. ita nota, A D. ad aliud, & habebitur C D. vel A B. orthophona quæfita. Iterum ut A G. fecans ad G I. fecantem, ita A D. ad aliud, & prodibit B D. quantitas quæfita. Hoc peracto, omnes lineæ ad phonicum negotium fpectantes, inveftigabuntur.

PROBLEMA V.

DATIS IN TRIANGULO PHONICO DUOBUS
lateribus, tertium reperire per extractionem
radicis quadrata.

SIt *primò* datum in triangulo phonico A D B. datum latus A B. orthophonum 25. *paff.* & A C. lineæ diftantiæ centri phonici à catheto phonica 8. *paff.* tertium latus A D. reperies hoc pacto. Ducantur data latera in fe, & ex aggregato duorum laterum fimul junctorum extrahatur radix quadrati habebifque per 4. *lib. 1. Elem. Euclid.* lineam A D. quæfitam.

Sint *fecundò* nota latera B D. & A D. tertium A B. repereris, fi quadratum lineæ D B. fubduxeris ex quadrato totius A D. Quadrati enim reliqui radix dabit lineam A B. quæfitam. Sint *tertiò* duo latera data A B. & A D. tertium B D. reperies hoc pacto. Subtrahe quadratum A B. à quadrato A D. & reliqui quadrati radix dabit lineam B D. quæfitam.

COROLLARIVM.

Ex hifce breviter dictis patet, quomodo lineæ phonicæ in omnibus aliis cafibus Echometricis menfurari foleant. Cùm enim in

toto

toto phonocamptico semper angulus incidentiæ sit æqualis reflexionis angulo; quolibet latere cum angulo in triangulo phonico noto, reliqua investigabuntur, methodo prorsus eâdem, quam præscripsimus: sive igitur reflexio fiat in corporibus regularibus, sive irregularibus, semper eadem dimensionis ratio servanda est, quæ ideo breviter hoc loco indicare volui, ne arti nostræ phonocampticæ quicquam deesse videretur.

SECTIO III.

TUBORUM TUBARUMQUE ACUSTICARUM FABRICA.

P R Æ F A T I O.

ACUSTICA instrumenta ea vocamus, quibus, uti opticis instrumentis, remota nobis objecta & sensui visivo prorsus impervia, veluti vicina & propinqua oculis sistimus, (de quibus fusè in *Arte magna Lucis & Umbra lib. ult.* egimus) ita acusticis instrumentis sonos remotos, & sensui acustico impervios intra Organa ad naturæ exemplar fabricata mirâ industriâ & solertiâ coarctatos auribus repræsentamus; continétque *Primò* Aularum Conclavium,& Porticuum fabricam eo ingenio dispositam, ut in iis certo & determinato puncto omnem etiam quantumvis submissam verborum prolationem Principes audire possint; *Secundò*, acusticorum instrumentorum in usum surdastrorum fabricam, unà cum *Cryptologia Acustica* sive de occulta mutuorum conceptuum per sonos communicatione, aliisque nóvis & abditissimis inventionibus; Verùm antequam rem aggrediamur Tuborum Tubarúmque proprietates, & experimenta ipsa, quibus in operis Architectura utemur, præmittenda duximus.

CAPUT.

CAPUT I.

DE TUBIS, EORUMQVE PROPRIETATIBVS.

Tubam, unum ex maximè antiquis inftrumentis effe facræ litteræ teftantur multis in locis ; nam MOYSEN *10. Num.* duas ex argento , mandato Dei feciffe legimus, JOSUE quoque eâ ufum, *Liber Jud.* memorat. Ante Arcam quoque fœderis tubæ ufum fuiffe *Liber 1. Reg.* oftendit. Sed de his in *Tractatu de inftrumentis Muficis Veterum* egimus. Moderno tempore tubæ varias claffes fortiuntur ; quædam omnes fonorum differentias præftant fola Tubicinis cum linguæ plectro, tum infufflatione vehementi, cujufmodi præfens *figura* oftendit. Aliæ quæ & ductiles dicuntur, ita conftructæ funt, ut una intra alteram ftrictè moveri poffit, atque in hujufmodi tubis fonorum diverfitas , non tam flatu & linguâ quàm prolongatione & decurtatione, five quod idem eft, inferioris gyri eductione, vel introductione emergit : Sed prioris qualitatis proprietates priùs examinemus, deinde pofterioris.

Tuba ordinaria.

Habet inter cæteras abditas qualitates & hanc Tuba omnium Tubicinum experientiâ confirmatam , quòd afcenfus fonorum tonatim in ea fieri nulla ratione poffit, id eft, primum tonum v. g. impoffibile eft , ut excipiat tonus RE & MI. fed fecundus tonus femper erit infallibiliter Octava , & tertius Quinta , quartus Quarta , & confequenter quemadmodum tabula fequens oftendit.

Octava Quinta Quarta, 3. maj. 3. min. quart.on.maj ton. min. maj. ton.min.

In præcedenti tabula vides numeros , quantò ab unitate magis recefferint , tantò parere confonantias imperfectiores, fequitur hunc naturalem numerorum progreffium tuba. Nam primus v. g. tonus *C fol fa ut*, incipiens quafi unifonum dat ; Secundo verò tono, qui per numerum 2.(fecundum)fignificatur , non tonum, fed eam confonantiam refonat, quam duo numeri 1. ad 2. proportione fuâ exprimunt, videlicet Octavam. Tertio tono non ditonum , fed eam confonantiam , quàm 3. numerus ad 2. obtinet, videlicet diapente, five Quintam, & 3. ad 1. five ad primum, unam Duodecimam. Pari pacto quarto tono ad 3. diateffaron , & ad primum difdiapafon ; ita quintus tonus ad 4. dabit tertiam-majorem, & fextus ad 5. tertiam-minorem ; ubi reprobato numero 7. tanquam harmoniæ inutili, faltu aliam partem petit ; deinde paulatim per tonos & femitonia ufque ad 29. gradum, five tetradiapafon pertingit, ita ut tuba omnes ferè gradus habeat, quos Clavicymbali Abacus in 4. Octavis. Verùm genefis vocum per tubam efficiendarum ita in præfenti fchemate clarè proponitur, ut præter ocularem infpectionem vix aliud requiratur , difficultas fola reftat in caufa tantorum faltuum affignanda.

Mira Tubæ Proprietas.

Dico igitur primò, ex ratione formæ & conftitutionis tubæ fequi, ut aër ad fecundum fonum neceffariò duplo velociùs moveatur, quàm in primo fono , & quia nullus alius numerus inter 1. & 2. intercedit , neceffariò organum ex infito fibi ad confequendum debitum finem à natura per hofce numeros intentum appetitu, Octavam refonabit, ad tertium verò fonum neceffariò Quinta fequitur, cùm inter 2. & 3. nullus alius harmonicus numerus interijci poffit, & confequenter aëris concitatio ad tertium tonum ita fe habebit ad concitationem aëris in fecundo tono, ut 2. ad 3. id eft, in fubfefqui-altera proportione. Non abfimili ratione aër flatu concitatus ad quartum tonum dabit diateffaron , cùm confequentiâ quâdam naturali concitatio aëris in utroque tono facta, ita fe habeat, ut 3. ad 4. quam proportionem diateffaron conftituit, vides igitur quantoperè natura abhorreat à diffonantijs, ut tuba difrumpi malit, quàm illas admittere.

Hinc 7. numerum veluti inimicum harmoniæ refugiens, Octavam faltu quodam fibi amicam repetit. Vides quoque, quòd quantò tuba altiùs afcenderit, tantò femper à perfectioribus confonantijs

tijs magis recedat, & ad perfectiores magis accedat, donec tandem per meros tonos & femitonia incedat : Tuba itaque fola ordinem naturæ in numeris & fonis fequitur, cujus quidem rei ratio alia non eft, nifi ea, quam dixi, fcilicet tum intenfio flatûs Tubicinis, tum concitatio aëris proportionata ad numeros naturali ordine fe confequentes.

Ex quibus quoque patet, in fex hifce numeris omnium harmoniam rerum confiftere, ut fuo loco fufius dicetur. Quòd verò tuba in acutiffimis vocibus per tonos incedat, hoc ideò fit, quòd nimia flatûs intenfio non poffit nifi per minima intervalla augeri. Si enim femper per Octavas, Quintas, Quartas continuò augeretur, tuba naturales fonorum terminos neceffariò excederet, quod cùm contra naturam fit, tuba paulatim ex maximis intervallis ad minora & minora fonos promovet, propagátque; donec in termino à natura præfixo conquiefcat, qui eft gradus 29. fecundùm quofdam 32. Vide de hifce fufius agentem MERSENNUM *in libro de Harmonia universali.*

CONSECTARIVM.

Hinc fequitur, idem præftare tubam in fonorum genefi additione, quod chorda in fua divifione ; Nam quemadmodum chorda divifa per medium unam dimidij partem ad integram fonare facit diapafon ; ita tuba ad primum tonum addendo fecundum, dum aërem duplo concitatiorem conftituit, fimiliter Octavam eliciet ; iterum quemadmodum per fecundam biffectionem nafcitur diapente ; ita per additionem 3. vibrationum in tuba emanat diapafon cum diapente, vel diapente fimiliter. Non fecus de reliquis difcurrendum, quæ omnia hîc breviter enucleare placuit, ut rerum omnium confenfus harmonicus penitus innotefceret. Tubæ ductiles eadem cum tubis militaribus habent, hôc excepto, quòd eductione & intrufione, five retroactione hypofalpingis omnes ordine toni exprimi poffint, quod in priori fieri non poffe diximus, idémque præftat prolongatio & decurtatio hypofalpingis, quòd in fiftulis orificiorum claufula vel apertura. Quæ cùm omnia clara fint, ijs nequaquam diutius immorabimur.

CAPUT

CAPUT II.

EXPERIMENTA ACUSTICA.

EXPERIMENTUM I.

CANALES SIVE SYPHONES MIRIFICE propagant sonum.

Uemadmodum lux receptaculis politis inclusa maximum intensionis incrementum sumit, ita & sonus per canales propagatus; Arbitror enim, si toti sphœræ sonoræ cylindrus daretur unius milliaris capacitate sphœræ æqualis; sonum, qui in libero aëre lineam actionis non habet nisi 24. *passus*, in cylindrico illo canali lineam actionis ultra mille *passus* propagaturum. Suffragatur opinioni meæ ipsa experientia; Ajunt enim *Romanorum* Aquæductuum Præfecti, intra Aquæductus longissimo spacio vocem loquentium etiam ad quingentos pedes tanquam præsentem, potissimùm si canalis fuerit insigniter politus percipi; experientia quoque docet, ducentorum pedum canalem in alterutro extremo voces etiam submissas reddere, neque mirum id cuipiam videri debet; cùm vox canalibus inclusa, dum evadere nequit, propagatione in longitudine factâ recuperare nitatur, quod in Medio libero diffusa dispersione, dissipationéque specierum perdiderat; in hisce enim angustijs identidem reflexa multiplicatáque ingens uti incrementum, ita remotissimos quoque suæ propagationis terminos acquirit. Verùm hoc loco omittere nequeo, insignem quæstionem, necdum adhuc à quoquam, quòd sciam, decisam, estque ea, quæ sequitur.

(marginal note:) Romani Aquæductus species sonoras in magnum spacium propagant.

CAPUT III.

QUÆSTIO CURIOSA.

UTRUM VOX CANALIBUS ARCTE INclusa, ibidem aliquo temporis spacio permaneat.

Uerunt nonnulli, inter quos JOAN. BAPTISTA PORTA, & CORNELIUS AGRIPPA, qui hoc non opinati sunt tantùm, sed & alijs tanquam infallibilem veritatem persuadere conati sunt; In longissimum canalem tersum politúmque vocem insusurratam, antequam species sonoræ exeant

(marginal note:) Impostura Portæ & Cornel. Agrippæ.

ab

ab altero extremo arctiſſimè occluſum, intra dictum canalem ita
perſeverare, ut aliquot pòſt diebùs alterutro extremo aperto, mox
veluti à captivitate quadam voces ſolutæ auribus ſe ſiſtant auſcul-
tanti; Fuitque hoc commentum adeò plauſibile, ut multos non
patrocinatores tantùm, ſed & acerrimos defenſores ſui obtinuerit;
WECHERUS, ALEXIUS, alijque rem tanquam certiſſimam, veriſſi-
mámque & omnis dubitationis expertem, multis etiam utilitatem
tam inſignis experimenti declarantibus figmentis adjunctis pro
aris & focis tueri conati ſunt. Ita fit, dum Magiſtrà rerum expe-
rientià inconſultà, cujuslibet phantaſticis mentis agitationibus temerè & præcipitanter ſubſcribimus, hoc pacto intollerabiles er-
rores in cathedris ſuccenturiati propagantur; ſi priùs hujus rei experimentum ſumpſiſſent, aut naturam ſoni probè habuiſſent per-
ſpectam, in tam turpe placitum nunquam incidiſſent. Dico igitur, aquam citiùs cribro hauſtum iri, quàm vox canalibus inclu-
datur: atque ἀδυναμίαν rei hoc concludo argumento.

Vel enim vox per canalem fertur per ſpecies reales, vel intentionales? neutrum dici poteſt. Non priùs, nam ſpecies reales ſoni nihil
aliud ſunt, quàm continua & ſucceſſiva aëris vocem vehentis agi-
tatio, quæ dum incluſa exitum ab utroque extremo obſtructum re-
perit, neque reflecti quóque poſſit ob aërem retrò relictum cedere
neſcium, neceſſariò igitur in momento omnis aëris ceſſabit agita-
tio, eàque ceſſante motus ſimul ſonorus. Atque adeo idem faceret,
qui ſonum intra canalem includere tentaret, ac is, qui cribro aquam
ſe haurire poſſe crederet. Sit verbi gratià: canalis 400. *pedum*
A B. tantæ videlicet longitudinis, quanta *Echo* triſyllabæ formandæ ſufficit; Inſuſurrante itaque, qui ſtationem A. occupat vocem
verbi gratià: *Cantate*, alter in ſtatione B. ad prolatæ vocis ſignum
datæ extremum B. quantocyus claudat, debebit autem obturatio
fieri ſpeciebus ſoni intra canalem adhuc commorantibus, hinc lon- Explica-
tio experi-
menti fal-
ſi.
giſſimum requirunt canalem, dicunt igitur hoc pacto concluſam
vocem permanere poſſe multo tempore, & aperto tandem canali
veluti captivam ſe auribus ſiſtere, non ſecus ac in Medio libero, tum
directa, tum reflexa vox, ſine ulla ab efficiente dependentia manere Refutatio.
poteſt. O ſtolidum machinamentum non vident hi impoſtores
manifeſtam opinionis ſuæ contradictionem, ſequeretur enim inde
luculenter vocem eſſe & non eſſe. Vox enim eſt & manet, quàm-
diu

diu manet motus aëris, quo cessante & ipsa cessat, dependet enim
omnis sonus, ut in *lib. 1. Musurgiæ nostræ* dictum est, essentialiter
à motu aëris tanquam vehiculo ; clauso itaque utroque extremo
A B. tubi, vel aër sonorus adhuc movebitur, vel quiescet, certè
quòd moveri non possit, sic ostendo; Sit vox propagata in C D.
caluso jam utroque extremo; dico, simul omnem motum cessatu-
rum, cùm nec aër anterior C A. nec posterior D B. cedere ulla
ratione sibi possint, neque reflexio quoque fieri ulla ratione potest,

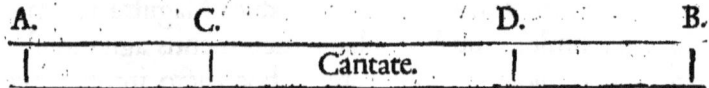

A.	C.		D.	B.
|	|	Cantate.	|	|

cùm in omni reflexione aër primò commotus ipsa reflexione re-
troagatur, hic autem aër B D. retroagi non possit ob aëris A C.
anterioris cedere nescii constipationem.   In momento itaque simul ac utrúmque extremum fuerit clausum, totus aër quiescit, &
cum eo unà vocis propagatio. Sed dicent, manere immotas ibi species sonoras. Dato igitur non concesso, species ibi permanere, dico
tamen, quòd aperto ostio B. species quietæ exire nulla ratione possint, nullo videlicet, quòd eas impellat, existente, cùm sonus essentialiter, ut dictum est, à motu dependeat, eoque cessante & ipse de-
struatur: neque par ratio est, quòd in Medio libero vox permaneat
sine dependentia ab efficiente, cùm in dicto Medio minimè quies-
cat, sed continuo in motu sit aër sonorus, uti *Echûs* natura satis declarat. Species igitur sonoræ reales, non possunt concludi intra
canalem permanenter, *quod* primò erat probandum.

   Neque species intentionales concludi possunt; cum enim enti-
Species in-
tentiona-
les soni
claudi ne-
queunt. tatem habeant vicinam spirituali & incorporeæ, nulla quoque obstacula tanta esse possunt, quæ ipsas impediant; & experientia quoti-
diana docet, sonum etiam crassissimis muris pervium esse; Ridiculum igitur est, ne dicam stolidum, sonum claustris velle compesce-
re, cùm is canali inclusus tam facilè claustrum transeat, quàm facilè
fenestram, aut murum. Vides igitur ex hoc nostro discursu, quàm
contra rationem quámque absona hujusmodi impostorum sint ratiocinia. Aboleatur igitur fabulosum, quod cathedras hucusque
obtinuit; de sono canalibus includendo commentum. Veritatis
autem investigatores non unicuique rei, nisi rationis trutina prius
                                                              optimè

optimè ponderatæ fidem habere difcant: fed his ita expofitis, jam
ad propofitum noftrum revertamur. *Sit itaque*

EXPERIMENTUM II.

VOX PER TRABES OBLONGAS MIRIFICE
propagatur.

ESt & hoc admirabile, etfi vulgare propè experimentum propagationis foni in trabibus oblongis, atque hoc pacto peragi-
tur, fit trabs A B. ducentorum pedum, dico in alterutro A
vel B. nullum tam exiguum ftrepitum fieri poffe, qui non in
alterutro extremo veluti præfens percipiatur. Cujus rei caufa
quæritur; vocem enim fpacio 200. *pedum* imperceptibilem,
interjectâ trabe jam percipi paradoxum multis videtur, fed
qui ea, quæ de natura foni in *primo Mufurgia noftra libro* diximus, probè intellexerit, hic quoque nullam difficultatem reperiet. Ad effectum tamen hujus experimenti exactiùs declarandum duo notanda funt; *primò* caufa efficiens foni,
quem nihil aliud effe diximus, quàm tremorem quemdam
colliforum corporum; *fecundò* objectum foni materiale, qui
eft aër. Cùm igitur trabs lignea fit vehementer porofa, aptiffima quoque ad foni propagationem erit & tremoris maximè
fufceptiva, unde ftridorem vel exigua frictione digiti in uno
extremo B. excitato auris in A. conftituta facilè percipiet, cùm
trabs per motum unius corporis fonori tota ad ftridorem excitatum cenfeatur tremere, & confequenter fpecies fonoras,
partim aëri interno, partim externo ambienti tremulo com-
municet, continuatum verò tremorem aëris vocis vehiculi
in extremo A. auris ut percipiat neceffe eft; Cujus rei veritatem experimenta ipfa teftantur, fi enim fiat continua trabis
alicubi diffolutio, aut fi eam fafciâ ftringas, aut in altero extremo tabulam applices, nihil prorfus jam percipies, cùm tremor fonorus jam difcontinùus ad aërem pertingere minimè
poffit, non fecus ac campana funiculo ligata, ob tremoris defi-
tionem fono debito privatur.

(margin note: Quænam caufa fit, cur in extremo tra- bis alicu- jus oblon- gæ ftridor excitatus, in altero extremo tam facilè percipia- tur.)

COROLLARIVM.

Atque *hinc patet* cur experimentum minùs fuccedat, fi tota trabs terræ incumbat, aut muro inclufa fit; à terra enim & muro ambiente, ne tremat, impeditur, experimentum itaque optimè fuccedet in trabe duobus fulcris leviter impofita,& adhuc meliùs, fi in libero aëre pendula effe poffet. Utrum autem fimilem in trabibus æneis metallicífque fucceffum fortiatur, necdum compertum eft; Ego non dubito, in omni corpore fonoro etiam vitreo idem contingere, quantò enim funt magis tremula, polita, terfa, porofáque corpora, tantò meliorem effectum fortientur; cum tota hujus experimenti ratio ut diximus à tremore corporis longi dependeat, fonus enim meliùs fecundùm corpus longum quàm latum propagari, chordæ teftantur, hinc muri craffiores, quia commodè tremere non poffunt, dicto effectu carent.

EXPERIMENTUM III.

VOX PER TVBOS CIRCULARES MELIVS PROpagatur, vehementiúfque intenditur, quàm per rectos.

EXperientia quotidiana docet, fonum vehementiùs in tubo contorto quàm recto intendi, monftrant id imprimis tubæ, monftrat cornu ALEXANDRI *Magni*, quo integrum exercitum cogere folebat, in circulum contortum, ut in *Hiftoria fonorum prodigioforum* dictum eft. Quæritur autem hujus rei caufa. *Notandum igitur*, quòd ficut multiplicatio luminis & caloris fit multiplici lucis reflexione, ut in *Arte magna Lucis & Umbræ* docuimus, ita vehementia foni fit multiplici foni in concavo circulari reflexione; Nam tubo recto foni tantummodo coarctati & in unum collecti propagatio fit, in circulari verò non tantùm colligitur, fed & ex infinita quadam linearum fonorarum reflexione plurimum augetur & intenditur.

Sit tubus A V. in arcum conductus, dico in eo magis intendi fonum, quàm in recto tubo; quoniam enim præter foni collectionem multiplex ejufdem reflexio fit, inde vehemens quoque intenfio nafcitur; ita vides radium fonorum ex A in B. ex B. in C. & hinc in D. ex D. in E. & fic in alia & alia puncta reflecti multi-

plici-

pliciterque intendi ; ita oppofitus radius X. in Y. & hinc in Z. &
Z. in *α* & hinc in *β* reflexus aliam reflexionis feriem habet; cùm

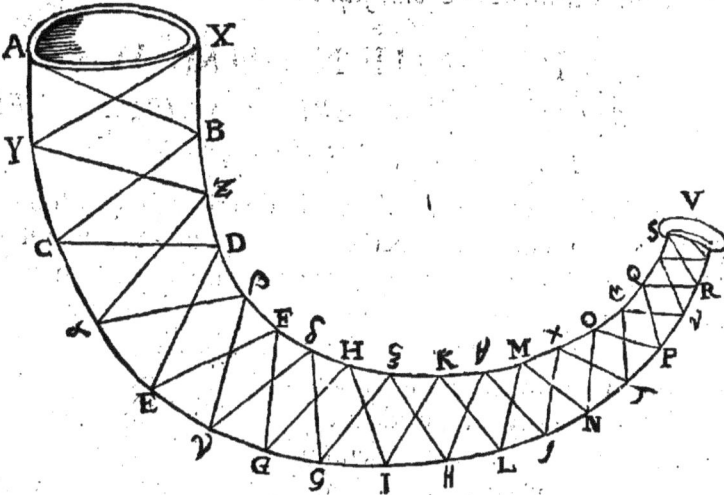

verò infinitæ lineæ fonoræ os tubi A X. ingrediantur , fingulæ
fuas in reflectendo leges fervabunt , unde cum infinita fit linearum
fonorarum coacervatio , ex earum reflexione neceffariò polyphonifmus nafcetur , tantò intenfior , quantò fonus verfus V. fuerit
conftipatior; & econtra infonans tubum A X V. per orificium
V. tantò remotiùs audietur , quantò fonus ex reflexionum multitudine vehementior. Quod in recto tubo minimè contingit , in
hoc enim foni tantùm ut dictum eft collecti & coarctati fine tanta
reflexione fit propagatio.

COROLLARIVM.

Hinc patet, quod Tubus Conicus plùs vocem intendit , quàm
Tubus cylindraceus, ille enim reflectendis fpeciebus fonoris hôc
aptior eft ; Unde fi utrúmque tam Conicum quàm Cylindraceum
in circulum contorqueas , Conicus in circulum contortus plùs
poterit , quàm Cylindraceus in circulum contortus ; nam Conico circulari ex amplo in anguftum coeunte, fpecies fonoræ coar-
ctatæ conftipatæque vehementer intendentur, non fecus ac ventus
locis anguftis conftrictus majorem vim obtinet. In Cylindraceo

Canalis
conicus
plus inten-
dit vocem
quam cy-
lindra-
ceus.

I 2   verò

verò circulari æqualis ubíque foni eft conftipatio.   Hinc cornu ALEXANDRI *Magni* ita conftructum erat, ut ex angufto in amplum dilataretur. Verùm de hoc *vide fequentia.*

EXPERIMENTUM IV.

SONUS SECUNDUM SUPERFICIES CIRCULARES
propagatus , ingentem vim acquirit.

EXperientia multoties me docuit in diverfis fabricis , fonum fecundùm circulares fuperficies propagatum intenfiffimum effe. Eft HEIDELBERGÆ in *Germania* turris quædam prægrandis rotunda , eo artificio conftructa , ut duo diametraliter oppofiti quodlibet etiam fubmiffiffimis vocibus loquantur; Audio fimilem Aulam effe in *Palatio Ducis Mantuani*; In arcubus quoque magnorum pontium idem expertus fum. In cupula quoque S. PETRI hîc ROMÆ experimentum hujus rei infigni fucceffu fumpfi ; Eft in interiori cupula coronis tantæ amplitudinis , ut currus commodè incedere ibidem fine periculo poffit. In hujus ambientis coronidis oppofitis diametri locis fpacio centum ferè pedum Geometricorum duo oppofiti fibi mutuo loquentur vocibus etiam fubmiffiffimis, non obftante hominum Muficorúmq; obftrepentium tumultu.   In reliquis verò muri punctis nihil percipitur, idem in omnibus circularibus fabricis fieri nullum dubium eft , cujus rei caufam ut aperiamus , fciendum eft fonum præ luce hoc habere particulare , ut juxta aëris motum propagetur, fi itaque aëris motus fit in rectum , fonus quoque propagabitur in rectum , fi in circulare , fonus quoque fecundùm circulare propagabitur, & fic de cæteris fuperficiebus dicendum. Præterea cùm in circulari fuperficie fonus fphœricè diffufus meditetur fugam , nec muris impedientibus locum fugiendi inveniat, juxta fuperficiem circularem conftrictus in diametrali tandem oppofitione occurrens aëri vocali ex altera muri parte eodem temporis momento illuc pertingenti, vehementer intenditur ; atque ex hujufmodi conjunctione fpecierúmque confluxu magna illa delatæ vocis intenfio nafcitur, & hinc fit, ut non alibi nifi in oppofitis locis contingat hic Phönifmus.   Verùm hanc rem penitiùs demonftrandam duximus.

Sonus per fuperficies circulares delatus, eft maxime perceptibilis.

Sit

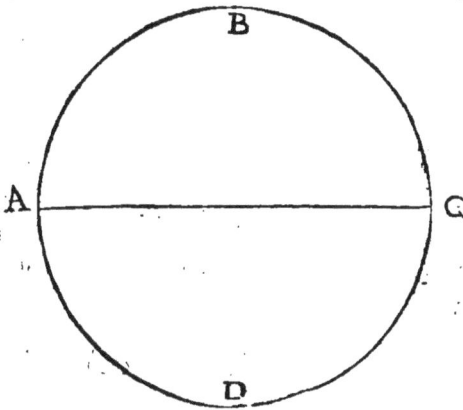

Sit Coronis A B. Circularis, & in eo duo diametraliter opposita loca A C. dico confistentem in A. & quælibet verba quantumvis submifsè submur-
murantem , à confistente
in C. oppofito tantùm lo-
co & nullo alio , perce-
ptum iri. Cùm enim vox
circulariter juxta dicta pro- A
pagetur, in diffusione verò
sua in oppositas à parte A.
partes feratur motu æqua-
li, æquali neceffario tempore utrúmque femicircu-
lum A B C. & C D A.
conficiet in A & C. ergo eodem momento pertinget , & cùm
phonismorum ibidem fiat unio, neceffariò vox vehementer in-
tenfa,quæ priùs imperceptibilis erat, in dicto puncto mox sensui se
sistere incipiet. In nullo igitur puncto circuitùs præterquam in
B & C. vocem perceptibilem, ita probo. Constituatur Auris in B.
& in A. confistens vocem submurmuret, dico in B. nihil perceptum

ptum iri ; Cùm enim A C. ambitus, parti A D B C. pars inæqualis fit, illudque breviffimum , hæc longiffima , fiet ut vox ex
A. in C. delata nimis citò avolet , vox verò ex A per D, & B in
C. delata, nimis tardè veniat; hinc fit, ut vocum phonifmorúm-
que ibidem unio peragi nequeat , & confequenter nihil ibidem
perceptibile; cùm igitur omnes arcus hoc pacto accepti inæquales fint, & inæquali tempore à voce peragantur, in nullo quoque
vocis intenfio contingere poteft, præterquam in oppofitis punctis
A C B. ubi æqualitati linearum æqui-diuturnus motus perfectè
correfpondebit.

COROLLARIVM I.

Hinc fequitur *primò* Fornicem fphœricam cujufmodi tholus
alicujus chori aut cupulæ effe poffet, huic negotio aptiffimam. Sit
hemifphœrium fphœricum A B C D. five coronis, fint duo diametraliter oppofita loca A B. dico voces in A. etiam fubmiffè
prolatas, in B. perceptum iri ; cùm enim omnes lineæ ex A. in
C. femicirculi fint , juxta præcedentia vox per innumeros femi-
circulos delata tandem in C. omnibus femicirculis tanquam in
polo unitis vehementer intendetur.

COLLORARIVM II.

Hinc fequitur *fecundò* , hanc intenfionem phonifmorum in oppofitis alicujus hemicycli tholi, five cupulæ hemifphœricæ planif-
fimæ politiffimæque punctis duplo majorem futurum , cùm omnes lineæ fonoræ in toto hæmifphœrio æquali tempore in C. conveniant.

COLLORARIVM III.

Hinc *tertiò* patet, in fphœræ alicujus, cujus diameter 90. *pedum*
Geometricorum , oppofitis polis, hoc phonifmorum augmentum
prorfus prodigiofum forè, cùm totius fphœricæ fuperficiei lineæ
femicirculares æquali prorfus tempore in oppofito polo confluant.

EXPERI-

EXPERIMENTUM V.

VOX IN COHLEIS, SIVE TUBO CONICO SECUN-
dùm lineam helicem sive spiralem contorto, uti omnium corpo-
rum aptißimo, ita maximas quoque vires obtinet.

Obfervatione fanè digniffimum & hoc experimentum eft, fonum intra Tubum conicum fpiraliter contortum, cujuf-modi cochleæ funt, præ omnibus aliis hucúfque dictis cor-poribus mirum in modum augeri, neque unquam id credidiffem, nifi experientia me fæpè fæpiùs hujus certiorem feciffet : nihil in hoc genere mirabilius vidi *Antro* DIONYSII *Tyranni* in formam interioris auriculæ conftructo, SYRACUSIS in *Sicilia* adhuc fuperfti-te, cujus defcriptionem vide in *Hiftoria prodigioforum fonorum.* Certè naturam fapientiffimam præ omnibus figuris in archite-ctanda aure hunc cochleatum tubum elegiffe *lib. 1. Mufurgiæ cap. de Anatomia aurium omnis generis animalium* oftendimus , & quantò quædam animalia perfectioris fuerint auditûs, tantò perfe-ctiorem cochleam patentiorémque iis attribuit, ut in auribus por-corum, leporum, murium, canum, afinorum, potiffimùm elucet; In quorum aurium fabrica natura tubos perfectiffimè helices con-ftituit; qua de caufa, quóve naturæ confilio? declarandum operæ pretium dúximus. Cur igitur præ omnibus aliis cochleatus tubus maximè fonum intendat, hanc caufam affigno, quòd, quæcúnque de tubis conicis, & cylindricis five rectis, five tortis dicta funt, huic cochleato cono perfectiffimè competant. Nam non tantùm per-fectè fpecies fonoras colligit , atque multipliciter reflectit, fed & in omnem partem reflectit retro, ante, reflexione ut plurimum or-thophonâ , & cum helicis meatus tantùm fubtili diaphragmate diftinguatur, impingendo in latera, non tantùm reflectendo aug-mentat fonum, fed & penetrando in altero phonifmos mirificè in-tendit. Verùm ut *hæc* meliùs intelligantur.

Sit tubus conicus in helicem cochleatam contortus A M Q C. dico in eo vocem præ reliquis omnibus corporibus concavis maximè intendi ; Sit vocale in A. ex quo vox propagetur in-tra concavitatem tubi , & quoniam irregulari curvitate penetra-lia tubi difpofita funt, fit, ut perpetuò ftellata quædam reflexio naf-catur, quæ, quantò plus intro penetrabit, tantò femper acutiùs &
acutiùs

acutiùs reflectet, donec tandem in reflexione orthophona intensif-
fimum fonum efficiat, ita vides A. vocem incidentem in E. inde
reflecti in F. & hinc in G. & H. & I. & K. & L. quæ linea, cùm
orthophona fit, in fe
reflexa fonum vehe-
menter intendet; pa-
ri pacto A. linea vo-
calis incidens in M.
inde reflectetur in N
O P Q. & reliqua
puncta ftellatim, do-
nec in R S. ortho-
phona intenfiffimũ
fonum iterum pa-
riat; Cùm verò ex
puncto A. infinitæ
lineæ duci poffint,
fingulæ in diverfa
interioris fuperficiei
puncta illifa, inde femper acutiùs & acutiùs reflectent, donec in aliqua orthophona quiefcant. Verùm cùm phonicum punctum A.
Mathematicum non fit, fed Phyficum latitudine fua fenfibili præditum, ex V & X. procedentes fonorum lineæ, fimiles reflexionis leges fervabunt; hinc fit, ut infinitæ lineæ femper acutiùs &
acutiùs reflexæ, ubique aliquem orthophonifmum relinquant ex
quibus tandem vehemens illa foni intenfio nafcitur, quam in hujufmodi tubis miramur, & in nullo alio tubo fit; Cùm præterea tubus femper decrefcat ex amplo in anguftum præter orthophonifmos inter gurguftia illa tubi conftitutio foni intenfionem mirum
in modum augebit, qui circa orificium C. tandem erit intenfiffi-
mus; propagatus verò eâ lege fonus, quâ intus remeavit, extra,
phonifmis infinitis auctus propagabitur. Vides igitur ex hifce luculenter caufam, cur in hujufmodi tubis, tanta fiat vocis intenfio.
Verùm de hifce in fequenti diftinctione de inftrumentis acufticis
fufior dabitur dicendi materia.

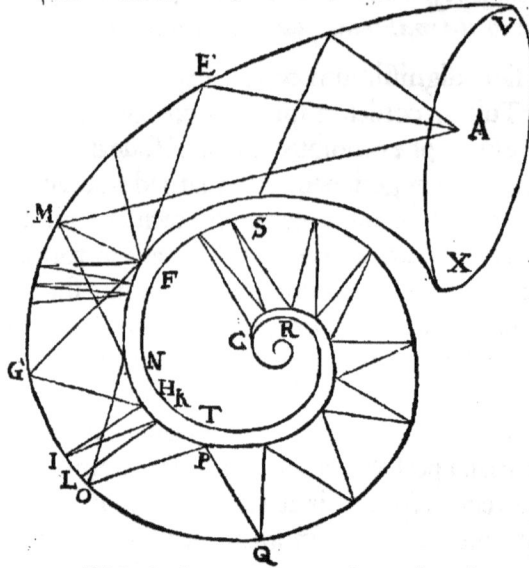

COROL-

COROLLARIVM.

Ex his patet, cur natura sagax animalia, quæ magna vi acustica pollent, organo cochleato instruxerit; est enim hoc tum reflectendis speciebus sonoris, tum iisdem augendis multiplicandísque aptissimum.

SECTIO IV.

DE FABRICIS IN USUM RECREATIO-
némque Principum, quêis secretò Consilia sua sibi invicem communicare possint, constituendis.

CAPUT I.

DE ECHÆIS SIVE PHONISMIS THEATRI
Corinthiaci à Vitruvio *descriptis.*

PRÆLUSIO I.

Quomodo sonarent & qua ratione incitarentur Echæa vasa in Theatro Corinthio.

MAGNA hoc loco de incitandis vasis controversia est, dum multi capere non possunt, quomodo hæc harmonica vasa sonitum ediderint. Quidam putant, vasa malleolos habuisse filis aut funiculis ferreis affixos, qui ad eorum attractum campanis allisi sonuerint, non secus uti in modernis Campanariis organis fieri solet, ita Cæsar Cæsarianus in *Commentariis suis in* Vitruvium. Nonnulli sola aëris ex voce comædorum agitati illisione, & impetu vasa sonuisse arbitrantur. Verumtamen hoc subsistere non potest, cùm nulla vox tanta sit, quæ ad campanam aliquam incitandam sufficiat; & patet in nostris campanis, quæ, si sola agitatione aëris sonare possent, dicerem profectò eas perpetuum sonitum effecturas, cùm aëri perpetuo expositæ sint, & in alto ut plurimùm loco ubi

K   ventus

Verae theatri Vitruviani formæ descriptio.

ventus multùm dominatur, neque tamen experientia ulla docuit, ventum etiam quantumvis impetuosum hujusmodi sonum un-

Experimentum soni Echæorum. quam causasse. Imò ut aliquam hujus rei experientiam sumerem, campanas vitreas conflari curavi, easque *Vitruvianâ* methodo locis concavis situata studiosè disposui, voces secundùm omnes intensionis gradus adhibui, neque tamen quicquam soni perceptum fuit, sed tinnitus tantùm, qualis in puteis & locis concavis sentiri solet. Volunt tamen plerìque concavas illas cellas & vasa tantùm fuisse adhibita ad magnam resonantiam theatro conciliandam. Quod non nego; sed quid tam ingeniosâ in vasis juxta consonantias harmonicas proportionandis industriâ sine eorundem attactu immediato contulerint, non video. Ad quem finem tam studiosa & subtilis secundùm triplex Musicæ genus diatonicum, chromaticum enarmonicum vasorum distributio ordinata fuerit, dispicere minimè valeo, cùm sine symphonia actuali hæc omnia inutilia fuerint & nullius usus. Vel igitur dicendum est tantùm ad voces comædorum augendas fuisse institutas, vel alium aliquem usum habuisse, sed verisimile non est, Echæa cum tanto harmonico artificio ob solam majorem vocis resonantiam compacta fuisse; neque etiam dici potest, ut paulò ante probatum fuit, voce sola sive illisione aëris in ea factâ, in harmonicam symphoniam fuisse incitata.

Unde

Unde Bonaventura Cavallerius in *Opuſculo de Speculo Uſtorio,*
putat cellas haſce *Vitruvianas,*uti & Echæa partim parabolicæ partim hyperbolicæ figuræ fuiſſe,in quibus vox ingreſſa alliſáque in-
finitâ quadam radiorum multiplicatione augebatur; & ut hoc pro-
bet, multò aliam adducit hujus theatri fabricam, quàm à Vitruvio Quomo-
do Echæa
deſcriptam legimus, à loco enim vocis uſque ad cellas fornices pa- vaſa in
rabolicos fingit, in quibus veluti à centro parabolicorum forni- harmo-
niam inci-
cum vox diffuſa & in infinitum multiplicata mirificum effectum tarentur.
præſtabat,tum in intenſione vocis,tum in concitandis Echæis : Verùm cùm,ut dixi, hoc pacto is novum theatrum fingat,de quo nihil
apud Vitruvium ſimile legatur, Architectis non uſque adeò ſatiſ-
feciſſe videtur, cùm abſtrahendo à textu Vitruvii unuſquiſque novas fabricas Echæas facilè comminiſci poſſit. Quæritur igitur,
quomodo hæc theatra tantam haberent reſonantiam, & quomodo
diſpoſita fuerint vaſa ad tam luculentum effectum, quem Hiſtori-
ci referunt, edendum ? Notandum igitur, duplicem harmonicum
ſonum conſiderari poſſe in hujuſmodi Echæis; primus fiebat per
tinnitum quemdam, ſive bombum harmonicum, dum voces ex-
ternæ cellulas ſubeuntes & variâ agitatione illiſæ tandem multiplicato ſono & veluti impetu quodam facto, in Echæa vaſa eum
tinnitum, quem vaſorum tremor exhibebat, reddiderunt;alter eſſe
poterat per malleolos funiculis attractatos, atque in Echæa illiſas
conſtitutus; prioris uſus videtur fuiſſe, ut vox comædorum in concavitates illas recepta ibidémque multiplicata majorem reſonantiam acquireret, uti dictum eſt,& omnes mecum conſentiunt in
Vitruvium commentatores; qui quidem nihil aliud erat, quàm
tinnitus quidam ſymphoniacus, ex tremore Echæorum variè
harmonicâ proportione diſtributorum cauſatus; alter uſus fuiſſe
potuit in præludiis aut intermediis. Nam ut Auditores excitarent,
& expectationem rerum ſecuturarum acuerent, antequam perſonæ
theatrum ingrederentur, Echæa ſonita fuiſſe; ſed ſonare non poterant, niſi filis ferreis, malleis ſuis inſtructis per omnes cellas deductis. Hoc enim filo per omnes cellas ſingulari induſtriâ tra-
ducto unuſquiſpiam huic negocio ſpecialiter deputatus, omnia
vaſa in harmoniam perfectiſſimam incitavit; Quæ vaſa in collis
vehementem ſonitum excitabant, longè latéque perceptibilem, &
tantò majoris admirationis, quantò machinatio muſurgiaca erat

occul-

occultior; Atque hunc ufum fuiffe præcipuum ipfe Vitruvius infinuat hifce verbis: *Excitavit auctam claritatem & concentu convenientem fibi confonantiam.* Concentus igitur fuit vaforum juxta confonantias muficas concinnatorum, at fimilem vehementem concentum folius vocis illifione fieri non poffe, fupra dictum eft, dicta itaque ratione per funiculos occultos in harmoniam excitata fonuere, quod & fubolfecit Cæsar Cæsarianus fupracitatus. Et nifi hac ratione contigerit, non video, quis ullus alius modus effe potuerit, quo in confonantiam incitata fuerint. Hoc enim eodem artificio Plinio tefte, tonitrua aliaque murmura exhibebant. Quòd verò Vitruvius de dictis funiculis & malleolis nihil apertè dicat; hoc ideo factum eft, quòd fimile theatrum ipfe nunquam viderit, fed à Græcis relatione tantùm acceperit: Unde Aristoxenum, quem hujufmodi theatri Authorem extitiffe verifimile eft, frequenter allegat, mufica ejufdem præcepta fequitur ipfe dubius; neque aliud hujufmodi theatrum in Græcia aut Romæ fuiffe præter illud *Corinthiacum,* ex quo Periclem, tefte eodem Vitruvio, Echæa ablata ad ædes *Fortunæ* Romæ fufpendiffe legimus; Et certè videtur ipfe Vitruvius aliquam circa hujus theatri conftructionem objectionem habuiffe à peritioribus fui temporis Architectis, quam ipfe proponere & una folvere hifce verbis contendit.

Dicet forfan aliquis, multa theatra Romæ quotannis facta effe, nec ullam rationem harum rerum in his fuiffe: fed erravit in eo, quòd omnia publica lignea theatra tabulationes habeant complures, quas neceffe eft fonare. Hoc verò licet animadvertere etiam Cytharædis, qui fuperiori tono cùm volunt canere, advertunt fe ad fcenæ valvas, & ita recipiunt ab earum auxilio confonantiam vocis. Cùm autem ex folidis rebus theatra conftituuntur, id eft, ex ftructura Cæmentorum, lapide, marmore, quæ fonare non poffunt, tunc ex his hâc ratione funt explicanda; Sin autem quæritur, in quo theatro ea fint facta Romæ? non poffumus oftendere, fed in Italiæ Regionibus & pluribus Græcorum Civitatibus. Etiámq; Authorem habemus L. Mummium, qui diruto theatro *Corinthiorum* ejus ænea Romam deportavit, & de manubiis ad ædem *Lunæ* dedicavit. Multi etiam folertes Architecti propter inopiam fictilibus doliis ita fonantibus electis hac ratiocinatione compofitis perfecerunt utiliffimos effectus.

Et

Et in tantùm quidem placuit inventio hujus theatri VITRUVIO, ut ejus causâ totius Muſicæ theoricæ fundamenta præmiſerit; quamvis & ipſe in multis dubius difficultates occurrentes non præviderit; Si enim perfectam Muſicæ ſcientiam habuiſſet, nunquàm in minoris theatri Echæis deſcribendis uſus fuiſſet Enarmonico genere; cùm hoc ad concentum exhibendum propter variæ miſturæ ſonos in æreis vaſis intravenientes inutile ſit, ut *ſeptimo libro eMuſurgiæ noſtra* fusè probavimus : neque fieri potuerit, ut ænea illa vaſa tam exactè fuſa fuerint, ut dieſes & dieſes in minutiſſima intervalla diſtinctè exhiberent ; Diatonicum igitur genus huic negotio aptiſſimum adhibere debebat conſultiùs; cùm enim Diateſſaron & Diapente adhibeat in Enarmonico genere, quid aliud niſi diatonicum deſcribit?

Unde patet, quàm multa etiam in maximorum Authorum monumentis lateant erronea, quæ ſi intimè diſcuterentur, vel in ipſis ſolibus deformes maculæ detegerentur.   Unde colligo, veriſimile eſſe, VITRUVIUM hujuſmodi theatri fabricam ex aliquo manuſcripto ARISTOXENI ſimpliciter deſcriptam poſteris exhibuiſſe ; Cùm multa in dicta trium generum deſcriptione occurrant, quæ cum regulis muſicis convenire non poſſunt.

Sed audio nonnullos obmurmurantes, multa habuiſſe Græcos admiranda, quorum ratio poſteros fugerit, & è talibus unum fuiſſe *Theatrum Vitruvianum*, in quo & Echæa tali induſtria & arte quadam incomprehenſibili ita fuerint adaptata, ut ſola voce excitata fuerint.   Verùm cùm hujuſmodi res omni experientiæ repugnet, de ea quoque nullus ſapiens diſceptare debet, niſi fortè nobis perſuaſerint aliquam occultam intelligentiam ad vocis ſonitum ea concitâſſe, quod ridiculum, ne dicam, ſtultum eſſet aſſerere. Eſt enim proprium hujuſmodi rerum Græcanicarum admiratoribus, ſomnia ſibi fingere, & quælibet ad placita ſua ſtabilienda, etiam à ratione & experientiâ diſſona excogitare; Non tamen negaverim, uti & ſupradictum eſt, tinnitum aliquem ſymphoniacum ex recitatione comædorum fuiſſe perceptum, quemadmodum & experientia ſupra nos docuit. Sed eum nequaquam ſufficientem fuiſſe ad intentum ab antiquis finem obtinendum, Nonnulli advertentes in *Hyppodromi Romani* adhuc ſuperſtitis veſtigiis, neſcio quæ teſtacea vaſa viſceribus murorum inſerta, in

eam

eam devenêre sententiam : Hujusmodi vasa non aliâ de causâ ibidem disposita fuisse, nisi ad resonantiam theatri augmentandam. Verùm vehementer hallucinantur, cùm dictus *Hyppodromus* nec formam theatri, multò minùs ob currentium equorum , hominúmque tumultuantium strepitum, resonantiâ indiguerit. Dico itaque, testacea illa vasa ad pondus murorum sublevandum, quemadmodum & hodierno die in fornicibus tophaceis pondere sublevandis adhuc fieri videmus, inserta fuisse; Atque hæc sunt, quæ de theatro Vitruvii dicenda nobis occurrerunt, sed jam calamum ad alia convertamus.

CAPUT II.

DE MIRIFICA ECHO VILLÆ SIMOnetta Mediolani.

UNO circiter milliari MEDIOLANO extra portam, quæ *Hortulanorum* dicitur , diffita est Villa illa celeberrima , vulgò *Simonetta*, à Comitibus hujus nominis, qui eam possident, ita nuncupata.   In hàc Villa fabricam olim erexit FERDINANDUS GONZAGA, Gubernator *Mediolanensis* , non tam Architectonicâ Symmetriâ, quàm *Echo* mirificâ cumprimis nobilem ; in hujus fabricæ supremâ contignatione fenestra quædam patet, ut paulò post explicabitur , in qua vocem prolatam vigesies quater, & pro intensione vocis sonitúsque amplius, imò in infinitum quasi multiplicari ajunt.   Hoc cùm à compluribus fide dignis Patribus accepissem, magnum me causam tam multiplicis reflexionis indagandi invasit desiderium.   Totius igitur fabricæ situsque loci, quàm exactissimè delineandi curam dedi P. MATTHEO STORR *Societatis nostræ* Sacerdoti, Viro fide dignissimo, & non minùs variâ eruditione, quàm germano candore cumprimis insigni , qui & totius fabricæ structuram minutim dimensus , eam unàcum schœnograhia ejusdem, aliisque circumstantiis *Echum* concernentibus propediem ad me misit. Ut itaque constet, quænam sit tam portentosæ *Echùs* causa, fabricæ dimensionem primò secundùm partes explicatam ob oculos Lectoris ponamus.

Totius

Quarta pars ulna Mediolanensis
Villæ Simonettæ prope Mediolanum
eiusq; Echici miraculi
descriptio.

Totius fabricæ altitudo, ut ex *figura* præfenti patet, duas habet contignationes ambulacro diremptas. Inferior periftyliis fuperbit ambulacro fubftructis. K. Area ftrata lapidibus. Superior contig- Villæ Si-
natio tres partes obtinet confideratione cumprimis dignas, prima monettæ,
eft interior & principalis Palatii pars F L X M. deinde duo late- propè Me-
ralia & parallela ædificia X M V N. & G F H L. quorum di- diolanum
menfiones hæ funt; latitudo F X. five L M. eft 62. *paffuum* defcri-
Mediolanenfium & quatuor unciarum; & ut exactiùs in hoc ne- ptio.
gotio procedamus, in *figura* quartam partem paffùs, five ulnæ *Me-*
diolanenfis apponendam & litteris C Z. indicandam duximus.
Altitudo F L. vel X M. 16. *paffuum* eft & 4. *unc.* longitudo M
N. vel H L. 33. *paffuum* & 3. *unc.* Latitudo ambulacri H L. 8.
paff. 6. *unc.* Feneftra, ex qua *Echo* follicitatur, unica eft in medio
ex fupremo loco parietis X V M N. fignata litteris R S. Atque
hæc quoad dimenfionem fufficiant. Itaque feneftra illa R S. locus unicus & folus eft ad audiendam *Echo,* nam alibi non refonat.
Multorum verò teftimonio accepi, vocem inde emiffam vigefies
quater, imo trigefies & amplius pro majori vel minori vocis con-
tentione redditam. Imò exiftimo, non effe reflexionis vocis certum & determinatum numerum, fed in infinitum eam multiplicari

cari poffe, idémque accidere, quod in chordæ vibrationibus, quarum ictus in principio fat luculenter apparent, in fine tamen ob fummam celeritatem difparent, fonúsque paulatim emoritur. In fpeculorum quoque reflexione idem apparet. Quæritur igitur hujus *Echûs* caufa? Refpondeo, caufam effe duorum ædificiorum parallelum fub proportionata diftantia fitum obtinentium pofitionem. Præterea cùm dicti parietes fummam æqualitatem & planitiem omnis fcabritiei expertem habeant, vox facillimo negotio reflectitur. Verùm rem ita demonftro.

Sint in *figura* hîc pofita muri A C. & B D. paralleli & planiffimi diftantiam vocis bifyllabæ reddendæ proportionatam habentes; dico ex feneftra E. vocem emiffam fæpiffimè neceffario reddi; phonifmus enim juxta *propofitionem* 1. *Echometriæ* ex

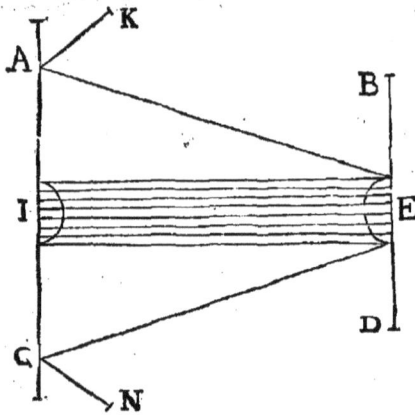

E in I. propagatus ibidem per eandem viam revertitur in E. ex E iterum in I. & ex I. denuò in E. & fic alternis repercuffionibus infinitis, donec vox nimiâ percuffione debilitata tandem deficiat. Non fecus ac pila, quæ inter duos parietes arctos alternarim vehementer impacta, poft quinas aut fenas repercuffiones tandem impetu ceffante deficit. Atque hujus rei nullam aliam caufam, nifi quam diximus, effe, certum eft, quia cùm juxta *propofitionem* 1. *Echometriæ* angulus incidentiæ fit æqualis reflexionis angulo, *Echo* nulla ratione fieri poteft, nifi per phonifmum illum normalem I E. Cylindraceum, inter duos parallelos parietes fundatum. Si enim aliæ muri partes v. g. A & C. vocem reflecterent anguli E A I. & I C E. neceffariò effent recti, fed juxta 15. *lib.* 1. funt acuti vocémque in alias partes v. g. per K & N. propagarent. Ex I. itaque & nullo alio loco reflexio vocis tam multiplex contingit, tametfi concavitates fubftructionum uti & Area K. & paries intermedius ad vocem reflexam augmentandam & ad clariorem

fonum

ſonum multùm faciant ; ſicuti de *Theatro Vitruviano* diximus.

Atque hæc eſt ratio, cur multi putei quoque & ciſternæ tantam reflexionem vocis efficiant. Sit A B C D. puteus, aqua D E B. foramen operculi putei aut ciſternæ ſit I. laqueare ciſternæ C A. dico vocem per I. intromiſſam pluries reddi eam ob cauſam, quòd phoniſmus in planiſſimam aquæ ſuperficiem E B. incidens , ex eadem repercutiatur in laqueare ciſternæ , & tunc denuò in ſuperficiem aquæ , & hoc toties, donec tandem debilitata deficiat ; Res ulteriori demonſtratione non eget , cùm ex ſe pateat. Patet itaque cauſa tam multiplicis *Echo* in *Villa Simonetta.*

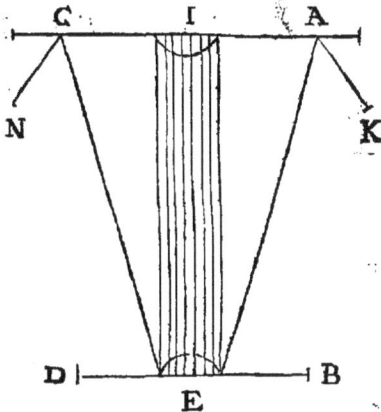

COROLLARIVM I.

Ex his conſtat, quòd ſi quis ſimilem fabricam, id eſt, duos parietes 63. circiter *paſſuum* diſtantiâ remotos conſtrueret, is ſimilem *Echum* ſit habiturus, cùm ad diſtinctè reddendam vocem nihil aliud requiratur, niſi proportionata diſtantia, quam dabit 63. *paſſuum.* Si quis verò ciſternam ſeu puteum faceret totidem paſſuum altum, is *Echum* quoque ſimilem inveniret.

COROLLARIVM II.

Patet itaque non ſubſtructiones , non aream , non intermedium palatium multis inſtructum feneſtris , non ambulacra , hanc prodigioſam *Echum* cauſare, ſed, ut dixi , murorum planiſſimorum & nulla ſcabritie impeditorum ſitum parallelum. Neque feneſtra neceſſariò in R S. ſituari debet , ſi enim in alia parietis parte feneſtra fieret , eandem *Echum* te habere certum eſt , & forſan in medio parietis puncto I. feneſtra multò majorem effectum ſortietur, ſed hæc Architectis conſideranda relinquamus. Atque *hæc* ſunt, quæ de *Echo Villa Simonetta* paucis deſcribere voluimus.

L   CAPUT

CAPUT III.

DE AURE DIONYSII SYRACUSIS SUPERSTITE.

Famosissima fabrica hodierno die Syracusis in *Sicilia* adhuc spectanda proponitur, quem Alii *Carcerem* Dionysii *Tyranni*; Alii *Auriculam*, Alii aliis nominibus intitulant, eo ingenio Architectata, ut è regione ostii quispiam consistens quicquid locutus fuerit perfecto & multiplicato sonitu reddatur. De hac cum multa partim ex Authoribus, partim relatione aliorum inaudîssem, ejus scrutinium *Anno* 1638. cùm Syracusas transirem, aggressus, causas ejus tandem detexi. Hanc singulari cura describit Mirabella in *Ichnographia sua Syracusana.* Ita autem se habet fabrica; locus est extra muros *Urbis Syracusana,* qui *Carcer* Dionysii passim dicitur, & qui bene considerat artificium & industriam, quâ fuit à *Tyranno* architectatus, videbit aliam causam hujus fabricæ non fuisse, nisi ut captivi, qui inclusi ibidem tenebantur, ne quidem spirare possent, quin à custode carceris audirentur. Fuit autem à *Tyranno* in forma auris ad naturæ exemplar, singulari ingenio & industriâ constructa.

Excisa est ex vivo saxo, quæ cochleato ductu F F. in angustum canalem definens cubiculo A. custodis carceris speluncæ supra positæ insinuabatur: fiebat itaque, ut omnis vel minimus strepitus aut submurmuratio cochleatum opus ingressa in cubiculum derivaretur custodis, ubi quælibet submissè prolata, ac si præsentia fuissent percipiebantur; hodie muro obturato voces immurmuratæ in pulcherrimam ac mirificam *Echo* degenerant, unde & vulgò dicitur *La Grotta della favella.* Voces enim non sicut reliquæ *Echi* reddit æquales sed submissam vocem in clamorem extollit; exscreationis sonûs tonitru exhibet, percussio pallii manu facta, tormenti explosio videri posset. Imò non vocem tantùm intendit, sed aliquoties repetit. Hinc canon Musicus à duobus hîc cantatus, mox in quatuor vocum concentum evadit, dum reflexa vox primi, secundi vocem pulchrè excipit, res prorsus auditu dignissima. Docuit me sanè hæc tam mirifica Architectura multa circa occultorum sonorum machinationem, reconditiorémque doctrinam omnem captum

Echo Syracusana.

ptum

ptum excedentia, quæ cùm in præcedentibus explicârim hìc longior iis recenfendis effe nolui. Verùm ne quicquam curiofo Lectori fubticuiffe videremur, hìc figuram hujus fabricæ apponendam
duxi, ut vel ex figura ipfa mirifici foni caufam colligat.

ICHNOGRAPHIA SPECUS SYRACUSANÆ DIONYSII TYRANNI
ex vivo faxo delineatæ.

Scala ulnarum, quarum una continet octo palmos Siculos.

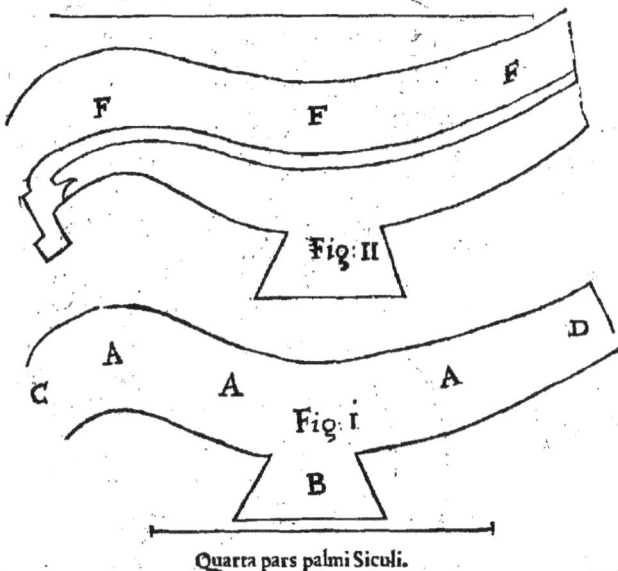

Quarta pars palmi Siculi.

Hanc *Ichnographiam* P P. noftri *Syracufani* fummo ftudio ex
rupe defumptam ROMAM miferunt.   A. Planta five *Ichnographia*
fpecûs. B. interius receptaculum fignificat, quod ad 4. *ulnas* & 4.
palmos affurgit ; orificio verfus tectum reftringente fe fimul cum
pariete ad *ulnam* 1. & *palmos* 7. C. introitus in fpecum five porta.
D. finis fpecûs cujus altitudinis terminus affurgit ad *ulnas* 15. F. canalis latitudinis 3. *palmorum* in ipfo fpecûs laqueari feu faxo fuperiori fummâ diligentiâ excavatus, hic canalis à pavimento *fig*. 2.
ulnarum 15. altitudine, & eodem prorfus modo, quo hìc delinea-
tum vides gyrum fuum F F F. perficit. Nota hoc loco *primam*
figuram denotare plantam, five *Ichnographiam* pavimenti fpecûs,
cui *fecunda figura* præcisè quoad gyrum murófque parallelos cor-
refpondet ; non tamen altitudine, cùm in principio minorem,

L 2   quàm

quàm in fine, uti dictum est, altitudinem obtineat. E. denotat fenestram habitationis Dionysii ad quam canalis F F F. terminatur. Vides itaque canalem F F F. in saxo excavatum unà cum cochleato antri ductu tantam vim habuisse, ut vocem etiam quantumvis submissam perfectè in camera E. stiterit.

Domus Dionysii Tyranni.

Habitacula Mancipiorum.

Notet Lector, difficilè prorsus esse, exactam hujus *Antri polyphoni* delineationem exhibere ; cùm meatus valde tortuosus sit ; ut proinde non parum miratus sim, quâ industriâ in cochleatam hanc formam elaborari potuerit ; verbo, totum opus *Archimedæum* sapit ingenium. Nam uti paulò ante recensuimus, stupendos præstat effectus. Unde mox Romam redux, cæpi cogitare, num pro ingenii mei tenuitate simile quid construere possem. Quid verò

                                        visarum

vifarum rerum perpetua ruminatione profecerim, Lector ex fequentibus uberiùs percipiet.

Hìc fubjungam aliud mirificum ædificium Papiæ adhuc fuper-
ftes, eo artificio conftructum, ut in oftio exiftens *Echum* percipiat
ad miraculum prodigiofam, nam tricies interroganti, refpondere
videtur; tam diftinctâ, tam exactâ fingularum fyllabarum pronun-
ciatione, ut multi non naturæ opus, fed dæmonis illuc compacti
illufionem effe fimpliciùs fibi perfuaferint. Quos inter & Hieronymus Cardanus fuit, quod equidem in homine ingeniofo &
naturæ arcanorum minimè inconfulto, mirum eft. Sed audia-
mus verba dicti Cardani in *libris de fubtilitate lib. 18. de Mirabilibus* impreffis Norimbergæ. in fine libri fic ait:

Tertium Vigiliæ genus purum eft ac fyncerum, in quo tamen   EchoTici-
multis modis mira videre contingit: velut cum Echo *refonat tam*   nenfis.
maximè multiplex, contingit, ut quandóque fepties voces reddat.
Noctu id mirum in modum admirabile eft, & nifi vulgata res ef-
fet, quemcúnque poffet perterrefacere, adeò voces perfpicuas ac tar-
dè quandóque reddit. Caufa eft aër, qui à planis repercutitur
cavífque: non enim nifi antra aut muri refonant, refonant autem
ex vetuftis, & magis procul, quàm propè: Elidi vocem in Echo *ne-*
ceffe eft ac plano intermedio referri. Multiplex *eft perfæpè, nos tri-*
plicem audivimus.

Nec folùm multiplicis vocis, aut fepties reddita exempla anti-
qui cognoverunt: Verùm in Papia, Ticinum, *olim Bafilica mag-*
na, vocant Salam *Itali, qua juxta arcem civitatis ex oftio toties*
remittit voces, ut numerare nequeas, quandóque decima-tertia
vox auditur: aderant teftes multi, & inter cæteros medicæ artis
Profeffor egregius Melchior Malheuser *Germanus nofter difci-*
pulus. Credidiffes ab aliquo refponderi, aut deludi: Emoriuntur
fenfim voces ac definunt: Unde mirum in modum Ahime, *quod fo-*
nat latinè heu, refertur: velut morientis ac deficientis vox. Qua-
drata hæc eft ædes, & feneftris patulis pluribus, in fuperiore à la-
teribus illuminatur. Cæterùm frons & paries ex adverfo pofitus
integri funt, nifi quòd in fronte oftium adeft, longitudo pedes circi-
ter centum, latitudo 25. fermè refonat, & multiplex vox, fi juxta
parietem alterum ex adverfo oftii fteteris. Videtúrque ex fubli-
mi tunc oftii parte reddi. Itaque ex utroque latere & maximè ex-

tra

*tra oftium ipfum ftantibus vox refonat, in medio nequaquam. Un-
de nemo dubitare poteft, vel dæmonem effe, aut fycophantiam. Nam
vix* Echo *credi poteft, adeò clarè, adeò expeditè, adeò fæpè, ac ordine certo voces omnes exaudiuntur. Altitudo dimidio, ut reor, latitudine major; excelfa enim hæc eft Bafilica. Ita defcribere placuit, ut fciant homines, ubi talia experiri conveniat; aut fi libeat
exemplum aliud inftaurare. Accepi ab Aftantibus olim ante o-
ftium, fornicem porticùs è regione pofitum fuiffe, cujus etiam magna pars fupereft. Multóque meliùs folitas reddi voces ftantibus
extra oftium fub fornice, multóque locupletiùs, ac majore fœno-
re, ut quæ tricies quandóque refonarent; certum eft, uti celeriùs
profertur, majorique ac concitatiore voce, ita clariùs ac frequentiùs reddi.*

Verùm, cùm non ita pridem ad me tum qualitatis hujus *Echùs,*
tum conftitutionis fabricæ integram dederit informationem U-
nus *Soc. noftra* Sacerdos Muficæ haud imperitus, defcriptionem
tranfmiffam hoc loco oportunè inferendam duxi, ut fic curiofo
Lectori tam famofæ & celebris *Echonis* ratio penitiùs innotefceret; Res ita in fe habet. Ædificium eft in urbe *Ticino,* vulgò Pa-
via in altiffima urbis parte juxta Caftrum five Palatium Ducale,
vulgò Salone, five *Arfenale* dictum, olim publicis ludis fervie-
bat; modò bellicæ fuppellectilis reconditorium eft, figura ejus eft
quadrangula, altitudo ejus 35. *Brachiorum Romanorum,* ufque
ad laqueare; longitudo 124. *Brachicrum Romanorum,* latitudo
eorundem 24. duas portas habet, unam in fronte verfùs *Boream,*
porrectam fex *Brachiorum Romanorum* altitudinis, latitudinis
modò 4. olim 5. In parte fronti oppofita videlicet meridionali 3. fe-
neftræ cernuntur, quarum media reliquis lateralibus major; infra quas porta panditur æquæ magnitudinis ad portam Borealem,
per quam in Porticum à Cardano indicatam aditus fit, modò
Officinæ fervit, defcriptionem totius Fabricæ, quantùm quidem
ad noftrum inftitutum facit, breviter expofuimus, quare nihil restat, nifi ut *Echùs* tam multiplicis rationem exponamus. Apertis
portis Boreali & Meridionali, quarum hæc à mænibus urbis 30.
ferè *paffibus* diffita eft, *Echo* undecies, Meridionali verò claufa
octies, & utráque claufa fexies tantùm in medio conftituto refpondet, cujus quidem alia ratio effe non poteft; nifi murorum

Ratio E-
chus tici-
nenfis ex-
plicata.

extra

extra portas obſtacula , ſpecies apertis portis pro rata diſtantiæ proportione undecies reflectentia ; clauſis verò portis, cùm minorem diſtantiam habeat, pauciores quoque reflexiones ut habeat , neceſſe eſt ; obſervatum tamen eſt, hanc *Echum* maximam ſuam vim habere in biſſyllabis reflectendis, quemadmodum & de *Echo Mediolanenſi* dictum eſt ; Vox naturalis maximè apta eſt ad formandam hoc in loco *Echum*, artificioſa verò per tubam aut tympanum , vehementiâ ſoni eandem confundit. Cujus rei rationem in præcedentibus fuſè oſtendimus, ſcribitur tamen, ſi tubà aut tibiâ vulgò *Cornetto* inſonentur hæc intervalla, *ut, mi, ſol*, per monoſyllaba , *Echum* formare concentum quendam in modum fugæ endecaphonæ, res auditu mira. Habet præterea hæc *Echo* juxta diverſum ſitum clamantium diverſas proprietates ; Aliter enim apparet in medio conſtitutis clamantibus à latere vel fronte , aliter contra ad portas conſtitutis à clamantibus in medio , cujus quidem rei ratio alia non eſt, niſi ſitus murorum oppoſitorum , in quo vel per artificioſam vel caſualem diſtantiam reflexæ ſonorum ſpecies multipliciter repercuſſæ varias auribus ludificationes exhibent. Quarum omnium cauſam ille ſolus neſcire poterit, qui præcedentia noſtra de polyphoniſmis ratiocinia aut non legerit, aut ſi legerit, non intellexerit. Quòd verò hodierno die non ea reflexæ vocis miracula, ut olim tempore CARDANI & BLANCANI, præſtet, hujus rei ratio eſt, quòd jam locus iſte variis bellicis apparatibus repletus multiplicem vocis reflexionem impediat. Et manifeſtum hujus rei argumentum illud eſt, quòd à conſtitutis ex parte occidentali,ubi hujuſmodi impedimenta collocata cernuntur, *Echo* non percipiatur ; utpote ſpeciebus diſſipatis abſorptiſque. Atque *hæc* ſunt, quæ de famoſa hàc *Ticinenſis Urbis Echo* dicenda putavi.

CAPUT IV.

DE MANTUANA AULA, ET ALIA IN CELE-
bri Palatio Caprarolæ Ducis Farneſii ſuperſtite, vocem miriſicè intendente.

IN hiſce duabus Aulis nihil aliud videre eſt, niſi canalem ſimilem illi, quem in *Crypta Syracuſana* deſcripſimus ; in utràque dictus canalis per medium tholi in oppoſitos angulos ducitur, in gypſea

Alia Echûs diverſis in locis mira-cula.

incru-

incruſtatura ſemicirculi formâ, ad latitudinem ferè *palmi* impreſ-
ſus, in uno ſiquidem extremo, cùm quiſpiam ſubmurmuraverit,
ſpecies ſonoræ canalem ingreſſæ, ibi denique propagatæ, cùm evadere non poſſint, neceſſariò ex oppoſita parte conſiſtentis auribus
ſe ſiſtent; artificium facile eſt, & ab Architectis in quolibet con-
camerato ædificio facilè induci poteſt. *Sed rem paucis oſtendamus.*

Fiat per fornicem alicujus cubiculi per formam, qua circulares
canales deſcribi in gypſea

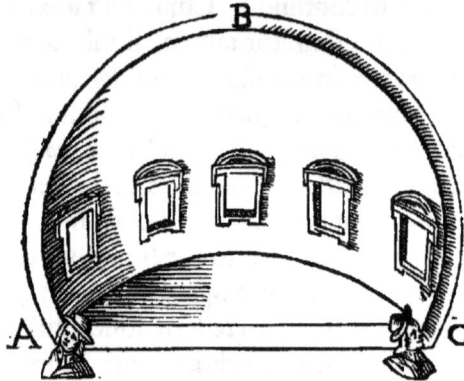

materię calce poſſe oſtendimus. Sitque hoc modo
deſcriptus canalis A B C.
non clauſus, ſed ſua tan-
tummodo concavitate
conſtans. Dico, duos in
oppoſitis punctis A C.
conſiſtentes ſe mutuò in-
tellecturos, etiamſi quàm
ſubmiſſiſſimis vocibus
verba canali inſonuerint, non obſtante ſtrepitu in dicto cubiculo
garrientium. Et ratio patet, cùm enim ſonus canali inſuſurratus totus ſine ſpecierum diſperſione in oppoſita loca feratur totúſque ex
A. per B. in C. unitus ad aures conſiſtentis in C. perveniet. Certè
effectum neceſſariò conſequi nemini dubium eſſe debet.

Scripſit non ita pridem ad me de alia mirifica *Echo*, quæ in *Valle
Montis Veſuvii* noviter ſe exeruit, P. Jacobus Bonvicinus inſignis
Soc. noſtræ Mathematicus, & linguarum apprimè peritus; *Echo* nata
eſt ex diſpoſitione loci poſt incendium ultimum, indigenarum induſtriâ caſu conſtituta, dum enim canales varios ad aquarum im-
briúmque deductionem contra vaſtitatem vinearum neceſſarios
effodiunt, factum eſt, ut ſimul ac quis in ſupremo montis vertice
ad orificium canalis conſtitutus locutus fuerit, vocis per canales propagatæ, variáque reflexione augmentatæ, in radice montis ad canales ambulantibus ita perfectè ſe ſiſtant, ut præſentes te alloqui jurares. Audias ſubinde hoc in loco, ſolâ naturæ garrulitate, paſtorum
colloquia, vocéſque hominum diſtinctiſſimè, nemine tamen in vicinis locis exiſtente aut comparente, quæ res multis prodigii loco
habita eſt. Sed hæc de prodigioſis Echonibus ſufficiant.

*Echo in
valle mon-
tis Veſu-
vii.*

CAPUT

CAPUT V.

DE MIRIFICIS EFFECTIBUS PHONURGIÆ
in Palatiis Principum.

PRAGMATIA I.

PRINCIPUM AULAS ITA DISPONERE, UT NI-
bil tam submisse dici possit quod non audiatur, vel in eodem, vel in alio Conclavi.

Onnulli occulto canalium ductu id fieri posse autumarunt, uti PORTA uit, dum videlicet ex diversis conclavibus in unum locum deducuntur canales, Princeps applicando aures in orificio concursus canalium omnium in diversis conclavibus, voces percipiat; quæ res si ita intelligatur, ut in cubiculis quælibet submisse dicta per canales avolantia auribus se Principis sistant, falsum est; cùm voces in camera prolatæ in orificio canalis minimè congregentur; sed in Medio libero variè disperse absorptæq̃, antequam ad canalem pervenerint, jam languentes expirent; si verò os applicetur canali, & intus immurmurentur voces, non est dubium, quin Princeps eas ex singulis conclavibus immurmuratas distinctè percipiet; Nam non Ego solus in maximæ longitudinis plumbeo tubo sed & alii mecum in terreo vocem audivimus ultra 500. *pedes*, debet autem tubus non nimis esse amplus, nec strictus nimium, sed verà tuborum pro vocibus transmittendis latitudo sive diameter, trium pollicum sit oportet. Pro tympanis verò & tubis canales aliquantulùm assumi poterunt majores. Hi tubi quando sunt murati meliùs vocem provehunt, quàm dum libero aëri exponuntur, cujus quidem rei alia ratio non est, nisi quòd immurati non adeò notabilem tremorem admittant, quàm si liberi sint; tremor autem multùm impedit provectionem vocum, dum tremore suo eas facilè confundit. Totum contrarium in trabibus cæterísque solidis & oblongis corporibus comperitur, quæ omnem vim immurmuratæ vocis perdunt, tantò verò majorem vim vocem provehendi acquirunt, quantò liberiori Medio, uti supra demonstratum est, fuerunt exposita; cùm enim tremor totius strepitum ex uno extremo excitatum in altro extre-

Canales mirã vim habet vocēs congregandi.

Canalis 500. pedã voces listit.

Cur tubi muro insiti meliùs vocem reddant, quàm libero aëri expositi. Contrarium contingit in trabe soluta.

M   mo

mo fiftat, trabs autem in terra defoffa, aut immurata libertatem
tremendi perdat, vocem unâ propagandi libertatem perdere neceffe eft.

　　Et quamvis res hæc per canales fimpliciffima fit, negandum tamen non eft, multa canalium hujufmodi occultè deductorum ope
effici poffe prorfus paradoxa; fi opifex *Echo*-tectúfq; fagax folertiâ
debitâ ufus fuerit. Docuit me hujus rei veritatem chymici cujufdam
officina fubterranea fine ullo foramine aut feneftra unico tantùm
canali fumo deducendo uti & portâ perexiguâ inftructa, qua clau-
fæ voces quælibet in extremo canalis orificio perfectè non fine admiratione exhibebantur, hoc experimento ego doctior, fimile
quid haud dubiè in Principum Palatiis in effectum deduci poffe
prorfus mihi perfuadeo, Ita autem *Echo*-tectus rem ordiatur.

　　Fiant 3. receptacula 8. *palm.* longa, ut præfenti *figura* patet, & totidem lata, alta totidem, latitudinem in *figura* refert R X. 8. *pal-*
morum, altitudinem H V. totidem *palmorum* habeat per exiguam
& humilem portam A. quæ arctiffimè claudi poffit, feneftra quoque lateri inferatur ex craffiffimo criftallo, ita muro inferta, ut vocibus intus refonantibus, fonus neque per feneftram, neque per
portam elabi poffit fed per canalem D E. Z E. S E. quem per oc-
　　　　　　　　　　　　　　　　　　　　　　　　　　cultos

Experi-
mentum
Authoris,
circa ca-
nales fub-
terraneos.

cultos domûs meatus in conclave F. ductum, ita cum D. tholo cameræ (qui inftar coni torti juxta propofitum typum politiffimus effe debet) continuabis, ut una continuata fuperficies videri poffit ; In altero verò extremo canalis orificium habeat repandum in E. ut fonus exiens liberè fefe diffundere poffit, habebifque fabricam confummatam. Si quis enim clausâ portâ & feneftrâ ingreffus fuerit cameram A D. & voces quafcunque infonuerit, illarum fonitus, cùm alibi elabi non poffit, per conicam fuperficiem D. variè agitatus, coarctatúfque tubum D E. tandem ingredietur, & ibidem in E. exiens fe auribus in conclavi F. conftituti fiftet. *vide de hoc Iconifmum infra fect.* VII. *cap.* XI. *pofitum.*

Quomodo canalis acufticus duci debeat.

CONSECTARIVM.

Hinc patet, Muficam in receptaculo A D. exhibitam, per occultum meatum D E. in F. conclavi perfectè repræfentatum iri. Si quis verò varia fonorum ludibria exhibere defideret, variis hujufmodi receptaculis per feparatos tubos in F. deductis negotium facilè expediet. Separata receptacula acuftica funt Z S D. per feparatos canales omnes in Principis cubiculum fignatum literâ F. ductos; vide *figuram* præfentem, ubi mentem noftram meliùs explicatam videbis.

PRAGMATIA II.

FABRICAM ITA DISPONERE VT SONVS TANtùm in duobus oppofitis locis, atque nullo alio audiri queat.

IN variis Principum Palatiis hujufmodi fonorum ludibria fpectantur : de quibus in *Hiftoria Echonica.* Quomodò igitur Princeps quifpiam fimiles fabricas exftruere poffit, jam dicendum eft.

Primò itaque fabrica debet effe rotunda inftar cupulæ, cujufmodi eft cupula *fig.* fequentis exhibita & per formam *cycloplaftam* in æqualiffimam fuperficiem reducta, bafis verò fabricæ fit perfectè rotunda, uti & murus inter bafin, & principium arcuationis tholi interceptus, hujufmodi turrim Echotectonica arte exftructam, olim HEIDELBERGÆ in Palatio ELECTORIS *Palatini* me obfervâffe, memini.

Hæc

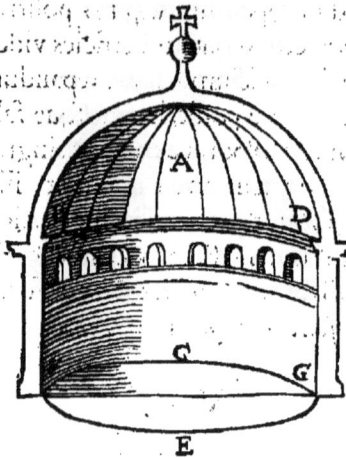

Hæc Aula hoc habet admirabile, ut si quis ingrediatur, & paulò validius terram calcet, turmam se sequentem audire existimet; in medio stans resonantissimam facit *Echum.* In oppositis verò locis F. G. Ambitus C E F G. nihil tam submissè pronunciari potest, quòd ab altero in F. vel G. constituto, non percipiatur, qui effectus omnibus fabricis rotundis communis est, quemadmodum de Cupula SANCTI PETRI in præcedentibus ostendimus. Simile quid MANTUÆ in suburbano Ducis Palatio

in quodam conclavi percipi audio, sed de hoc alibi. Nihil igitur in hujusmodi fabricis aliud latet artificii, nisi ut ad præscriptæ turris exemplar fiant, debet autem in hujusmodi fabricis superficies nulla coronide impediri, sed tota interior superficies sine interruptione continuari hac enim ratione sonus meliùs propagabitur.

PRAGMATIA III.

AULAS IN PARABOLICAS SUPERFICIES
deductas ita disponere, ut in certo puncto constituta auris quidlibet submissè prolatum percipiat.

Uamvis de parabolæ naturà & proprietate supra affatim disceptatum est, ne tamen errorem aliquem in praxi committas; hîc aliquas difficultates præmittendas duxi. Sciendum itaque, parabolicam superficiem duplicem considerari posse, obtusam & acutam, quanto superficies concava fuerit obtusior, tantò habebit focum sive punctum acusticum vertici parabolæ vicinius, quantò verò eadem superficies fuerit acutior, tantò punctum acusticum erit à vertice parabolæ remotius. Punctum autem sive concursus radiorum semper est in axe parabolæ.

Secundò

ri *Secundò* sciendum , ut omnes lineæ sonoræ in punctum acusticum confluant, necessarium esse, ut lineæ sonoræ intra superficiem concavam parabolicam incidentes ad axem sint parallelæ;
Hinc, si parabola sit satis ampla, vocis species etiam minimæ omnes in unum punctum confluent. Sed rem paulò clariùs demonstremus. Sit parabo-
la A B C. focus D.
dico , vocis species
non in punctum D.
radiaturas, nisi om-
nes ad axem B D E.
ferantur parallelæ.
Radiet enim vox ex
E. in O. & I. (vo-
cem enim supra per
phonismos conicos
propagari ostendi-
mus) certum est jux-
ta regulas reflexionis
supra traditas lineas
ex E in O. & I. in-
cidentes, non in D.
sed in X. reflexuras;
in hoc enim angulus
incidentiæ æquabi-
tur angulo reflexio-
nis. Iterum , si vox
extra axem constituta radiet in concavam superficiem, verum quidem est, unicum tantùm radium in D. reflexum iri, cæteras tamen
radiationes diversa extra axem reflexionis centra fundaturas, ut in
linea sonora ex G in V. incidente; & hinc in D. reflexa patet, lineæ verò ex G. in R. & Z. radiantes neque in D. neque in X.
sed in P. corradiabunt.

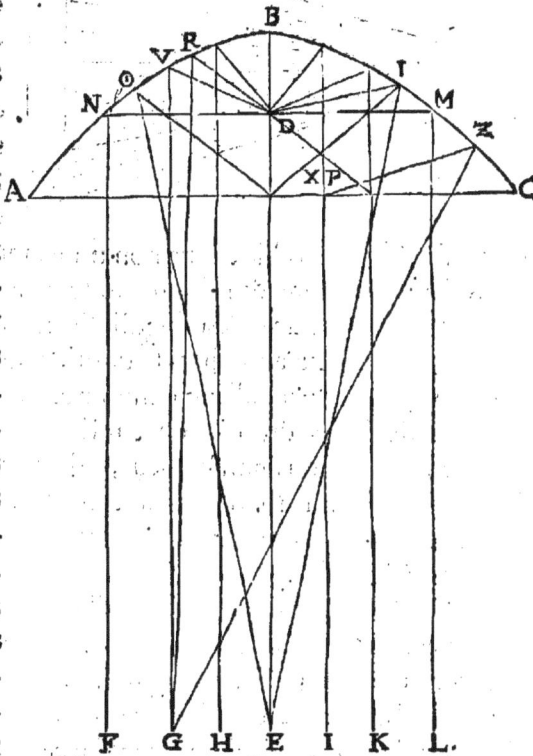

Vides igitur, vocem conicè intra parabolam radiantem, nihil
singulare præstare, nisi in axe fuerit constituta, tunc enim uniùs
tantùm phonismi conici lineæ in unum punctum corradiabunt;
sit phonismus A B C. sequens *figura*, parabola B D C. sonorum

Phonis-
mus Coni-
cus in pa-
rabola di-
versa cen-
tra in axe

sit

acquirit,
five refle-
xiones.
fit in axe parabolæ A D. dico, phonifmi A B C. conici lineas in
concavæ parabolæ fuperficiem incidentes, reflexuras in D. quoniam enim omnes
lineæ in fuperficie
concava parabolæ
circulum fundant,
qui idem cum bafi
coni eft, certum eft,
omnes fub æquali-
tate angulorum re-
flexuras in certum &
determinatum pun-
ctum axis. Cùm verò hic conus non unus tantùm fpecie fit, fed infinitos femper minores & minores in fe includat, non omnes tamen in unum punctum, fed finguli diverfa acuftica in axe centra
formabunt, non fecus ac in fpeculo uftorio fphœrico concavo contingit, in quod radij lucidi incidentes non in unum punctum, fed
diverfæ radiationes diverfa in axe uftioni centra formabunt.

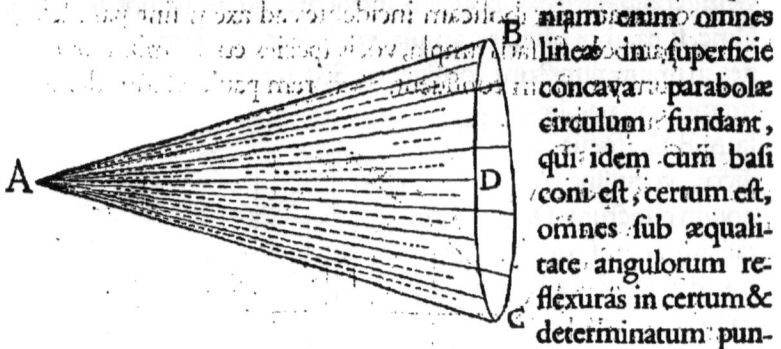

    Si verò Phonifmus non conicus, fed cylindraceus fuerit, tunc
Phonif-
mus cylin-
draceus
incidens
in parabo-
lam in
punctum
omnes li-
neæ con-
fluunt.
affero, omnes lineas fonoras parallelas ad axem in unum punctum confluxuras, cujus rei demonftrationem vide in *Arte magna Lucis & Umbra.*

    His igitur ritè difpofitis; fi animus tibi fuerit, in Palatio quodam
fimile machinamentum conftruere, in oblongo quodam ambulacro commodè id inftitues hoc pacto, in utróque extremo ope
formæ paraboloplaftæ defcribatur parabolica fuperficies, ita ut fi
axis protenderetur, utriúfque parabolæ centrum tranfiret.

    Sit Parabola in utróque extremo ambulacri: prior A B C. po-
fterior G E F. axis utriufque communis E B. fint foci utriufque
parabolæ H I. fonorum fit in O. puncto axis E B. medio. Quòd
fi phonifmo conico radiet, habebit quidem effectum, fed non
adeò intenfum, quem parabola pollicetur, ob rationes paulò ante
dictas; Si verò phonifmus fuerit cylindraceus ex P O R. in utrumque extremum propagatus, auris in alterutro foco H. vel I. conftituta, quod defiderabat, inveniet; nam omnes lineæ fonoræ
quantùmvis fubmiffa voce imbutæ, omnes tamen in H. vel I. reflectentes ibi mirum in modum fonum intendent. Intelligetur
                             igitur

igitur in H vel I. quicquid in medio P O R fuerit fubmurmu-
ratum. Erit autem hoc machinamentum tantò abftrufius, quan-

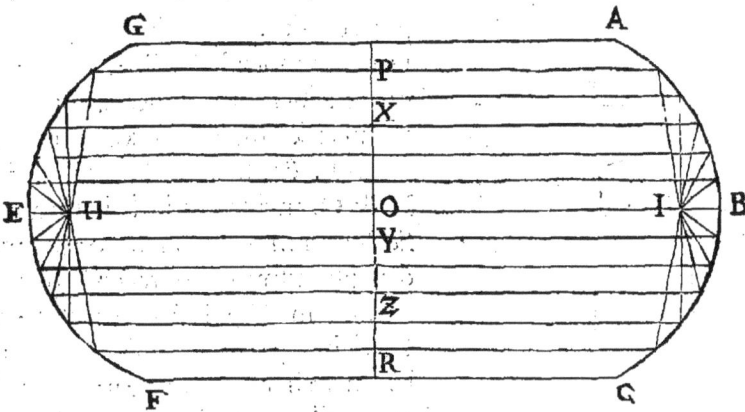

tò parabolæ fuerint obtufiores; hinc enim fiet, ut foci multùm
extra concavitatem parabolarum conftituantur; Mirabuntur e-
nim Auditores, tantas voces fub determinato illo punĉto in medio
aëris fe percipere, cùm tamen nec arcus, nec alia fuperficies intra
ambulacrum compareat, quæ tam prodigiofi foni caufa effe poffit.
Imò fe fex diverfis in punĉtis P X O Y Z R. confiftentibus mani-
feftabit. Quòd fi uni tantùm ex diĉtis fex verbi gratia: in P. con-
fiftenti loqui velit, per tubum in punĉtum G. parabolæ, direĉtum
id perficeret, vox enim in G. incidens auribus in P. conftituti
neceffariò fe fiftet, cùm radius eâ naturâ, qua incidit, neceffariò re-
fleĉtatur.

Alia Methodus.

Mersennus in fua *Harmonia univerfali* aliam rationem tradit,
quam hîc fubjungam, ut quid de ea exiftimandum judicari poffit.
cùm enim videret phonifmum cylindraceum difficilem, conicum
verò non fufficere, duplicatâ parabolâ aliquid melius fe efficere
poffe fperavit, parabolæ enim concavæ majori aliam minorem,
cujus focus effet in priori communis, obvertit eo paĉto, ut phonifmus incidens in concavum majorem, inde per focum reflexus in
concavam minorem, hinc tandem in parallelifmum extra concavam majoris fuperficiem (quæ juxta magnitudinem parabolæ minoris excifa effe debet) ad aures retrò conftituti propagaretur.

Sit

Sit Parabola major A B C. minor D E F. ita sibi invicem applicatæ, ut focus G. utrique sit communis; sit autem parabola major ab V. usque ad P. excisa; hoc

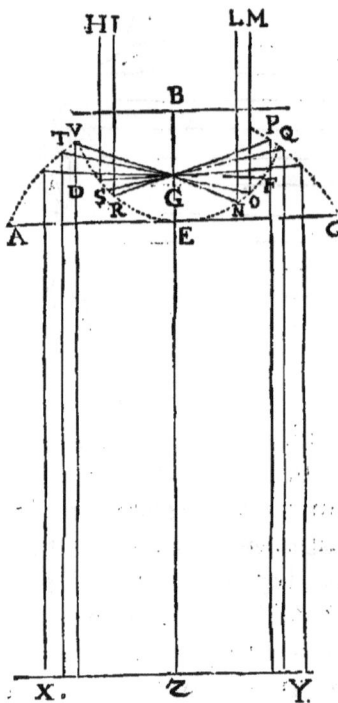

peracto, sit sonorum in X. & Y. lineæque sonoræ X T. X V. Y P. Y Q. quæ incidentes in concavam majoris superficiem, inde reflectentur per G. in L. & R. at X T. & X V. in N & O. incidentes, inde iterum reflectentur in L M. H I. donec tandem phonismo cylindraceo se sistant auribus in H I L M. constitutis. Certè hæc pulchram quidem speculationem in prima fronte habent, sed quæ nullum prorsus in praxi successum sortiantur. Nam præter paucissimas lineas, quibus capax est major parabola, minor quoque paucissimas & parallelismo illo insigniter debilitatas tandem transmittet, ita ut ausim dicere, modum, quem in præcedenti descripsimus, centuplo hôc meliorem. Imò ipse Mersennus difficultatem rei prævidens illo veluti conclamato, ad alium confugit, hôc tamen non multò meliorem. Clarè enim patet, successum nullum esse posse hujus machinamenti, tum ob dictas rationes, tum ob focum, qui, cùm utrique parabolæ communis sit, industriâ plus, quàm Archimedeâ opus foret ad utramque præcise disponendam.

Sit parabola major A B C. huic minor D. ita apponatur, ut in *figura* apparet, habeat autem convexam superficiem parabolicam & utrumque focum communem in E. Hoc machinamento ita disposito, sonoræ lineæ ex G. & F. in superficiem concavam majoris incidentes, ex punctis o n x h. non in focum E. sed in convexam superficiem minoris parabolæ D. reflectentes, sonum tandem conceptum phonismo cylindraceo reverberabunt in I. & R. aures auscultantis. Sed quis non videt, hoc quoque præter

specu-

speculationem nihil in se continere. Nam minor parabola, præ-

terquam quod diffi-
culter foco majoris
congruat, adeò pau-
cas quoque reflexio-
nes eásq; ita debiles
in convexam mino-
ris reiicit, ut in I R.
constitutum vix ali-
quod singulare aug-
mentum vocis ac-
quirere posse putem,
dato tamen, non
concesso insigni hoc
vocis augmento, pu-
to tamen, adeò in
praxi hoc machina-
mentum fore diffi-
cile, ut vix succes-
sum aliquem habe-
re possit. Sunt enim
multa secundùm
theoriam pulcherri-
ma, quæ tamen nunquam ferè in opus deduci possint; & ne hoc
idem de nostris hoc loco inventionibus fabricísque acusticis dici
posset, singulari studio cavimus, ne quicquam poneremus quod experimento priùs non esset comprobatum. Cuicunque igitur per
parabolas acusticam fabricam constituere animus est, is non alia,
quàm diximus, methodo procedat, & infallibilem effectum conse-
quetur. Neque enim necessarium est: parabolicas superficies in hoc
negotio Echo-tectonico, tam esse Mathematicè exactas, ut in speculis causticis præcipitur. Sufficiet *figura*; eâ, quâ fieri potest, diligentiâ formæ paraboloplastæ ope elaborata. Nam cùm lineæ sonoræ suam latitudinem & satis quidem notabilem habeant, centrum acusticum parabolæ non Mathematicum, sed Physicum &
sua amplitudine præditum esse, is solus nescire potest, qui præcedentia non intellexerit.

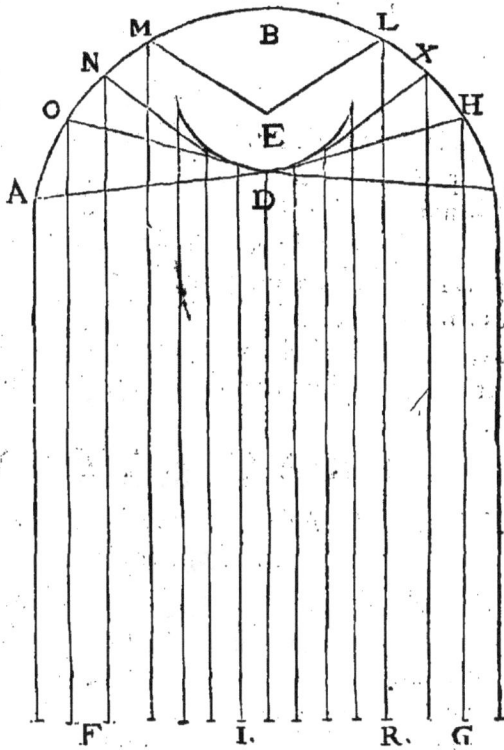

PRAGMA-

PRAGMATIA IV.

HYPERBOLICAM FABRICAM CONSTITUERE sonos congregantem.

QUæcunque de Parabola diximus, hyperbolicis quoque superficiebus accommodanda funt, ut proinde nihil de hujusmodi superficiebus formandis dicendum superfit. Si quis enim formam hyperboloplaften habuerit aptam capacitati loci, is in ambulacro quopiam duas describet hyperbolicas superficies, unà cum centris acufticis, in quibus auris conftituta non secus, ac in parabolicis, voces quantumvis submifsè prolatas percipiet. Cùm igitur hæc omnia fint facillima, ad alia properemus.

PRAGMATIA V.

FABRICAS ELLIPTICAS SONOS MIRIFICE intendentes construere.

PRæ reliquis conicis fectionibus omnium huic noftro negotio Echo-tectonico aptiffima eft Ellipfis, unde hîc ellipticas fabricas fufiùs tractandas duximus; Quid verò Ellipfis fit, & quomodo defcribatur, fupra dictum eft. Ad inftitutum igitur. Elliptici fabricarum tholi hoc proprium habent, quòd in Medio libero duo femper puncta feu centra pariant. Sit primò forma ellipticoplaftes tantæ longitudinis, quanta tholi ovalis longitudo requifiverit.

Sit igitur tholus A H B. gypfeus; huic in polis A. & B. applices formam ellipfioplaften; fintque centra acuftica C. & D. quæ diligentiffimè notentur; circumgyratáque forma ellipfioplafte intra gypfum, motu femicirculari tam diu, donec forma perfectam intra tholum fuperficiem ellipticam reliquerit, erítque fabrica perfecta; fi quis enim in D. fteterit & quantùmvis verba fubmifsè protulerit, dico in C. conftitutum omnia perfectè & diftinctè percepturum; Cùm enim vox D. quomodocunque in tholo elliptico illifa femper in C. reverberetur, ibique infinitæ fpecies foni uno & eòdem temporis momento pertingant, ibidem intenfæ fpecies fe auribus perfectè fiftent.

Nota

*N*ota tamen, fuperficiem debere effe, quantùm fieri poteft, po-
litiffimam, & ut fpeculo fimilor fit, aquâ ex glutino, vel etiam
gummi arabico dilutâ imbui debet, hâc enim omnes rimæ &
afperitates minutæ tollentur, vóxque meliùs reflectet.

PRAGMATIA VI.

ELLIPSIN ACVSTICAM IN PALATIO QVO-
piam ita conftituere, ut duo Principes in feparatis Concla-
vibus conftituti de quacúnque re, tanquam præ-
fentes colloqui poßint.

EST hoc maximæ utilitatis in mutua confiliorum communi- Artificium
catione inventum, plurimùm enim intereft, confilio fecre- occultè communi-
to, & ab omni hominum notitia remoto, ne ante tempus in- candi con-
fidijs exploratorum innotefcant, conferre ufque adeò, ut non in filia.
alium finem fecretæ illæ fcalæ & aditus ad conclavia Principum
ordinati videantur, nifi ut de magni momenti negotijs confilia,
uti fecretiùs, ita fecuriùs communicaturi, fe convenire poffint.

Quomodo igitur arte Echo-tectonicâ nos fimile quid architectari poffimus, jam videndum eft. Ut itaque duo Principes in diverfis conftituti conclavibus tutè & fecurè confilia fua fibi mutuò

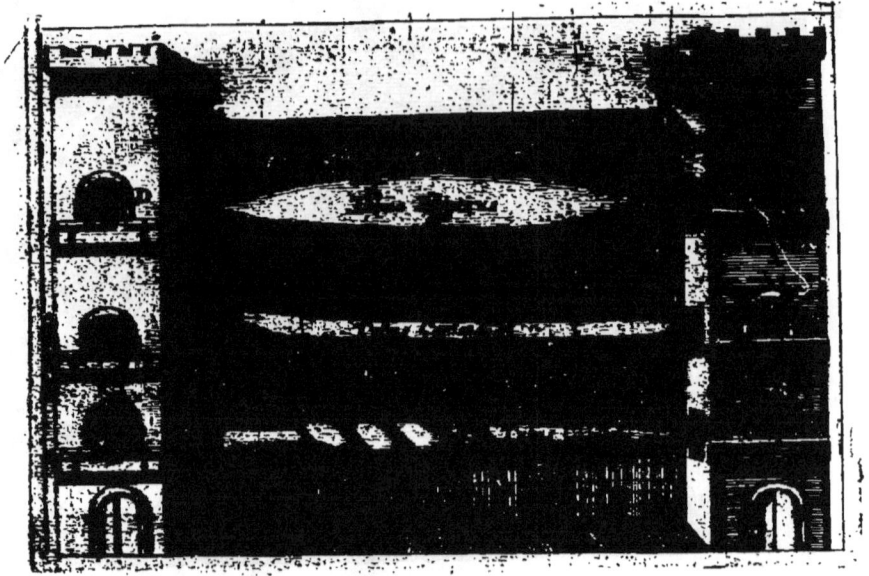

Artificium **communicare poffint; fabrica hâc arte inftituenda eft. Affuma-**
colloquii **tur inter duo conclavia cujuslibet magnitudinis fpacium 100. aut**
duorum
Princi- **etiam plurium pedum, perinde eft, atque intra fpatium hoc duo-**
pum,in fe- **bus muris claufum Ellipfin acufticam formabis hoc artificio con-**
paratis cō
clavibus **ftitutam, ut duo Ellipfis foci terminentur in utriúsque conclavis**
fubfiften- **feneftrellis, in hunc finem ordinatis; habebisque quæfitum, fed**
tium. **demonftratio ad oculum rem meliùs patefaciet.**

Sint duo conclavia D & F. fpacium inter utrúmque interje-
étum, murísque conclufum, fit G. E. intra hoc fpacium ope formæ Ellipfioplaftæ, concavum tholum ellipticum intra gypfum
defcribas, exactiffimè pollitum, notatum literâ A. hujus verò Ellipfis five elliptici concavi centra acuftica B & C. perfectè con-
gruant feneftrellis, B & C. in utróque conclavi datâ operâ ordinatis; habebísque arcanam fabricam perfectam, Principis enim
in B. feneftrella conftituti verba etiam fubmiffiffimè prolata, ab
altero Principe in feneftrella C. conftituto adeò clarè & diftin-
étè percipientur, ac fi proximè prolata fuiffent. Dici enim vix
poteft, quantùm in hujus ellipticæ formæ concavo vox augmentum acquirat; five enim vox furfum, five deorfum, five ad latera
feratur omnes in concavo illifæ fonoræ lineæ in C. reflexæ ibi-

dem

dem tam intensè unientur, ut in B. verba submissâ prius voce prolata, in C. aperti clamores videantur. Adhortor hîc omnes soler-
tes Architectos, ut hujus tam admirabilis arcani periculum faciant,
& rei fidem adhibere discant, de qua prius ceu parodoxo & ino-
pinabili technasmate non sine ratione ambigebant. Quoniam verò difficile videtur fornicem hanc in executionem educere; forsan
id faciliori modo per unum ex præcedentibus Tubis, sive Cylindraceum aut Conicum, Cochleárúmque, in viciniori distantia,
præstabitur: uti in *figura Pragm.* VII. ostendunt *Tubi* H I.

PRAGMATIA VII.

ALIA RATIONE MULTO ARTIFICIOSIUS eandem fabricam construere, & in majus spacium extendere.

VErùm si quispiam ad remotissimum spacium simile artis
opus architectari vellet, is rem ita auspicabitur: intra duos
muros spacium determinantes, formentur 4. 5. 6. aut se-
ptem elliptica ova prorsus eâdem ratione, qua in præcedenti *figura*
factum esse vides; ellipses autem ita constructæ esse debent, ut
juxta lineas ordinatim applicatas per focos transeuntes singulæ
truncentur, ut in sequenti *figura* clarè patet.

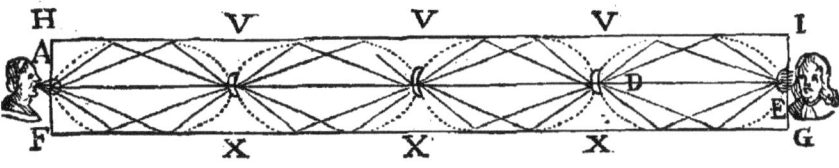

In hac figura intra muros F G & H I. 4. ova elliptica ordinata
sint, ita ut centra acustica sive foci sint singulis binis ellipsibus
communes; ita ellipseos A B. centrum acusticum B. commune est ellipsi B C. & ellipsis B C. centrum acusticum C. commune est ellipsi D, & centrum D. acusticum ellipsis C D. commune est ellipsi D E, ellipses igitur secundùm lineas V X. per
centra transeuntes erunt truncandæ, ita ut ellipses singulæ pertu-
sa dolia videri possint, habebísque insigne secretum paratum. Nam
in A. constitutus, si quis vel submissimam vocem insusurrârit,

*Elliptico-
rum vaso-
rum con-
stitutio.*

eam

eam in E. alius etiam quingentis pedibus diffitus ita clarè percipiet, ac si vicinis auribus infufurraretur. Nam omnes lineæ fonoræ in elliptico fornice A B. repercuffæ in B. confluent tanquam centrum, ibique multiplicatæ intenfæque inconfusè unaquæque ulteriùs progreffa, in fecundo elliptico fornice aliam formabunt reflexionem in C. & in hoc centro denuò unitæ multiplicatæque intrabunt fornicem ellipticum C D. ibique reflexæ se conjungent in D. & hinc denique iterum in 4. fornice repercuffæ tandem intenfæ multiplicatæque pervenient ad aures in E. conftituti, qui fonoras fpecies tam clarè percipiet, ac si præfens effet in A. conftitutus. Demonftratio rei adeo clara eft, ut nihil præter *figura* confiderationem ad eandem intelligendam requiri videatur.

COROLLARIVM.

Ex dictis patet, quanta ex hac unica Pragmatia propofita miracula Echo-tectonica patrari poffint, certè hujus machinæ ope muficos concentus omnis generis exhibebis, nemine unde provenire poffint vel fufpicante. Verùm ingeniofo Lectori hæc fufficiant ad innumera alia invenienda.

SECTIO V.

SECTIO V:

DE MIRIFICIS ORGANORUM

Acuſticorum Fabricis, quêis ad immenſa ſpatia tam
articulatæ, quàm inarticulatæ voces propagari poterunt.

CAPUT I.

DE CONICARUM SECTIONUM
Uſu in Phonurgia.

RESULTANT ex corporum quorundam ſectionibus
ſuperficies quædam, quarum vires & proprietates
adeò mirabiles ſunt & arcanæ, ut natura ſola ſibi
illas ad Miranda perpetranda reſervâſſe videatur;
& ut interim alias innumeras reticeam, quis neſcit
conicæ ſectionis paradoxa? Sunt hujus tres potiſſimùm ſpecies
admirandis prorſus viribus refertæ, Ellipſis, Parabola, Hyperbole,
quarum hæc imprimis admiranda proprietas eſt, ut ſi figuris ea-
rundem in materiam introductis corpora concava delineentur,
puncta quædam naſcantur in Medio imaginario, ad quæ omnes
lineæ intra concavum incidentes reverberentur, unitæque in puncto reflexionis mirandos effectus, tum in illuminando tum incen-
dendo prodant; unde & acuſtica ſpecula originem ſuam invenêre.

Verùm cùm de hiſce ex profeſſo tractaverimus in *Arte magna
Lucis & Umbra*, eò Lectorem remittimus; Nam hìc ea duntaxat,
quæ ad inſtitutum noſtrum maximè conducere videntur, repete-
mus; quemadmodum igitur intra dicta corpora lucis uniti radii
mirandos uſtionis effectus producunt, ita & ſonori radii intra dicta
concava idem poſſe neminem dubitare poſſe autumo, qui præcedentia ritè intellexerit. Quomodo igitur conicæ ſectiones acuſti-
cæ in fabricis ad mirandos auditionis effectus præſtandos deſcri-
bendæ ſint, tunc dicetur, ubi priùs obiter dictas ſectiones in materia deſcribere docuerimus. *Sit igitur:*

PROBLE-

.PROBLEMA I.

ELLIPSIN UNICO FILI DUCTU DESCRIBERE.

Cum *lib. 3. & 10. Artis magna Lucis & Umbra* varias Ellipsium aliarúmque sectionum describendarum methodos tradiderimus, hîc easdem repetere noluimus, sed tantùm eam hîc methodum docebimus, quæ mechanicis Echo-tectonicis magis congruere videbatur; hoc pacto itaque Ellipsin unico fili ductu describes.

Omnis Ellipsis duabus constat diametris, majori & minori. Si enim æquales essent, non Ellipsis sed circulus foret; quantò enim minor decrescet ampliùs, tantò Ellipsis erit acutior, & quantò plùs crescet, tantò Ellipsis erit obtusior, & circulo similior, usque dum diametri quantitate æquales in perfectè circularem abeunt Ellipsin. Nota præterea, in omni Ellipsi præter-circulari, duo puncta reperiri, quæ ex comparatione facta appellant Geometræ vulgò focos, eò quòd in iis fiat accensio in speculis causticis. Hæc duo puncta in majori semidiametro situm habent, tantòque semper ab invicem erunt remotiora, quantò Ellipsis acutior, id est, circulo fuerit dissimilior, tantò verò propinquiora, quantò Ellipsi circulari in unum punctum conveniant, quod est centrum circuli. His observatis,

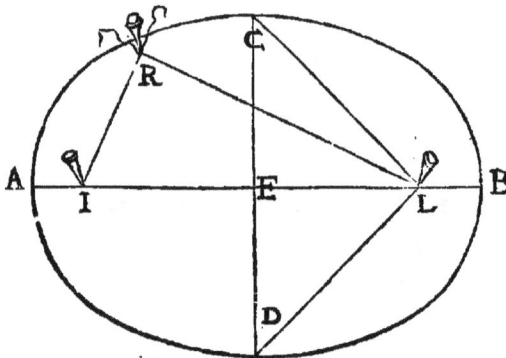

sint diametri Ellipsis formandæ datæ A B. major, & C D. minor. Constituatur C D. minor in majoris medio puncto E. ad angulos rectos, ita tamen, ut minoris extremo ab E. medio puncto æquidistent, hoc posito, focos sive puncta ex comparatione facta, ita reperies; majorem semidiametrum A E. vel B E. ex C. vel D. alterutro minoris semidiametri extremo circino transferes in majorem diametrum A B. & ubi circinus utrínque secuerit lineam A B. ibi erunt duo foci, videlicet in I. & L. inventis punctis ex comparatione factis I. & L. in iis

duos

duos ftylos infiges, & circa ftylum filum duplum longitudinis L A.
vel I B. intra hoc enim filum graphium quoddam circumductum
defcribet defideratam Ellipfin , filum nobis referunt duæ lineæ
L R̃ & R L quod in duobus punctis I L. alligatum & graphio
R. in A. applicatur præcise, deinde ex A. intra illud graphium
R. circumductum defcribet Ellipfin quæfitam. Ex quo luculenter patet, duas fili partes ab R. verfus alterutrum focum extenfas
R L. & R I. femper æquari diametro A B. Ellipfis majori, quorum omnium demonftrationem vide in *Arte Lucis & Umbra*
lib. 4. tract. de fect. conicis.

PROBLEMA II.

ELLIPSIOPLASTEN IN MATERIA
folida defcribere.

VOcamus Ellipfioplaften illam formam feu modulum, cujus
circumductione in materia molli uti gypfo, cæmento vel
argilla exprimimus Ellipfin ; Sicuti enim figulus five plaftes,
varia inftrumenta ad varias figuras defcribendas adhibet ; ita ad El-
lipfes defcribendas in gypfo , forma plaftica opus eft , cujus cir-
cumductu illa producatur, & hanc formam five normam, Nos Ellipfioplaften, quafi figulinam Ellipfis formam vocamus, ita ad Parabolas & Hyperbolas defcribendas, formas adhibemus, quas Para-
boloplaftes Hyperboloplaftes vocamus.

Hôc itaque pacto Ellipfioplaften facies; in pavimento plano &

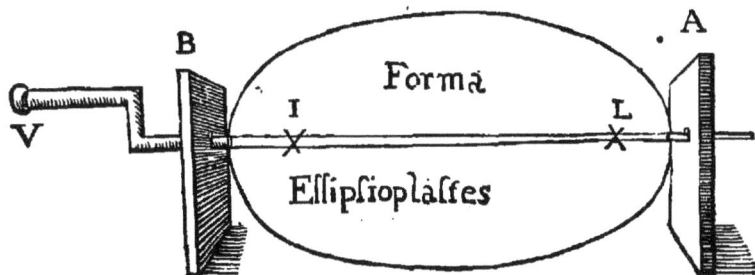

æquali politóque juxta præcedens problema ad quantitatem datorum diametrorum defcribatur Ellipfis; hoc peracto, juxta Ellipfin

in pavimento deſcriptam exſcindatur ex tabulis ligneis vel ferreis laminis Ellipſioplaſtes, diligenter punĉta focorum in ea notando, in uno verò punĉtorum Ellipſis A. inſeratur ferrum acuminatum; in altero B. manubrium V. quibus ferramenta ſubdantur aĉuta, ut iis axis Ellipſis in A. & B. veluti hypomochliis quibuſdam incumbens pro arbitrio opificis commodè & æqualiter circumagi poſſit, habebíſque Ellipſioplaſten quæſitam.

PROBLEMA III.

PARABOLAM UNICO FILI DUCTU deſcribere.

Parabola eſt ſeĉtio Coni parallela lateris ejuſdem, intra quod punĉtum eſt, in quo omnes lineæ intra ejus ſuperficiem parallelè incidentes, reflexæ uniuntur, quæ omnia in citatis *Artis magna Lucis & Umbra libris* fuſè demonſtravimus, eò Leĉtorem remittimus, ubi & varias parabolarum deſcriptiones inveniet, ut proinde hoc loco non niſi unam tantùm magis facilem, inſtitutóq; magis convenientem proponamus. Præparetur tabula planiſſima X Y. cui ad angulos reĉtos applicetur norma D E, ita ut norma applicata E G. Lateri, tabulæ Latus E G. radat normaliter, & promota axi parabolæ ſemper æqui - diſtet; deſcripturus igitur parabolam hujus inſtrumenti ope, affigat centro L. filum ſubtiliſſimum, deinde poſitâ normâ ſupra L B. filum graphio D. circumpoſitum in E. radice normæ claviculo firmet, ita ut filum longitudinem habeat L B. duplicatam. Cùm enim juxta *propoſitionem* 10. conicæ doĉtrinæ in *Arte magna Lucis & Umbra* demonſtratæ, omnes lineæ à centro ad ambitum parabolæ unàcum ijs, quæ hinc in ſemiordinatam cadunt, æquales ſint, deſcribet graphium D.

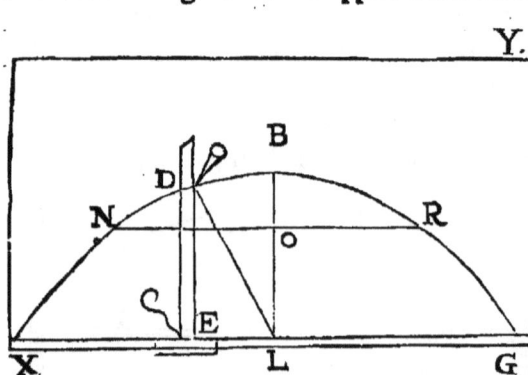

motu

motu normæ neceſſario parabolam F B G. cujus punctum phonicum reflexionis O. invenies, ſi regulam quampiam ſuper axem
B L. parabolæ normaliter in tantum promoveas, donec in axe B
L. quartam partem lineæ N R. ordinatim applicatæ, ſive lateris
recti intercipias, hoc enim punctum erit focus parabolæ, ut in *figu-*
ra O B. quarta pars lateris recti N R. eſt, & O. punctum reflexionis quæſitum; melius autem feceris, ſi primo determinaveris
punctum reflexionis, deinde latus rectum cujusvis longitudinis,
cujus ⅙ ab O. dabit O R, verticem parabolæ, & centrum reflexionis O.

PROBLEMA IV.

FORMAM PARABOLOPLASTEN
fabricare.

IN Pavimento quopiam plano politóque juxta traditas regulas
dictâ methodo deſcribatur parabola ejus quantitatis, quam de-
ſideras, quævè tuo inſtituto maximè quadret; juxta hanc in tabulis ligneis vel Lamina ferrea aliam deſcriptam ita excindes, ut
exciſa in pavimen-
to delineatæ præci-
sè congruat, habe-
biſque formam pa-
raboloplaſten para-
tam eâ *figurâ*, quam
præſens demon-
ſtrat, in qua vertex
A. ferro acuminato
inſtructus ſit; C D.
verò manubrio I
M P. ferrum acu-
minatum axi continuatum in deſcriptione parabolæ infigitur
muro, ne ſuperficies ex mutatione axis alteretur; deinde manubrium altero hypomochlio ſubjectum intra calcem, gypſum a-
liámque materiam circum coacervatam circumactum, quæſitam
in materia deſcribet parabolam.

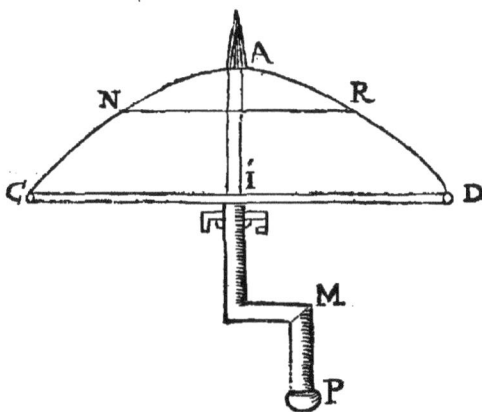

O 2   PROBLE-

PROBLEMA V.

HYPERBOLEN UNICO FILI DUCTU DEscribere, & ex descripta forma hyperboloplasten fabricari.

SIT centrum reflexionis A, oppositum centrum B, vertex hyperbolæ C, his tribus datis fili ductu hyperbolen ita describes. In ambobus centris seu punctis ex comparatione factis

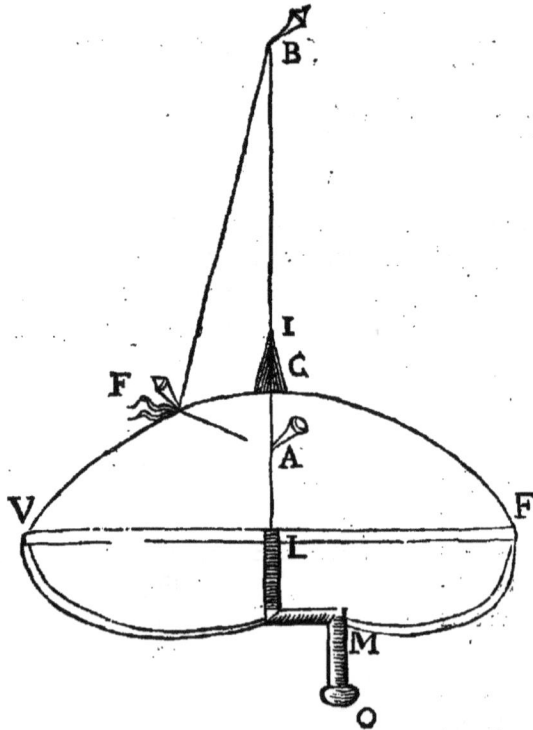

in oppositis hyperbolis, acus infigantur, quibus singulis filum alligetur: habeatur deinde graphium in radice perforatum in modum aciculæ ut in F. patet, per hoc foramen utrúmque filum in A & B. firmatum ducatur; moveatur deinde graphium F. utrimque ita, ut ad motum semper laxentur duo fila, & hoc motu describatur parabola quæsita.

Formam

Formam verò hyperboloplaften ita defcribas. In pavimento,
quodam, quantùm fieri poteft, plano juxta traditam methodum defcribatur hyperbola, vel in tabula lignea aut lamina ferrea delinea-
ta exaétè excindatur, cui fi in vertice C. acuminatum ferrum po-
nas, & in E V. manubrium, prodibit forma hyperboloplaftes, ut
præcedens *figura* docet, in qua C I. ferrum acuminatum, E V L
M O. manubrium hypomochlio L. fulcitum, E C V. verò in
materia argillacea aut gypfea defcribet fuperficiem hyperbolicam
quæfitam.   Verùm quicúnque majorem conicarum fectionum
notitiam habere voluerit, hic adeat *Artem noftram magnam Lucis & Umbra*, in qua fufiffimè *lib.* 3. *& 10.* tractavi. Hìc enim
omnia repetere nec Libri, nec Ratio tractandi permittebat.

PROBLEMA VI.
FORMAM CYCLOPLASTEN
fabricare.

FIAT forma femicircu-
laris A B. in mate-
ria folida excifa, cujus
axis C I. fit inftruétus
ferro acuminato C I. &
manubrio O L. habebif-
que formam Cycoplaften,
fphœricæ fuperficiei defcri-
bendæ aptam.

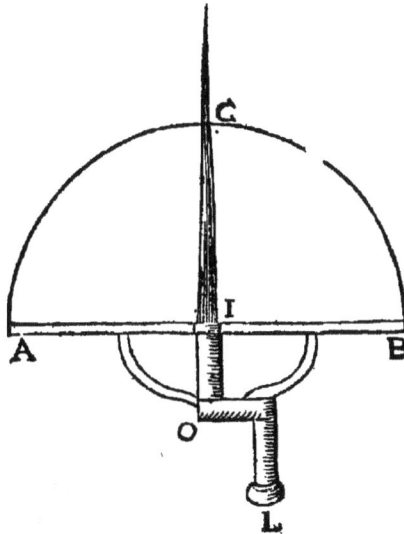

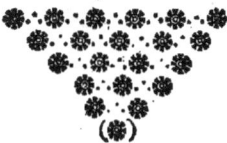

PROBLEMA VII.
SPIRALEM LINEAM DESCRIBERE.

AD lineam fpiralem defcribendam affumantur duo puncta
I K. cujuscúnque diftantiæ, & per ea ducatur linea recta
datæ magnitudinis B A. deinde pofito circino in centro I.
defcri-

defcribatur ex D. femicirculus D G A. deinde iterum pofito circino in puncto D. ducatur femicirculus D E I. & deinde pofito circino in centro K ex puncto I. ducatur alius femicirculus ; & fic de cæteris, & habebis *figuram* cochleatam perfectam, ut præfens *figura* docet. Hanc *figuram* fi in ferrea lamina juxta helicem lineam excifam, in longum centro fuo I. diduxeris, nafcetur bafis corporis cochleati , juxta cujus ductum concavus tubus ordinatus, dabit tubum illum mirabilem, prodigiofos in fono effectus exhibentem. Verùm cùm difficile fit in plano eam exhibere ejus *figuram* in fequentibus fchematifmis contemplare.

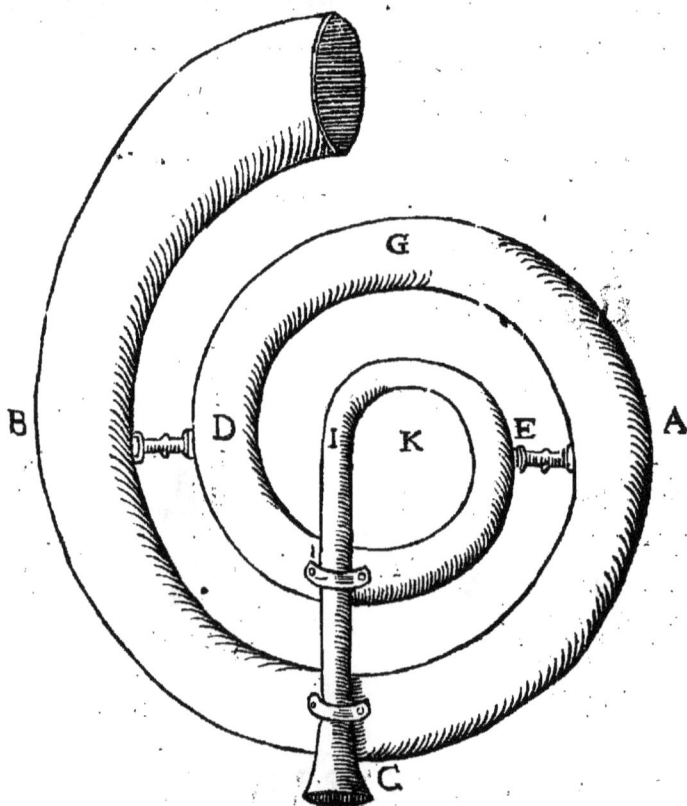

Nota tamen Lector, hujufmodi tubum in helicem lineam detortum, haud dubiè incredibilem vim obtinere fonos in remotiffima fpatia propagandi: fed res peritum Artificem requirit, de quo vide in *fequentibus plura de tubo cochleato.*

SECTIO

SECTIO VI.

ACRCHITECTONICA

INSTRUMENTORUM ACUSTICORUM, QUO-
rum ope per sonos quà articulatos, quà inarticulatos ad maximam
locorum distantiam, Quemlibet reciproco correspondu, mentem
suam alteri quantumvis dissito manifestare
posse, experientiâ demonstratur.

CAPUT I.

DE ORIGINE ARTIS ACVSTICÆ.

IAM quinque circiter annorum lustra aguntur, quo *Artem magnam Consoni & Dissoni, Musurgiæ titulo* inscriptam condebam, in qua inter cætera *Libro 9. de Echonica Arte*, seu de sonorum reflexione, eorundémque multiplicatione quàm uberrimè egi. Intuitus autem magnam lucis & soni in specierum visibilium, audibiliúmque diffusione similitudinem, & analogiam, idem Ego, quod Optici, per tubos helioscopos catoptricâ arte constructos peragere solent, per sonos præstandum censui. Filum itaque *Ariadnæum* Catoptricæ, (quæ in solerti vitrorum tum concavorum, tum convexorum, lenticulariúmque elaboratione, & intra tubum proportionata coaptatione maximè consistit) secutus, nùm quid in specierum acusticarum transmissione, nec non validâ sonorum multiplicatione efficere possem, dum exploro, varii mihi quidem in concinnando ἰχναυξήσεος seu sonorum multiplicandorum modi, & Molimen rationes occurrerunt, at cùm periculosum aleæ opus esse cernerem, Authoris in dispo- huic unicè incubui, ut quos κατὰ τὴν θεωρίαν conceperam rerum pera- nendis or- gendarum modos, eos per experimentum priùs comprobarem; un- ganis. de nullum non lapidem movi, ut per organa, tubósque partim simplices eósque cylindricos, conicos, ellipticos, partim per cochleatos ad finem tanquam per media proportionata pertingerem. Primò itaque ante omnia in tubis concavis cylindraceis experimentum feci, quod quamvis successum non infelicem haberet, vox tamen

men

men ad fpatium remotum, quod fperabam, non fe extendebat ; unde periculum in tubo conico, five in turbinem projecto feci, effectufque inde refultans fpem mihi dedit per continuatam longitudinis proportionem id tandem, quod quærebam, obtinendi. Erat in Mufæo meo repofitorium muro & portâ interftinctum, in repofitorii fine feneftra fub ovata *figura*, quæ hortum domefticum *Collegii Romani* refpiciebat, longè latéque patentem 300. circiter *palmorum* longum ; intra hoc repofitorium, feu ergafterium, juxta loci longitudinem, tubum conicum adaptavi, longitudinis 22. *palmorum* ferreis laminis concinnatum, cujus orificium locutioni deftinatum $\frac{1}{4}$ *palmi* non excedebat, tubulus verò fub forma infundibuli unam *palmam* circiter in diametro habebat, qui deinde paulatim ex gracili continuo & proportionatæ latitudinis incremento in orificium repandum trium *palmorum* in diametro extra feneftram ovatam verfùs hortum extendebatur. Vidimus tubi fabricam, jam quoque ejus effectum explicemus.

Janitores noftri de re quadam, five de hofpitum adventu, five de quacunque alia re me monituri, ne per varias domus ambages meum adire Mufæum illis incommodum foret, intra portam janitoriam ftantes mihi loquebantur in remoto cubiculi mei receffu commoranti & tanquam fi præfentes, quæcunque vellent, diftinctè & clarè proferebant, quibus & ego mox eodem vocis tenore pro negotiorum exigentia per orificium tubi refpondebam, imò nemo quicquam intra horti diftrictum paulò elatiori voce prolatum dicere poterat, quod intra cubiculum non audirem ; quæ res uti nova & inaudita Mufæum vifitantibus videbatur, dum loquentes audirent, neque tamen, qui loquerentur, viderent, ita quoque, ne illos alicujus vetitæ artis fufpicione attonitos fufpenderem, clandeftinam artificii ftructuram oftendi ; quæ res, dici vix poteft, quàm multos etiam ex Proceribus Urbis ad videndum, & audiendum machinamentum attraxerit ; quod ideo hîc Lectori fignificandum cenfui, ne fibi perfuaderet novum hoc hujus temporis inventum, effe ex *Anglia* prolatum, fed ante 24. circiter annos in *Collegio Romano*, eo, quo paulò ante dixi, modo exhibitum, typífque commiffum effe, quemadmodum complures adhuc inter vivos, tum Patres noftri, tum exteri, qui Mufæum meum rarioribus rebus confertum vifitare dignabantur, teftari poffunt. Fuit & poftea idem

Tuba acuftica quando primò inventa fit & qua occafione.

Mirifici effectus hujus tubi acuftici.

Tuba ftentoria non eft hujus temporis inventum cù id ante plurimos annos Romæ ab Authore Mufurgiæ bu-

tubus

tubus per vocis in remotiſſima ſpacia propagationem felici ſanè ſuc- ius Libri deſcriptum & impreſſum fuerit.
ceſſu omnium ſtupore comprobatus. Accidit porrò, ut Muſæum
meum privatum in aptiorem patentiorémque *Collegii Romani* locum quem *Galleriam* vocant, transferre cogerer, intra quam &
paulò ante dictus tubus tranſlatus, etiamnum ab omnibus exteris
ſpectatur & auditur ſub nomine *Delphici Oraculi* intitulatus, hâc
tamen differentiâ, ut quod tubus, qui primò elatiori voce prolata
verba in remota ſpacia diffuſa palam propagabat; nunc ſubmiſsâ
& occulta voce clam in ludicris oraculis fictiſque conſultationibus Oraculum delphicum in Muſæo Kircheriano.
peragat eo artificio, ut nemo adſtantium de ſecreto, reciprocâ collo-
quentium muſſitatione inſtituto percipere quicquam valeat, quod
& advenis in hunc uſque diem exhibetur non ſine dæmonis alicujus latentis ſuſpicione, eorum qui machinam non capiunt; nam
& ſtatua os ad normam loquentis aperit & claudit, oculos movet;
ideo autem hujuſmodi artificium condidi, ut impoſturas & falla-
cias, fraudéſque veterum Sacerdotum in Oraculorum conſultatio-
ne oſtenderem. Dum enim per tubos fictos (quos in *Oedipo* de
ſcriptos vide) reſponſa darent, populum unà ad oblationes pro-
fuſe faciendas, ſi exaudiri vellent, cogebant; atque proinde hâc
fraude magnum illis lucri incrementum cederet; quamvis dæmo-
nes clam quoque ſeſe eorum operibus immiſcuiſſe non negem:
Sed jam ad Tubum noſtrum Conicum revertamur.

Magnum ſemper deſiderium me tenuit cognoſcendi, ad quan- Experimentum tubæ in Monte Euſtachiano futum.
tum ſpatium ſe extenderet hujus tubi vis & efficacia: Accidit hoc
anno, ut diſceſſurus ROMA in montis excelſi rupem, Converſioni
S. EUSTACHII Sacram, ubi Eccleſiam à CONSTANTINO *Magno* olim
ædificatam, & à S. SYLVESTRO in DEIPARÆ honorem conſecratam,
jam vitio temporum ferè deſtructam, CÆSARIS aliorúmq; *Germa-
niæ* Principum munificentiâ inſtauratam, & habitatione excultam
(de qua vide Lector Opuſculum, cui titulus: *Hiſtoria Euſtachio-*
Mariana, quæ de origine celeberrimi hujus loci, agit.) In
hunc itaque locum tum ſolitudinis amore, nec non propriæ devotionis deſiderio, in nonnullum animarum fructum, more quot
annis ſolido, faciendum conceſſi, cumque hujus loci ſitum; omnium commodiorem, & ad probandum tubum, mire opportunum reperirem, tubum 15. *palmorum* longum ſingulari ſtudio ela-
boratum, mecum contuli, quem opportuno tempore, & tranquillo

P   tum

tum interdiu, tum noctu tentavimus, eo sanè successu, quo felicio-
rem sperare non poteramus.   Nam in circumfusa multitudine ca-
stellorum, quæ ex hac altissima rupe cernuntur, priùs de hora locu-
tionis, cum inquilinis inito pacto, ad *2. 3. 4. & 5. milliaria Italica,*
remota, voce vehementi sermocinari cæpimus, qui & singula verba
distinctè se intellexisse per lintei extensionem interdiu, noctu per
flammæ succensionem, testati sunt; hoc modo, ad Festi Pentecostes solemnitatem, & ad sacram Synaxin concepto opportunè
verborum tenore populos invitavimus, Lytanias per tubum can-
tavimus, ad victum necessarium subsidia petivimus, quæ omnia se
intellexisse, rerum transmissarum docuit eventus.   Mirum tamen
omnibus visum fuit, hujusmodi prodigioso sono, & veluti voce è
cælo delapsâ attonitos populos, ad devotionis exercitium tubi beneficio ad bis mille & ducenta hominum capita, ipsâ nocte ad locum,
ad quem invitati fuerant, coacta fuisse; famâ verò volante, ex re-
motioribus etiam locis complures viros dignitate conspicuos non
tam devotionis causâ, quàm videndi, & instrumenti polyphonici
incitamento motos concurrisse, mirati sumus; Ubi & novum modum detexi, quo absque alteriùs tubi subsidio, per solam validam
vocis intensionem, respondere quempiam sine alia tuba posse, Dei
gratiâ experti sumus.   Operationes, quas tubi beneficio fecimus
hîc per præsentem *Schematismum*, exhibendas censuimus.

Addo hisce quæ R. P. Philippus Miller Sacræ Cæsareæ
Maiestatis à Confessionibus (quem de tubo conficiendo, & ritè
adaptando, per litteras instruxeram) scribit. *Curavimus fieri*
tubum, per Generalem Wertmiller *Helvetum, juxta eum modum*
quem R. V. mihi significârat, sat longum. Quo mediante ex arce
Eberstorff Cæsar *locutus est, & mandavit (loquendo tamen ordi-*
naria voce,) Dominis Schafftenberg *&* à S. Juliano *existenti-*
bus in Neugebeu, *quicquid voluit, & omnia intellexerunt, perfece-*
runtque mandata ibidem.

His itaque sagaciter & solerter intentus jam video, verificari
posse, quod jam olim *Libro 9. Musurgiæ de Cornu* Alexandri,
quo ad centum stadia exercitum suum cogebat, aliisque novis inventionibus per cochleatos tubos, qui in quantumvis magnam
distantiam voces suas propagarent, pollicitus fui, queîs etiam quo
modo per ipsorum sonorum varia discrimina Præfectis Belli,

Anthi-

2200. ho-
mines so-
no tubæ
ad sacram
synaxim
in Ecclesia
Deiparæ,
in alta ru-
pe sita per-
cipiendam
convolâ-
runt.

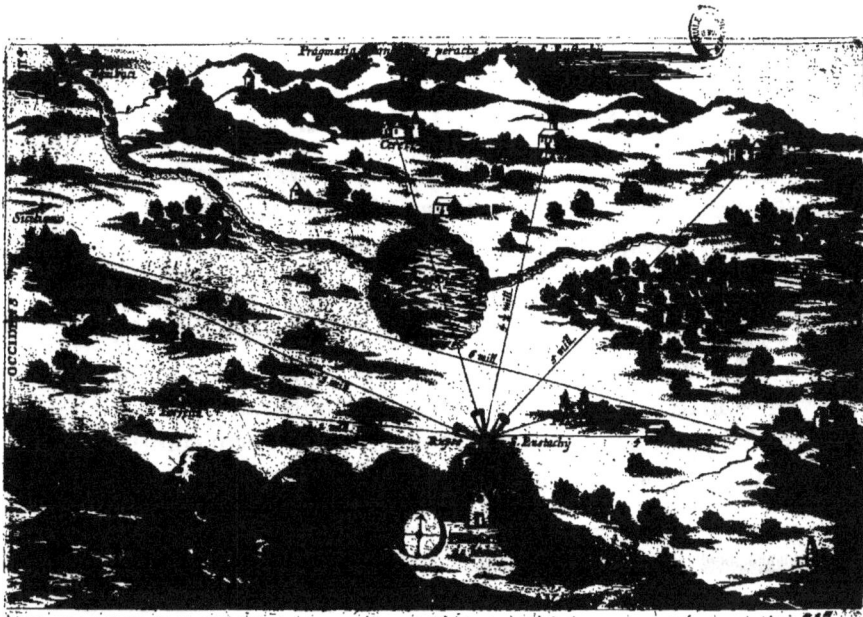

Antiftrategus quifquiam mentem fuam clam omnibus manifefta-
re poffit oftendimus, quod tamen arcanum reconditius, AUGUSTIS- *Arcanum*
SIMO CÆSARI LEOPOLDO Mecœnati munificentiffimo refer- *phonico-*
vandum cenfeo, ne omnibus pateat quod in fecreti confilii ma- *poliorce-*
nifeftationem folis præordinatis communicandum eft. His jam *ticum.*
fincero, & germano candore, fine ullo verborum fuco, aut exag-
geratione hyperbolica præmiffis, nil reftat, nifi ut artis hujus principia per fequentes propofitiones demonftremus.

CAPUT II.

DE SIMPLICIUM TUBORUM VI, ET EFFI-
cacia, caufisq̃ eorum.

PROPOSITIO.

In tubis acufticis cylindraceis, aut Polygonis, Polyedrifq̃ nulla fieri
poteft reflexio vocis, fed unitio folum radiorum audibilium
in longiffimum fpatium propagata.

SIT tubus cylindraceus, aut fub polygoni prifmatis cujufcunque *figuræ* conftituti; fit illius formæ fignata li-
tera A B. hujus videlicet conicæ C D. Dico fonum
in iis non per veræ & realis reflexionis multiplicationem fieri, fed per folam radiorum acufticorum unionem conftri-
ctionemque in remotiffima loca propagari. Quoniam enim omnes

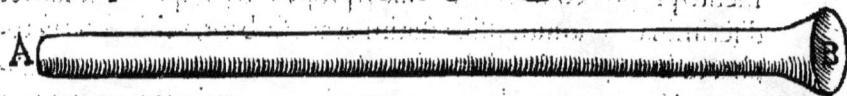

Tubus fub forma prifmatis pentagoni.

lineæ acufticæ parallelum ad fe diffufionis fuæ fittum obtinent, certe *Aquædu-*
uti intra tubum fe infinuárunt, ita quoque exeunt; quoniam vero *ctus Ro-*
effugii locus non datur, illæ quoque per latera parallela tubi propa- *mani vo-*
gatæ unitæq; in maxima diftantia pro vocis intenfione quæ profer- *cem miri-*
tur, non intelliguntur. Loquor autem hic de tubis cylindricis non *ficè pro-*
pagant.

de

de canalibus clausis in longissimam distantiam dispositis, uti supra
de *Romanis* Aquæductibus dixi, intra quos ad quingentos passus
sese invicem non adeò etiam elata voce intelligere posse, Latomi
aquæductuum præsides mihi retulerunt; Narrârunt & *Neapolita-*

Pausilippi montis perfossi meatus. *ni,* in transitu illo sub monte *Pausilippo* effosso, & ad integrum ferè
milliare sub recta lineâ extenso, verba solâ elatiori voce ore ad la-
tera parietum applicato prolata, in extremo ejusdem cryptæ termino audiri posse; idem nostro tubo, etiam mediocri sono adhibito,
præstari posse, quis non videt? quia voce ad latera cryptæ diffusâ,
cùm species audibiles propagatæ excedere non possint, illas intra
concavam cryptam unitas propositum effectum præstare necesse
est.

CONSECTARIVM.

Ex hisce sequitur, si quispiam Princeps opulentiâ affluens, canalem trium *palmorum,* aut plurium in diametro ad aliquot milliarium distantiam (quod *Reges Ægyptios* à *Pyramidibus,* usque ad
Oraculum Ammonis in *Libia* per subterraneum meatum præstitisse in *Oedipo* ostendimus) conderet, dico, quòd haud dubie effectum

Mirificus Ægyptio-rum Ca-nalis. sortiretur eundem, quem paulò ante indigitavi, id est, in eo constitutos tum voce solâ vehementiori, tum etiam tubo nostro adhi-
bito, in quamcumque distantiam extensus fuerit canalis, sese reciproco colloquio intellecturos, uti ex dictis patet. Quod tamen in
angulosis & intricatis meatibus *Roma subterranea* non fieri, experimento proprio comperi, & causa in propatulo est; quia voces ad tot
discrimina meatuum illisæ statim evanescebant, vel ipsâ terrâ to-
phaceâ intra porosæ substantiæ viscera receptam vocem strangu-
lante. Voces verò per latera propagari, experientiâ constat in supra
adducto trabium longissimarum experimento; in quarum extremitate si quis vel minimum sonum pulsando fecerit, eum statim
Alterum in opposita extremitate constitutum aure applicata percepturum nemo dubitare poterit, utpote qui sæpe sæpius periculum hujus in trabibus ad centenos pedes palmósque in longum
extensis fecimus.

CAPUT III.

DE CONICI TUBI PROPRIETATE, ET EFFI-
cacia, & de causa Polyphonismi.

CYlindraceos, Prismaticósque tubos non eam, quam Coni-cos vim obtinere, experientiâ in sermocinatione per aper-tum aërem instituendâ, compertum est; cujus rei causa in præterita propositione ostensa fuit. Quid verò Conicus tubus præ alijs proprium habeat ad sonorum multiplicationem, paucis expo-no. Multi opinantur, id fieri per realem specierum acusticarum re-flexionem intra latera tubi factam, sed cùm in tubo Conico refle-xio vocis fieri non possit, utpote quæ sub rectarum linearum poly-phonismo, ex arcto in longum conica diffusione in dissita loca ex-tendatur. Sit tubus conicus A B. ex arcto A. in amplam latitu-

Tubus Conicus Simplex, 15. Palm.

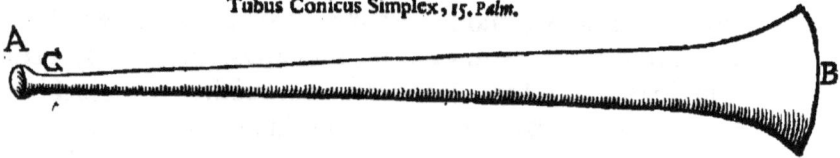

dinem B. extensus, fiet vocis elatio in A. quæ non secus ac lucis actinobolismus in B. conicâ radiorum diffusione, extra, quâda-tâ portâ in remota spatia propagatus radiabit, ubi tamen nullo prorsus ad latera tubi facta reflexio continget,& consequenter nul-la multiplicatio soni, præter eum, quem conicum radiorum acu-sticorum effluvium causat, assignari potest; erit itaque aliud quid-piam in conico tubo, quod vehementiam soni efficiat, abscondi-tum, quod paucis explicandum duxi.

Dico itaque, ipsam Poliphonismi hujus causam esse tubæ for-mam ex arcto paulatim circa C. proportionali incremento in am-pliores semper, & ampliores sese circulos extendentem; hinc fit, ut vehementior clamantis vox statim ac arcto tubi orificio insonue-rit, clausi aëris motu accedente; illa totum unà tubum tremefa-ciat, atque ex reciprocis reflexionibus, quæ è singulis tubi parti-bus dicto tremore ad reflectendum suscitatis in opposita tubi pun-cta undique & undique reverberantur; nascatur vehemens illa

Exponitur causa Po-liphonis-mi in tubo conico.

sofonorum multiplicatio, ut *Propof.* 9. demonftrat; haud fecùs ac chorda tenfa, vel levi tactu agitata omnes totius chordæ partes refonare facit, & in campanarum tinnitu cæterífque conicis concavis experientia docet, quæ fi vel chordâ extrinfecè ftringantur, uti multùm à tremore remittunt; ita quoque foni multiplicationem plurimùm impediunt; Quamvis verò idem in cylindraceis ac prifmaticis tubis ferè contingat, quia tamen principium tubi latius eft, quàm ut vocem conftringere poffit, hinc non eam, quam Conicus intenfionem vocis caufat.

CAPUT IV.

DE QUANTITATE TUBÆ ACUSTICÆ.

Tubum Conicum, quantò longior fuerit, tantò majorem vim ad fonandum obtinere, tantóque longiùs fonum propagare (dummodo debita proportio non defit) nemo jure dubitare debet; quia ubi major ἠχοδύξησις five major fonorum multiplicatio, ibi quoque in remotiora fpatia fonum fe extendere poffe, quotidiana nos docet experientia, hâc tamen differentiâ, quòd tubus quantò longior fuerit, tantò vehementiori voce ad fonum propagandum indigeat; quemadmodum me jam fuprà in tubo Conico *21. palmorum* longo, olim hîc ROMÆ à me conftructo, experimento comperi; habet tamen paulò longior ifthoc incommodum, quòd ad portandum, tractandumque nonnihil difficultatis patiatur, nifi ftabilis fixùfque in certo aliquo loco ad colloquendum deftinato, ftabiliatur; quòd incommodum in opticis quoque tubis immodica longitudine extenfis, notant artifices catoptrici. Quod verò ad extimi orificii latitudinem attinet, illud cujufcunque, pro mole machinæ, latitudinis effe poteft: noftri tubi orificium repandum tres circiter cubitos tenebat. Sed & hæc omnia arbitrio & experientiæ artificum committenda funt, uti in fequentibus patebit.

CONSECTARIVM.

Ex hifce patet. Quod fi Aquæductus *Veterum Romanorum*, uti olim per varios terrarum gyros, montiúmque ambages, ita *Tybure* ROMAM fub directæ lineæ ductu, à CLAUDIO Cæfare, fuiffet conftructus; quòd quifpiam ope tubæ noftræ conicæ intra aquæductum

ductum conſtitutus, ROMÆ cum *Tyburtinis*, & contra illinc hûc, distinctis vocibus ſermocinari potuiſſet: quòd ne alicui forſan incredibile videatur, ita oſtendo. Ponamus primò intercape-dinem *Tybur* inter & ROMAM communi hominum æſtima-tione 16. *milliarium*, id eſt, 16000. *paſſuum* cenſeri, ita totidem *paſſuum* aquæductum undique, & undique clauſum eſſe opor-tet, uti *figura* hic poſita monſtrat. Experientia quoque nos in Monte *Euſtachiano* docuit, tubi noſtri loquelam ad quin-que milliaria, ſeu quinque millia paſſuum ſpatium perceptam fuiſſe non per clauſi aquæductus tubum, ſed per liberrimi aë-ris Medium; unde facile cognoſci poterit, ad quot milliarium ſpacium quis articulata voce loqui poſſet, noſtri tubi beneficio, verbi gratia: ſi noſſe cupias ROMA *Tybur* uſque, quòd 16. *millia-rium* eſſe diximus, quanta vocis intenſione opus ſit, ut intra hoc ſpacium loquela ſuum ſortiatur effectum; ᵒˢⁱⁿᵘᵃᵘᵃᵗ oſtenda-mus. Certum itaque, exploratûmque habemus, ita ſeſe habere ſonum intenſum ad ſonum intenſiorem, uti ſe habet interca-pedo ad intercapedinem inter coſſequentes interjectam; hoc igitur pacto per regulam proportionum operabere: ſonus tubæ intenſus ut 4. reddit verba ad 5. *milliaria*, uti experimento com-pertum eſt, quid dabit ſonus intenſus ut 13? facta operatione prodibunt 16. *milliaria* ⅓ intra quod ſpacium ſonus articula-tus intenſus ut 13. percipi poſſet. Si quis verò, ad quot milliaria ſonus memoratus ſe extendere poſſit, ſcire velit, ſic aget: Dic ad 5. *milliaria* ſonus memoratus intenſus ut 4. percipitur; ad 16. *milliaria*, quàm intenſo ſono percipietur? facta operatione prodibit 16 ⅖ Hoc pacto quodlibet ſpacium & ſonum, ejuſ-que intenſionem invenire poteris, poſito, Intermedium ſem-per ab omni ventorum flatu liberum, & æqualis temperiei eſſe. Cùm itaque fieri poſſe jam demonſtratum ſit per libe-rum aërem ad remotiſſima ſpatia tranſmitti voces, quanto majorem is ſortietur effectum in aquæductu undique & nudi-que clauſo, & ad 16. *milliaria* extenſo? Cùm enim in eo voces non elabantur, neque placido & quieto aquæ fluxu utpote æquili-brato turbentur, neque aëris violentiam experiantur, certum eſt tubæ beneficio ſermocinationem nullo negotio *Tybur* inter & ROMAM inſtitui poſſe. Sed de hiſce plura in ſequentibus.

A.

Colloquiũ Romam inter & tybur ope aquæduct' inſtituen-dum.

Roma.

16. Milliaribus ſive 16000. paſſ.

Tybur.

B.

CAPUT

CAPUT V.

QUOMODO DUO AUT PLURES, IN RE-
motiori diſtantia in locis, ex quibus ſe videre non poſ-
ſunt; colloqui tamen ſibi mutuo queant.

Ujus rei experimentum ſumpſimus in *monte Euſtachiano;*
ſic autem operati ſumus: Sit mons N. in duas valles utrínque definens; ſitque ſpacium utriúſque ſtationis E F. 1200.
paſſuum; exiſtat autem *Titus* in loco vallis H. *Sempronius* in
loco G. ex quibus locis ſe videre nequeant; optarent tamen colloqui, quód; cùm niſi per reflexam vocem fieri non poſſit, ita opera-
buntur: Sit ad unum circiter milliare diſſitum O. objectum
phonocampticum, ſive murus O. è regione montis ad 1000. *paſſus*
diſſitus; dico *Sempronium* in loco G. exiſtentem, quidquid voluerit, per tubum L. in objectum murum O. directum, exiſtenti in
loco H. correſpondenti ſignificaturum.   Cùm enim tubus præ-
ciſe in O. murum objectum directus ſit, fiet, ut vox inde ſub
æqualitate angulorum reflexa, auribus *Titi* ſe ſiſtat in loco H.
conſiſtenti, etiamſi integro milliari à ſe invicem diſſiti unus alterum videre non poſſit.

Quomodo
duo ſe non
videntes
mediante
voce refle-
xâ collo-
qui poſ-
ſint.

COROL-

COROLLARIVM.

Hinc patet : Quomodo colloquium inter duos inftitui poffit, etiamfi fe videre nequeant, per vocem reflexam in muro aliquo, qui tamen ab utroque confpici poffit. Innumera hujufmodi inveniri poterunt. Verum ne nimium me detineam in pragmatia facillima; ingeniofo *Lectori* ea ad exercitium relinquenda cenfui.

CAPVT VI.

DE SONO TONITRVI, TORMENTORVM
bellicorum, & campanarum.

NULLUS in natura rerum fonitus vehementior auditus eft tonitrui fono, five is oriatur in aerea Regione, five in fubterraneis meatibus, terræ motuum prodromus formidabilis. Illum ad 24. *milliaria* per varia experimenta didici; Hunc etiam ad 60. *milliaria* audivi, quando Anno 1638. formidandis terræ motibus *Calabria* me præfentem inveni. Cùm enim Lopitii *Calabriorum* oppido in campis commorarer, fenfi fubinde *Strongylum Montem* incendio fævientem 60. *millia paffuum* inde diffitum, ingentes veluti mugitus quofdam edere, tantæ vehementiæ, ut ad 100. *millia paff.* facile audiri potuerint. Sed de hifce *Lector* confulat *Mundum Subterraneum.* Hunc fonum tonitrui proximè fequitur fonitus ex explofione tormentorum exortus. Quæ uti ex eadem caufa, quâ dictum tonitru, foni vehementiam acquirunt, ita quoque eam in remotiffima fpatia propagant; certè tum Tusculo tum Tybure explofio tormentorum Romæ facta, præfertim fi ventus faveat, percipitur. Neapoli, ex *Infula Caprina* 30. *millia* diffita tormentorum fonitum audiri, Indigenæ fatentur. Utrùm verò Gravelingæ in *Belgio* dictorum tormentorum explofio in *Anglia* audiri poffet, ut nonnulli teftantur; meritò fidem meam fufpendo, donec certiores teftes nancifcar. Potuit enim fieri, ut navium in alto mari explofiones factas audiverint. Hifce fuccedunt campanæ majores; cujufmodi Ecclefia B. V. in *Erfordia Urbe* prægrandem tenet, omnium, quæ in *Europa* fpectantur, maximam, de qua vide *tom. 1. Mufurgia noftra,*

(marginal notes:) Tonitru fonus quoufque fe extendat. — Sonus tormenti bellici quoufque.

Q   ubi

Campanæ grandioris quousque. ubi eam exactè defcripfimus. Hanc pro vario venti faventis difpofitione ad *24. millia* paffuum five *Italica milliaria* (quæ fex *leucas Germanicas* conficiunt) audiri, indigenæ narrant. Et forfan ad 10. *leucas* ejufdem fonus facilè propagaretur, fi vaftis murorum repagulis non inclufa libro aëri exponeretur. Si vera fint, quæ de Cornu ALEXANDRI *Magni* liber de fecretis dicti Regis refert, exercitum fuum ad 100. *ftadia* diffipatum coëgiffe, dicerem profectò, illud non minoris vehementiæ, quàm dictæ campanæ fonitum edidiffe. Sed jam de hifce fat in præcedentibus dictum fuit. Unum reftat hoc loco elucidandum, & eft. Cùm lux quafi inftantaneo motu fe diffundat, fonus autem fucceffivo, meritò quæri poteft : Quanto tempore fonus tardiùs poft vifam lucem ad aures aufcultantium perveniat? Et res in explofione tormentorum facilè obfervari poterit ope pendulorum, hoc pacto.

EXPERIMENTUM.

Quanto tempore fonus tardiùs ad audientem poft vifam lucem perveniat?

HAbeas pendulum præparatum, cujus unus diadromus five vibratio præcisè unum minutum temporis adæquat. Deinde fubito ubi accenfi pulveris ignem yideris, pendulum currere facias; quod & fono percepto mox firmes diligenter obfervando, quot vibrationes confecerit pendulum inter te & locum explofionis interjectum, habebis quantitatem fpacii, minutáque horarum.

Deinde fi juxta regulam proportionum, vibrationes in paffus, quibus tormentum bellicum à te diftat, refolveris, habebis diftantiam, quâ fonus luce tardiùs ad te pervenit. Si deinde paffus aut milliaria in horas aut minuta horarum refolveris, quot minutis horarum fonus ad te tardiùs pervenerit, reperies, verbi gratiâ : fi per obfervationem fedulam inveneris uni vibrationi penduli refpondere fpacium *100. paffuum*, habebis juxta regulam auream paffus, quibus fingulæ ordine naturali, vibrationes refpondent, hoc pacto 10. vibrationes refpondebunt *1000. paffibus*, id eft, uni *milliari Italico*, in quo conficiendo, fi unam $\frac{1}{4}$ horæ partem 15. minutis tribuas, habebis etiam temporis momenta, quo fonus tardiùs ad te perveniat. Quæ omnia ex hypothefi dicta fint.

Nam

Nam uti hucufque necdum decifum definitúmque eft , utrum fonus uniformiter , motu fuo procedat, an uniformiter difformiter. Vel quod idem eft , fecúndùm æqualia femper fpatia, aut inæqualia, minora femper & minora incrementa fpatiorum Intermedii progrediatur; ita nihil quoque certi pronunciari poteft : donec negotium valdè fubtile & lubricum per experientiam præcifius examinetur quod *Florentinam Academiam* jam reperiffe fcribitur. Sunt enim ut in præcedentibus diximus , innumera Intermedii impedimenta, quæ foni celeritati officere queunt: uti funt ventus, turbidus aër, vapores, pluviæ, quæ medium oppidò alterant. Sunt anni tempora, Hybernum, Æftivum , Vernum , Autumnale. Sunt fingulorum dierum tempora, Diurnum, Nocturnum, Matutinum, Serotinum, quæ cum differentes habeant conftitutiones, certè foni impulfum variè quoque alterare poffunt , & experientia fat fuperque nos docuit.

Sequuntur tandem fonorum producendorum organa , quæ fi rectè fecundùm noftram inftructionem confeceris; certè tormentorum bellicorum fonis illa minimè cedere ipfa praxi reperies, nil igitur reftat, quàm ut calamo admoto fabricas ordine defcribamus.

SECTIO VII.

SECTIO VII.

DE FABRICIS DIVERSORUM ORGA-
norum, ad producendum longiſsimè ſonum
aptè conſtruendis.

CAPUT I.

DE TVBI CONICI STRVCTVRA.

Ylindraceum Tubum ob cauſas ſupra dictas non ſervire ad ſermocinationem in remotiora loca per liberum aërem inſtituendam oſtendimus; Conicum itaque tubum ſub forma tubæ ſeligendum cenſuimus, cujus ſtructura varia eſſe poteſt. Nos ei lon-
Cylindraceus tubus ad ſonum inidoneus.gitudinem dedimus olim 21. *palm.* poſteà 15. ſolummodò *palmor.* ne machina in nimiam molem, & intractabilem evadat; illa enim 21. *palm.* longa, fixa erat, interrogationibus, reſponſiſque dandis apta, ut ſuprà in *Præfatione* expoſuimus. Tuba itaque 15. *palmorum* longa, ad deſideratum effectum ſufficiet, præſertim cum intenſio vocis clamantium, longitudinis defectum facilè ſupplere poſsit. Orificium parvum ori applicando deſtinatum $\frac{1}{4}$ *palmi* obtineat, ita tamen per labra ſua accommodatum, ut os commodè inſeri poſsit, & vox non elabi, dum quis loquitur; in longitudine verò proportionali amplitudinis incremento creſcat, per 13. circiter palmoſuſque ad radicem orificij majoris repandi, quod ſoni emiſsioni, diffuſionique deſtinatur, ut in *figura folii* 117. apparet.   Notare tamen Lectorem velim, hanc tubam ex varia materia confici poſſe pro varia uſûs ratione; Si enim per liberum aërem inſtituenda ſit operatio, ferreis, æneis, ligneis laminis conſtare debet; Sint autem laminæ ex dictis materiis aſſumptæ ad inſignem lævorem politæ, & in exactam rotunditatis formam reductæ, omni ſcrabritie proſcriptâ; dici enim vix poteſt, quantùm hujuſmodi ſcrabrities propagationem vocis impediat. Solent autem ferè omnes hujuſmodi tubæ hodie in quatuor, aut quinque partes ut plurimùm dividi, eo fine, ut una alteri ad commodita-

tem

tem inferta, & in debitam longitudinem protracta, defideratum effectum fortiatur; longâ enim experientiâ doctus obfervavi, nifi partes partibus ritè coaptentur, Phonurgum fine fuo defraudatum iri; Accedit, ut poftea declarabitur, quòd fi refponfio folâ voce danda fit, certum eft, negotium non fucceffurum, cùm fonus in partium coagmentatarum commiffuras illifus, plurimùm de vi & efficaciâ fuâ deperdat; Si qûis verò tubas hujufmodi aût muro, aut etiam cubiculis immobiles inferere defideraret, is vel faxo vivo excifas, & propè lævigatas, aut ex ferreis laminis conftructas, deinde pice liquefacto intus illitas, optimo rem fucceffu conficiet; Nam in conica concavi fuperficie pice, aut gummeo liquore priùs quàm optimè lævigata, expolitáque foni fine ullo obftaculo propagari in locum conftitutum poffunt.

Impedit fonum feparatio partium tubi.

CAPUT II.

DE TUBIS ITA ACCOMMODANDIS, UT fine altera tuba, folâ voce quis ad quæfita refpondere poffit.

DUO in hujufmodi tubis defectus occurrunt; primus eft, quòd ad quæfita fine alterius tubæ beneficio, refponfum dari non poffit. Alter eft, quòd nihil arcanum, aut quod maximè intenditur, fecretum conceptis verbis alteri per tubam communicari poffit, quod non omnes in medio fpacio à termino *à quo*, *ad quem* conftituti intelligant, ita ut hujufmodi inftrumentum in bellicis magni momenti negotijs, ufui effe non poffit. Hujufmodi defectum olim recognofcens, nunquam dictam ob caufam propofitos tubos magni feci, fed ita accommodandos cenfui, ut & fine altera tuba refponfum daretur, & nemo nifi in cubiculo conftitutus, quæ dicerentur, intelligeret, de quibus in fequentibus fufior dabitur dicendi materia; hoc folummodo exponendum exiftimavi, quomodo tuba ita præparari poffit, ut quifpiam fine alterius tubæ ope, folâ voce ad quæfita refpondere queat.

Dubium nulli effe debet, quin per eandem tubam, per quam fermocinatio fit, refponfum quis accipere poffit, quod expe-

experientiâ jam dudum mihi innotuit. Dico itaque, quod ad
hóc præstandum, confideranda funt: *Primò* diftantia, five terminus *ad quem: Secundò* præcifa tubi directio fecundùm lineæ
phonicæ extenfionem, ex termino *à quo*, ad terminum *ad quem:*
Tertiò tempus opportunum, ab omni aëris perturbatione liberum & immune: *Quartò* intenfio vocis major in refpondente.

Diftantia juxta ea, quæ paulò fuprà diximus, priùs expendenda
eft, deinde intenfio vocis per tubam loquentis. Sit verbi gratiâ:
diftantia loci 2. *milliarium*, & intenfio vocis ab ordinario, & confueto modo loquendi, fit ut 3. ponetur regula hoc pacto: 2. *mil-*
liaria requirunt vocis intenfionem per tubam ut 1. *tria milliaria*
quantam vocis intenfionem requirunt? & operatione peracta, habebis vocis intenfionem ut 1 $\frac{1}{2}$ & fic de cæteris; quamvis autem
non præcisè hanc regulam fervandam putem, cùm quælibet vox
elatior, & vehementior eâ, quæ per tubum fit, ad percipienda re-
fponfa loquentis abfque altera tuba, fed fola voce, ut dixi fortiori
fufficiat: *Ratio eft*, quod tubæ fonus eadem proportione feratur
in objectum per collectarum intra tubum fpecierum audibilium
diffufionem, quâ vox grandior per medium aëris; quæ mox ubi
orificium tubi inciderit, ibidem multiplicata, tandem integris
verborum conceptibus, auribus Phonurgi accidet, præfertim fi
aures ad os ftrictiùs applicuerit; quicquid enim recipitur per modum recipientis recipitur, quod in Monte *Euftachiano* multiplici
experientia vocum comperimus: Sed res exemplo patebit.

Sint colloquentes *Sempronius*, & *Titius*; Tuba, quâ corre-
fpondenti loqui vis, A B. Sit locus feu terminus *ad quem* C. ftet
Titius correfpondens præcisè in loco I. fitque in hoc puncto præcisè directa tuba A B. per lineam axis phonici A I. Dico *Titium*
ftantem in I. voce paulò grandiori intonantem in A. à *Sempro-*
nio, auribus tamen ad orificium A. probè applicatis; auditum iri,
vocis enim fpecies ex A. per tubum diffufæ ad tubam B A. con-
verfo modo, eademque celeritate redibunt, quâ per tubum A B.
profufæ fuerunt; dixi dummodò fortiori voce utatur *Titius*, &
tempore opportuno, & tranquillo: Nam aëre turbido, & inju-
riis temporis aggravato nihil fieri, jam in tubis fat fuperque comprobatum fuit: Oportet itaque refpondentem paulò fortiori voce
uti, ut ruptis Medii obftaculis, fpecies fonoræ ad tubam B A. li-

berius transmeare queant, quam ubi pertigerint, illæ mox intra
tubum auctæ quàm limpidissimè se auribus ad orificium A. applicatis sistunt *Sempronio* ; nam vox grandior defectum alterius
tubæ facilè in transmissione specierum supplebit. Ad tempus
quod attinet; Ego sanè nocturni temporis quietum, serenum, tran-
quillúmque statum huic negotio maximè congruum, opportu-
númque existimo; & ne taceam illud, quod non parum ad rem
conducet; videlicet, si tubæ orificium B. paulò ampliori umbone
constiterit, uti experientia frequens nos docuit. Atque hoc pacto,
quispiam sine alterius tubæ adjutorio, responsa sola voce dare
poterit.

Quomodo verò tubæ acusticæ ita constituendæ sint, ut arcana
consilia sibi mutuò communicari possint, ut nemine in intermediis spaciis existente, qui, quæ dicantur, intelligat, in sequentibus
docebimus; Nam hujusmodi tubæ, quæ sola voce responsum Qua arte
accipiunt, meliorem effectum sortiuntur, quando fixæ, & sta- secretò per
tubū quis-
biles per aliud cubiculum, in intimum alterius cubiculi recessum piam col-
insertæ ducuntur, uti Ego per multos annos in meo cubiculo cum loqui pos-
stupore, & admiratione audientium expertus sum. sit.

CAPUT

CAPUT III.

DE MVLTIPLICI AVGMENTO SONI IN dictis Tubis, sive de Tubis prodigiosi soni, variisq; speciebus, & formis eorum.

CErtum est, & experientiâ à me compertum, tubæ hujusmodi simplicis, 15. verb. gr. palmorum longæ sonum cæteroquin validum in immensum multiplicari posse, ita ut qui primò voce sua pertingebat ad 2. 3. aut 4. *milliaria*, modò ad 15. aut etiam 20. *milliaria* propagetur. Quomodo verò hoc fieri possit, primo de differentibus tubarum formis agam, deinde de augmento per appositoria instrumenta iis dando.

DE TVBA SPHOERICA.

Sphœrica Tuba idem ac globus concavus est. Si quis igitur globum fieri curaret, diametro 10. aut 15. *palmorum*, sicuti de cornu ALEXANDRI *Magni* in sequentibus dicemus, is haud dubiè immensam soni multiplicationem efficeret, uti ex propositione patuit ; Sonus enim in concavo majorem vim acquireret propter immensam vocis reflexionem in eo factam, quàm in directa tuba, quâ simplex soni diffusio fit. Sit globus Sphœricus A. os intonationi destinatum B. & alterum orificium in amplium uimbonem repandum C. fiet, ut vox quæpiam insonata in quot puncta Sphœræ superficiei concavæ illidet, tot reflexiones fundat, quæ deinde in circulos sese dilatantes ingenti fremore per C. diffundentur. Sed hæc melius *Lector* ex præsenti *figura* percipiet, quàm Ego multis verbis describere queam.

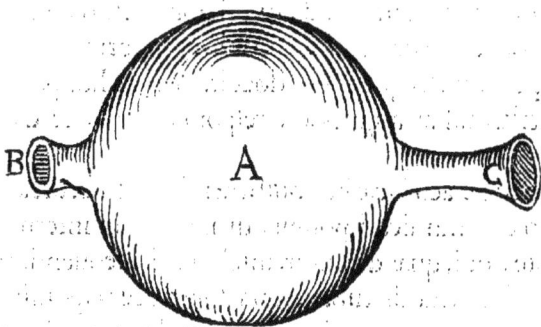

CAPUT

CAPUT IV.

DE TVBO ELLIPTICO.

Uid Ellipfis fit, & quid Ellipticus tubus, in præcedentibus
expofitum fuit ; quomodo verò defcribatur hujufmodi figura, pariter *fectione* I. docuimus. Habet autem hæc figura
in majori diametro duo puncta ex comparatione dicta, quæ &
foci dicuntur, quòd quemadmodum omnes radiofæ folis lineæ in
hifce duobus punctis unitæ, ad ignem fuccendendum maximam,
& mirificam vim obtinent, ita reflexio linearum phonicarum in iis
facta & unita, præ omnibus aliis, majorem in fono multiplicando
vim acquirit. Sed explicemus propofitum.

Sit Ellipfis præfens C E F D. puncta focorum ex comparatione facta A B. Dico, vo: s ex puncta A.
vel B. prolatas ad circumferentiam ellipticam ibidem innumeris vocis reflexionibus unitum iri in puncto B. Hoc
pacto vox reflexa in O. hinc reflectetur
in B. iterum ex A. in V. & hinc in B.
iterum ex S. & T. in B. & hoc pacto ex
fingulis punctis circumferentiæ ellipticæ C E F D. fient reflexiones, quæ non
unientur nifi in B. vel ex B. in A. ubi
fiet vehemens & validiffima foni multiplicatio; Cùm verò in omnibus ellipticis figuris, five acutis, five obtufis , eadem fit reflexionis proprietas, fieri poteft,
una tuba decem, aut plurium palmorum
longa fub Elliptica figura comprehenfa,
ex quacunque materia, cùjus foci fint:
A B. & habebis tubam mirificâ fonorum multiplicatione auctam, uti *præfens*
figura docet, præfertim fi à perito arti-
ficè conficiatur: Difficile enim eft, metallicæ materiæ tam exactam figuram
ellipticam inducere, præfertim fi quis portatilem effe velit: facilius
negotium perficietur, fi per formam Ellipfioplaftam, quam fupra

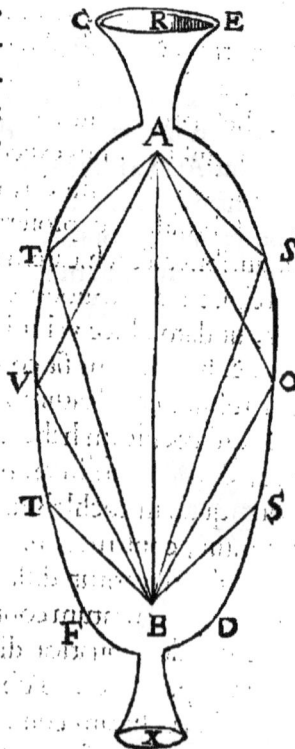

R expli-

explicuimus, tubæ formám in gypfum introduxerit; Res, fateor, ingenio, & folertiâ præditum artificem requirit, quòd fi ritè perfecerit, quantum virtutis, & efficaciæ acquirat, ipfe mirabitur, cùm vel minima vox, & pænè infenfibilis, orificio X. infuffurrata in R. jam grandem experiatur, correfpondens, grandiori verò voce infonata tubo, talem ftrepitum excitabit, qui vel ad complura milliaria fe fenfibilem reddet.

CAPUT V.

DE TUBO COCHLEATO.

Uis fit tubus cochleatus, quid cochlea, jam fæpiùs dictum fuit; fed in gratiam *Lectoris* repetamus definitionem. Tubus cochleatus nihil aliud eft, quàm tubus in cochleam contortus; & eft duplex: Cylindraceus, & Conicus: Cylindraceus eft, qui cochlidem femper conformem habet; & inter latera axi parallela conftitutum, cujufmodi ferè funt omnes fchalæ cochleares in quibus id nos experientia perfrequens docuit: quòd nemo in imo cochlidis fundo, ore ad cochlearem fuperficiem applicato tam fubmiffa voce proferre poffit, quòd in fupremo cochlidis abfide auribus ad cochlearem fuperficiem applicatis correfpondens non percipiat: Dummodo cochlearis fuperficies ita leviter continuetur, ut dato obice vel minimo à propagatione foni non impediatur, & hoc dictum fit contra eos, qui inexperti dubitant, utrum per tubum cochleatum articulata vox propagari poffit. Conicus eft, qui cochleam habet ex arcto; proportionali incremento femper, & continuò in amplius fpatium evolutam, ad naturæ ectypon, quod in cochleis limacum, vel meliùs buccinis marinis exprimitur, conftructam. Tubus cochleæ-cylindraceus in fabrica fua nullam patitur difficultatem: Sufficit enim, cylindrum in cochlearem meatum contorquere, uti fit in Machina *Archimedea*, quæ cochlea aquatica dicitur, cujus differentes formæ in meo Mufæo fpectantur. Tubus verò conicus cochlearis eft, quando tubus in cochleam conicè, uti paulò ante dictum fuit, id eft, ex arcto in amplius femper fpatium, uti in buccinis marinis fit, contorquetur; atque hujus fabrica folers requirit magifterium, & folers ingenium, ut eum fub debita amplitudinis, latitudinífque

propor-

proportione, cum pari superficiei intrinsecæ lævore expolitum construat. *Figura* utriusque varia sequitur.

Tubus Cochleatus.

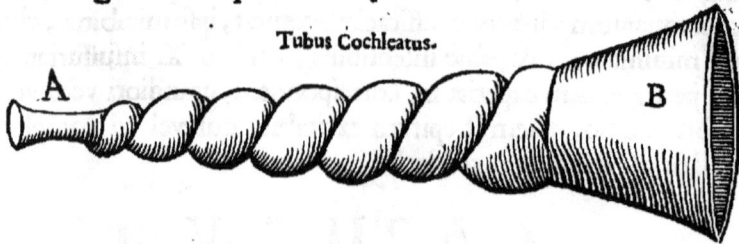

Hic Tubus cochleatus meritò omnium aliorum Tuborum vim, & efficaciam, ob infinitam quandam vocis ex omnibus punctis cochlidis in omnia ejusdem puncta reflexæ multiplicationem, superat, & in fortissimo buccinæ Marinæ sonitu luculenter patet. Si itaque in exiguis buccinæ gyris tantùm possit sonus, quantùm in tubo jam præscripto? Potissimùm, cùm in præcedentibus jam demonstraverimus, cochlidem nescio quid parabolicæ *figuræ* intra helicem superficiem exprimere vocis mirum in modum augmentativam.

CAPUT VI.

DE TUBIS QUI SOLUMMODO SONUM VEHEmentem, *sed articulatam vocem dare non possunt.*

SUnt nonnulli Tubi, qui sonum quidem validissimum in plurima milliaria sese extendentem, sine ulla tamen articulatæ vocis propagatione, efficere possunt, hujusmodi sunt: Tubæ militares, buccinæ, & classicæ Tibiæ, quos cornettos vocant; Tympana, & omnia illa Tubariorum, uti eos FRONTINUS vocat, Tybicinum, Cornicinúmque instrumenta, ex quibus non nisi violenta oris, labiorúmque contorsione sonitum elicias per *Salpingium,* ita enim imposterum vocabimus orificium illorum instrumentorum, quo militares utuntur Phonurgi, germanicè: **Das Mundstuck/** quod in tubis, & cornibus inseparabile est, in aliis separabile, & nunc alio & alio impositum instrumento. *His positis:* jam videamus, quam vim, & efficaciam habeant hujusmodi instrumenta.

CAPUT

CAPUT VII.

DE·IMMENSA SONORUM MULTIPLI-
catione in instrumentis hucúsque expositis, per solam imposi-
tionem, seu insertionem organorum ordine ex-
ponendorum.

§. I.

DE CORNU ALEXANDRI MAGNI.

Guntur jam complura lustra, quibus in *Bibliotheca
Vaticana*, hieroglyphicum agens *Oedipum*, casu in-
ciderem in librum, cui titulus erat: *Secreta* Aristo-
telis *ad* Alexandrum *Magnum*; ubi inter cætera
de Cornu prodigioso Alexandri *Magni*, hæc leguntur: Faciebat hoc cornu adeò vehementem sonum, ut eo exercitum suum
ad centum stadia (quorum octo, unum milliare Italicum conficiunt) dispersum, convocàsse perhibeatur : habebat autem, ut libellus monstrat, quinque cubitos in diametro ; & fulcri suspen-
debatur annulo, uti Ego reor, cujus tamen figuram non describit.
Figuram hìc appono, prout in dicto Libello impressam reperi, cum

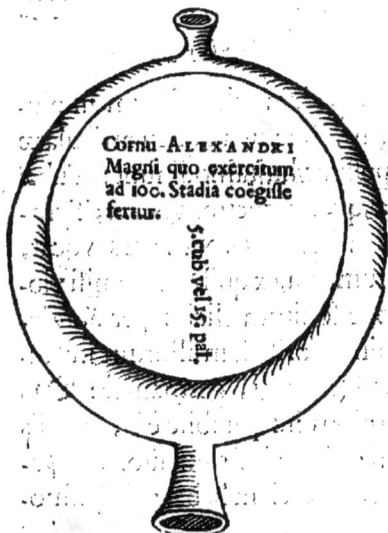

Cornu Alexandri
Magni quo exercitum
ad 100. Stadia coegisse
fertur.

S. cub. vel 15. ped.

Epigraphe: *Cornu* Alexandri
Magni. Et quamvis hucusq;
ejus experientiam non fecerim,
rationes tamen phonicæ monstrant, id necessariò ingentem,
& formidandum sonitum ex-
citàsse, tum ob magnitudinem
Machinæ, tum ob infinitas,
quas in intimæ superficiei curvitate faciebat, vocis reflexiones : Nam perfrequens experientia vel à puero me docuit,
Bubulcos, seu pastores vac-
carum in *Germania*, bovinis
cornibus uti, quæ tantum sonum excitant, ut ad millia, &

amplius passuum facile audiri possint.   Est & hoc admiratione
dignum

Fig. I.

Fig. II.

Fig. III.

dignum, quòd ubi oppidum aliquod ingreſſi cornu ſonuerint, ſtatim vaccæ relictis ſtabulis ſonitu cornu excitatæ, & ad ejuſdem
ſonitum jam aſſuefactæ, ad paſcua ſine alia domeſticorum ſolli-
citatione egredian-
tur; & ſono cornu
dato circa Veſperum
eodem ordine quæ-
libet domum ſuam,
quam manè relique-
rat, ſuaptè ſpontè re-
petat.   Cùm itaque Cornu ALEXANDRI *Magni* ſonum ſuum
vel ultrà centum ſtadia extenderit, vaccinum verò ingentem ſtrepitum ad unum atque alterum milliare excitet; quis neget, argu-
mentando à majori ad minus, Cornu ALEXANDRI *Magni* uti
in machina mole majori, ita quoque vehementiſſimum ſonum
excitâſſe; neque abſque ratione; Cùm enim quinque cubitos, ſive
15. *palmos* habuerit in circuitu, neceſſariò illud juxta proportionem diametri ad circumferentiam 45. *palmis* præter-propter con-
ſtiterit: Quomodò verò illud manibus tenere valuerit Phonurgus, num pendulum fuerit, Libellus non refert: Nobis hic modus occurrit; & dicimus inſtrumentum ſupra fulcrum tripedale
plicabile S T V. annulo ſuſpenſum fuiſſe, & in omnem partem
pro plaga, in quam id dirigere intendebat, verſatile fuiſſe, uti
figura hìc appoſita demonſtrat.   Quicquid ſit, pro certo tenemus,
quòd ſi quis medietatem hujuſmodi cornu in decem palmos extenderet, uti cornu A B C D. monſtrat; Dico illud, ſi non majorem, ſaltem haud inæqualem, vel etiam diſtinctiorem ſonitum
excitaturum; certum enim eſt, in priori ſpecies phonicas non tam
integrè, & ſincerè ob nimiam ſpecierum phonicarum confuſio-
nem, quod in hoc cornu dimidiato non ſit, exituras; quamvis non
negem, in cornu ALEXANDRI ſonum ad orificium repandum, ob
linearum phonicarum utrimque unitarum occurſum in ſpatio I.
duplò fuiſſe validiorem, cornu A B C D. jam expoſito, quamvis
non cum illa, quàm dixi, rectitudine.

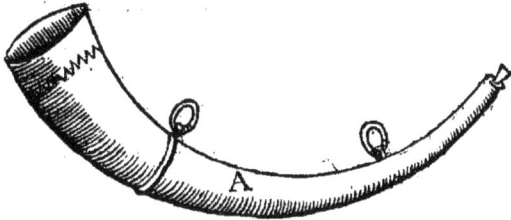

COROLLARIVM I.

Scias Lector : Cornu cochleatum, quòd novum eſt cornu genus;

nus; incredibili augmento fonum propagare, ob infinitas foni reflexiones, quas in cochleatis meatibus efficit, fabrica ejus folertem artificem requirit; in ufu practico Phonurgus ita inftrumentum dirigere debet, ut orificium A. voces infufurratas per B. rectà in deftinata loca tranfmittat.

Si igitur cornu hoc ALEXANDRI, in turbinem cochleatum conftrueretur, prout in *figura 3.* apparet, haud dubiè fupra, quàm dici poffit, id foni vehementiam effet excitaturum, vel ad *20. milliaria* propagaturum.

COROLLARIVM II.

Exhibent nobis tum facræ, tum profanæ Hiftoriæ, *Hebræos* veteres in bellis, tubis in varias helices lineas contortis, ufos fuiffe, quemadmodum in Monumentis veterum *Hebræorum* videre eft; fed & *Romanos* fimilibus tubis tum in prœlio, tum in Triumphis ufos fuiffe, vetera Antiquitatum Monumenta, Sepulchra, Triumphi monftrant; hafce enim magnum ftrepitum excitâffe, nulli dubium effe debet; quibus & Poftarii, etfi fub minori forma, uti folent. Quéis etiam vel remotiffimè diffiti Poftarum hofpitio fe vicinos effe, fonitu fignificent. Sed hæc notiora funt, quàm ut amplius defcribi debeant.

§. II.

DE TVBO TYMPANITE.

NEMO nefcit, tympanum bellicum vehementem fonum, ad magnum fpatium perceptibilem edere, quem fi quis ad fummum augere velit, fic operabitur: Fiat canalis decem palmorum cylindricus, trium palmorum in diametro, quem uti in ufitatis tympanis fieri affolet, ab una parte confueti animalis pelle vefties, & hinc ad 4. aut 5. *palmos* iterum aliam illi pellem; haud fecus ac in tympanis communibus, induces, deinde continuato vel cylindro, vel cono ad 5. 6. aut 7. *palmos* canalis in repandum orificium definat, chordis quoque fuperficiem totam confueto more adftringes, & mirificum tympanum omnibus numeris abfolutum obtinebis; tympanifta illud fubtilibus fulcris impofitum plecteris mox ubi tutuderit, fonus toti canali communicatus, immenfum

ftrepitum

ſtrepitum in vaſtiſſima ſpacia ſeſe extendentem, cum ſtupore audientium dabit, quia ſonus percuſſoris ſtatim in altera pelle gemi-
natus, deinde per reliquam totius canalis molem propagatus, &
chordas tympani & conſequenter tubum tremefaciet, unde multiplici ſonorum tremoriſque augmento, in vaſtiſſima ſpacia ſtrepitus propagabitur: Rationes jam ex ſupra demonſtratis luculenter
patent. Sed *figuram* apponamus, ex qua *Lector* ſenſum meum

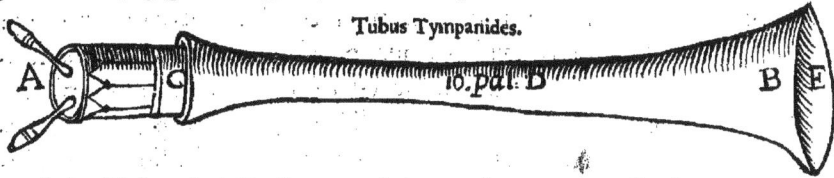

Tubus Tympanides.

percipiet. Tuba eſt A B. decem palmorum longa, A. refert in tympano ſuperiorem pellem, C. inferiorem; ſonus D. communicat
ſonum ⁊ C. ſonus per reliquum tubi C D E. propagatus ſtrepitum immodico tumultu augebit, & per orificium repandum A D
E. in longiſſima terrarum ſpacia diffuſum propagabit, cujus augmentum plurimùm augebit tremor tympani per chordas reſtricti,
uti in præcedentibus oſtendimus.

§. III.
DE TUBO SERPENTINO.

ESt hoc inſtrumentum valdè uſitatum in *Gallia*, quod vulgo
(*ſerpent*) vocant, & ſat vehementem ſonum edit voci baſſæ
oppidò congruum & opportunum, habet id in longitudine *3. palm.*
quòd ſi illud ad *10. aut 15. palmos* diſtenderetur, non dubito quin
id ſonum æqualem cum tubi cochleati ſono ſit editurum.

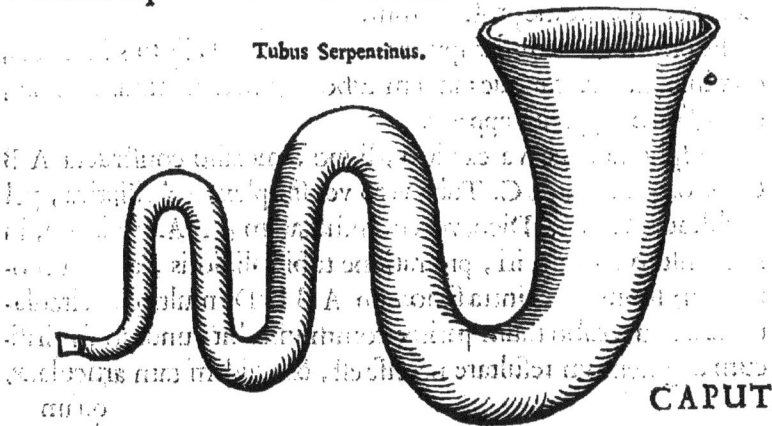

Tubus Serpentinus.

CAPUT

CAPUT VIII.

DE AUGMENTO AUDIBILIUM SPECIERUM
per varia instrumenta orificio Tubi, cujuscunque tandem
forma fuerit, applicata dando.

Quemadmodum lumen lumini additum, illud pro ratione
appositi alterius luminis mirificè auget; quæ ut explicem:
Sit lampas quæpiam, quæ proximum parietem plenè illu-
minet; si lampas tubo inclusa accesserit, illa per actinobolismi, sive
luminosæ radiationis unionem, dictum parietem plenius illumi-
nabit; si prætexeà speculum concavum lampadi, situ proportionato præposueris, videbis parietem uná cum figuris ei inscriptis,
quàm plenissimè illuminatum iri, quemadmodum in 10. *libro*
Artis magna Lucis & Umbra, de Lucerna Magica adornanda fusè docuimus.

Quod itaque de luminis augmento dictum est, de augmento
soni intra tubos coarctati pariter dictum velim, cùm soni radiosæ
species, luminis actinobolismos in omnibus perfectè imitentur,
uti in præcedentibus dictum fuit. Loquor autem hîc de sono tantùm inarticulato in quotvis spatium propagando, quo postea etiam
loco inarticulatæ vocis, per ipsum sonum, quæcunque volueris secretò correspondenti manifestare queas. Sunt autem varii modi
& rationes sonum in immensum multiplicandi: Et sunt primò
quædam instrumenta vehementioris soni, quæ tubis jam in præcedentibus expositis applicata desideratum ἀκαστικὸν sortiuntur effectum; quæ ordine prosequemur.

Et primò quidem fiat sphœra concava, orificiis suis instructa,
quæ inseratur cuicunque tandem tubo, in præcedentibus exposito,
ut in *figura* supposita apparet.

Sit sphœra concava ex vitro, ligno, metallo constructa A B
C D. orificia sint A C. Tuba verò vel simplex, vel elliptica, vel
cochleata, C G H. Dico, vocem insufflatam per A. orificium, in
immensum auctum iri, pro ratione tubi validioris, aut debilio-
ris soni; sonus enim intra sphœram A B C D. multiplici circula-
tione auctus, tubo suum pariter communicabit, unde soni mirificum augmentum resultare necesse est, & quidem tam articulatæ,

quàm

quàm inarticulatæ vocis pronunciationi aptum, & idoneum.

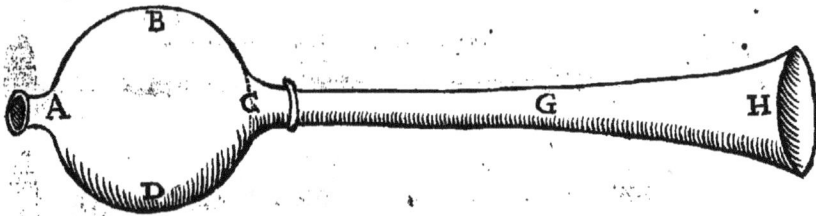

Secundò. Si hujuſmodi jam dictis Tubis vel ſalpingium, id eſt, orificium tubæ bellicæ ſimile, vel ipſam tubam inſerueris, *uti figura* A. monſtrat, & Phonurgus oris labiorúmque contortorum flatu tubam inſonuerit, non eſt dubium, quin formidandum ſonum cum ſtupore & admiratione omnium præſentium ſit excitaturus; ſi enim tuba ordinaria in tam remotum ſpatium vel ad mille paſſus tam facilè percipiatur, ad quantum ſpatium putas ſe extenſurum ſonum, tubo jam cæteroquin ad ſonum multiplicandum valido, communicatum.

Tertiò. Sunt vaſa in ellipticam *figur.* elaborata, *ut fig.* B. docet, quæ cuicunq; tubo applicata mirum in modum ſonum intenſum augmentabunt; quod idem buccina marina C. tubo applicata, aut cornu bubulcorum D. in ſonum animata inſtrumenta præſtabunt. Verùm cùm ea ſagaci *Lectori* ampliùs expendenda relinquam, eadem non tam recenſenda, quàm inſinuanda tantùm cenſui.

CAPUT IX·

DE SECRETO PERSONUM INARTICULATUM
alteri correſpondenti ſignificando.

Tubi hucúſque allati in propatulo ſunt, & ab omnibus paſſim, quæ elatà voce inſuſurrantur, intelligi poſſunt, unde multi jam à me contenderunt, quomodo in ea ſpacia, ad quæ vox articulata pertingere non valet, per ipſum ſonitum expoſitorum inſtrumentorum, occulta animi ſenſa alteri pandi poſſint, ut ſonum quidem percipiant cuncti, quid verò ſonus velit, neſciant. Res ſanè magni momenti eſt in bellicis tumultibus. Quid enim magis conſentaneum, imò neceſſarium eſt, id ſono,

quod

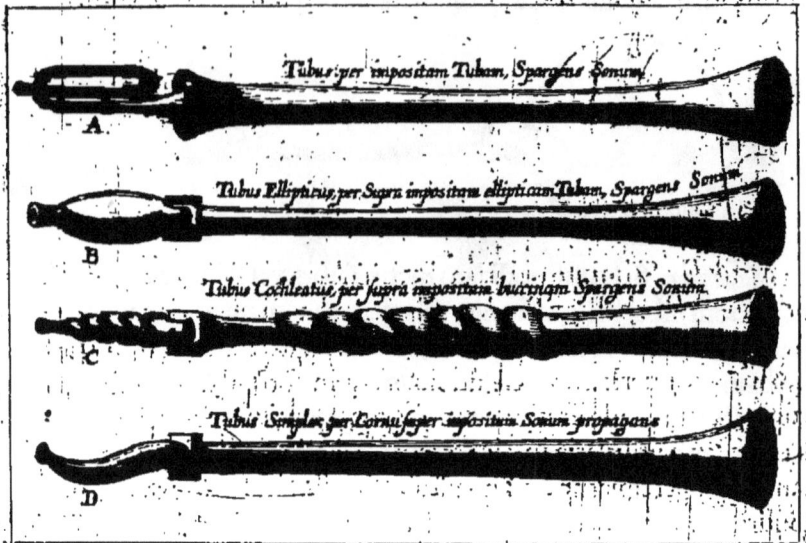

Tubus per impositam Tubam, Spargens Sonum.

A

Tubus Ellipticus, per Supra impositam ellipticam Tubam, Spargens Sonum.

B

Tubus Cochleatus, per supra impositam buccinam Spargens Sonum.

C

Tubus Simplex, per Cornu super impositum Sonum propagans.

D

Stratage-
ma , quo
Turca-
rum exer-
citus con-
fternari
poteſt.

quod fine litteris tutò non poſſis alteri ſignificare, præſertim dum
hoſtiles exercitus per exploratores, amico exercitui intermiſcentur.
Serviunt itaque hujuſmodi vehementioris ſoni tubi , non ſolùm
ad congregandos , uniendósque exercitus , ſed & ad occulta
Archiſtrategi conſilia per ſimilem ſonum , ſuis Miniſtris, Duci-
búſque indicanda ſerviunt , & ad Turcarum exercitus, conceptis
priùs in Arabica vel Turcicâ linguâ verbis inſonatis, conſternen-
dos , fugandósque eos, dum ſonum, veluti cœlitùs emiſſum audiunt, unde verò proveniat, ignorent.   Multa ſimilia uſu hujuſmodi tuborum præſtari poterunt , quæ executioni danda com-
mitto ijs, quorum intereſt.   Nos jam ad id, quod initio oſtendendum promiſeramus, videlicet ad Cryptologiam phonicam procedamus.

Innumeræ rationes & modi à diverſis traduntur ſecreta animi conſilia communicandi alteri , quos quàm fuſiſſimè in *tertio
Syntagmate Polygraphiæ Univerſalis* deſcripſimus : Quibus tamen hoc loco omiſſis, ea ſolummodò, quæ ad arcana per ſonos
remotè diſſitis, communicanda pertinent, demonſtremus.

Notandum itaque nimis operoſum futurum, ſi res per litteras
Alphabeti, uti quidam faciunt, peragatur; cùm vel intra horam
                                                                non

non nisi paucula verba, ob multitudinem operationum transmitti possint, & res quoque ingentibus erroribus exposita sit. Requiritur itaque modus quidam facilis, & practicus, quo negotium magni momenti expediri possit, quem nos hic proponimus, non quidem universalem, sed qui bellicis solummodò negotijs expediendis subserviat. verb. gr. Obsidione cincti, hæc poterunt petere. : *ut sequitur.*

In Vrbe vel Arce obsessorum petitio.	Responsio.
1. *Obsidione strictâ cingimur.*	1. *Resistite, & succurremus.*
2. { *Pulvis pyrius deficit.* *Exigua annona nobis superest.* *Milites occisione deficiunt, infirmantur.*	2. *Pulverem per flumen mandabimus, uti & annonam, & milites.*
3. *Hostis cras parat assaltum.*	3. *Impediemus, hostem retro adorituri.*
4. *Nisi eum impediatis, ad pacta veniendum.*	4. *Differte pactum, donec succurramus.*
5. *Nos ultra octo dies non possumus durare.*	5. *Sustinete, quantùm poteritis, & subveniemus.*
6. *Cives trepidant, & nolunt pugnare.*	6. *Rebelles, ubi advenerimus, luent.*
7. *Judicant omnes, pacto dedendam Vrbem.*	7. *Si aliud non potestis, accordate bonis conditionibus.*

Modum tantùm hîc ostendo, quo procedendum est in hoc negotio. Potest autem quilibet Capitaneus plura ejusmodi in puncta per numeros disponere, ex quibus ex utrâque parte interrogatio & responsio detur. v. g. Si obsidione cinguntur, ut primum punctum ostendit, tunc tubo phonico unus tantùm vehementioris soni stridor detur, & facilè amicus exercitus sensum intelliget. Si pulvis, annona, & milites deficient, bis tubum insonabunt protensâ voce. Si hostis parat assaltum, tertiò per tubum dabunt sonum, & sic de cæteris, usque ad 7. ubi tubi 7 continuatis vocibus, an pacto accordandum, sono monebuntur. Re-

sponsio

sponsio danda per eosdem numeros ordine dispositos. verb. gr. Si obsessi audierint duos sonos tubi interruptos intelligent, succurrendum, & sic de cæteris. Atque hunc ego meliorem, & faciliorem modum, negotium cryptologiæ phonicæ instituendi, existimo.

COROLLARIVM.

Hinc sequitur: Quomodo in Insula quapiam, cujusmodi *Sicilia, Sardinia, Melita*, & similes esse possent, quicquid in mari circumfluo (sive Turcarum, sive Pyratarum excursiones spectes) hostilitatis occurrerit; sibi non signis mutis, sed vivis vocibus per hujusmodi instrumenta acustica ex turribus seu speculis, sibi invicem significare possent. Audivi enim & vidi proprijs oculis, in littore maris *Siculi* frequentissimas hujusmodi speculas non nisi ad 3. aut ad summum 5. milliaribus dissitas; cujus rei causam cùm quæsissem; responderunt Nautæ; Has esse eo fine ita sibi vicinas exstructas, ut, si hostiles naves adverterint in turribus vigiles; tunc hinc reliquarum ordine turrium vigiles de hostis adventu; per fumum interdiu, noctu verò per ignem moneant; atque hoc pacto, toti Insulæ, per paucas horas circumcirca, quid in mari geratur, significant. Verùm ut res luculentiùs pateat; hic opportunè totius *Insula Sicilia* ambitum unacùm turribus & speculis exhibendum censui.

Sit *Insula Triquetra*, seu *Trinacria, Sicilia* inquam, A B C. tribus terminata promontorijs, quocum priùs A. *Lylibaum*; alterum B. *Pelorum*; Tertium C. *Pachinum* à Geographis dicitur. Turres verò quibus Insula circumdatur, sunt notæ. O. 3. 4. aut ad summum 5. *milliaribus* dissitæ: Hisce igitur præmissis; vigiles, qui ad *Pelorum Pharo* præsident; si amicas naves observârint; immotum ignis lebetem, pice & resina confertum accensúmq; monstrant, quod securitatis signum est, si verò hostiles naves viderint, ignem toties elevant, & deprimunt, aut velo contegunt, quot naves observârint; hoc pacto ex turri ad turrim, & hinc ad reliquas ordine sequentes signa dant, donec intra paucas horas hujusmodi signis universæ *Sicilia* rei eventum exposuerint, quod & in alijs locis fieri audivi. Verumtamen hoc meliùs fieri posse per nostros tubos fortioris soni, nemo non videt; Siquidem

non

non signis mutis, cujusmodi fumus & ignis sunt; sed per vivas voces de turri ad turrim, omnes circumstantias hostilis classis, annunciare possint, hoc verborum tenore:

Videmus in Mari Liparitano nobis vicino, 12. naves aut triremes, quid pratendant, aut quid machinentur, nescimus, state itaq; prompti; ut si quid attentaverint, illis selectâ militum copiâ è vicinis oppidis accitâ, obviare possitis, & vim vi repellere.

Formula, quâ vigiles ex turribus per œubum circumcinis locis hostis adventum indicare possint.

COROLLARIVM II.

Hinc sequitur: quomodo subsidio hujusmodi tuborum in remotissimas Regiones, mutuum commercium institui posset; selectis primùm in hunc finem intermedijs stationibus, sive id montes altiores fuerint, sive oppida, sive altiores speculæ, quibus plenæ sunt in *Italia* omnes viæ. v. g. ROMA magni momenti negotium, intra duas horas FLORENTIAM aut LORETUM, & hinc VENETIAS hâc praxi denunciari posset. Si intermedia spatia rectè determinarentur, & de constituto tempore priùs inito pacto, Phonurgi convenirent; sed hæc captu faciliora sunt, quàm ut amplioribus verbis describantur.

CAPVT

CAPUT X.

DE VARIIS ALIIS ARTIFICIIS MIRIFICIS, QUÆ dictorum tuborum beneficio fieri possunt, & dicitur Magia Phonurgica.

TECHNASMA I.

AMÆNISSIMAM MUSICAM TUM VOCIBUS, tum omni instrumentorum genere instructam, ad duo, aut tria milliaria exhibere, ita ut nemo, unde veniat, concipere queat.

REquirit hæc Musica locum separatum in aliquo Principis curiosi Palatio data operâ exstructum. Sit Palatium Principis, A B C D. fiat intra Palatium locus ab omnibus aliis separatus, E F G P. & in eo fornix ex gypso in concavam sphœræ superficiem, cycloplasticâ formâ quam lævissimè elaborato, uti signant F G S H. in F I H. sectus, & infra positum spatium F I G P. deputetur Cantoribus, & Aulædis, cæterísque Organedis. Habeat autem hoc receptaculum portam secretam K. & fenestram vitream, per quam, quantùm satis erit, °locus illuminari possit. His omnibus apparatis, extendatur ex supramemoratis tubis unus, *22. palmorum* longitudinem habens, uti tubus I L M N. qui ad L. & I. cùm circulari fornicis superficie, omni sublatâ angulari scabritie, continuetur, per domûs interiora ad ultimum terminum extensus, ubi orificium amplum N O. in certum locum hominibus frequentem directus, omnium stupore Musicam exhibebit. Musici enim intra fornicem sphœricum I F G H. per portulam K. ingressi, clausóque strictè ostio, mox ubi cantare inceperint, ecce in occluso loco mirificè intendetur harmonicus sonus, & summum per varias in fornice factas reflexiones incrementum acquirens, cùm se exonerare nequeat, nisi per tubum L I M N O. per illum, majori adhuc, quàm primo acquisierat, vocum incremento, ad extra per orificium N O. in constitutum locum, etiam ad duo, & tria milliaria effundet, nemine in intermedio spacio existente, qui prodigiosam hanc Musicam non percipiat omnibus admiratione attonitis,

dum

dúm, unde; cœlone, an terrâ proveniat harmonicus polyphonifmus, fufpicantibus. Hoc paƈo per tubum meum jam ante multos annos in fecretiori cubiculi mei receffu, hujufmodi Muficam
per cantores exhibere folebam, quæ adjungo, ut norit *Leƈor*; nil
hìc me fcribere, cujus experimentum non fumpferim. Hanc verò
Muficam exhibere potes, vel tubâ, vel fidium organi, lituo-
rumve harmoniofâ fymphoniâ: hoc loco tubicen, cornicen, tym-
paniƨa fe vel ad remotiffima fpatia fentire facient: quæ omnia ingeniofo Phonurgo in executionem deducenda relinquo. *Nota*
tamen hæc effici non poffe nifi in loco fixo, & ƨabili.

Quomodo omnis generis inƨrumentorum Mufica in remotiffima fpacia propagari poffit.

TECHNASMA II.

TUBUM CONICUM ITA ADORNARE, UT NO-
vam, peregrinam, & omnibus incognitam harmoniam,
in remota fpatia exhibeat.

SIt tubus E A F L M in binas partes divifus, quarum prior
ad *6. pedes* longus, ita accommodetur, ut reliqua pars longior ei commodè, & quàm exaƈiffime committi poffit; deinde extremæ tubi partes ita difponantur; ut rimam I K G H relinquant

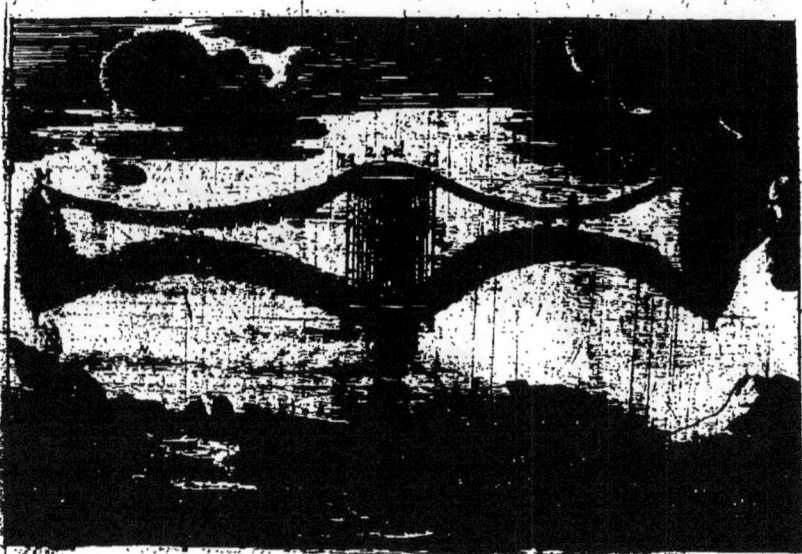

quant trium digitorum longam; deinde per ipfam immittatur inftrumentum, in 3. *Technafmate*, quod fequitur chordis quotcunq;
inftructum, etiam differentis craffitudinis; extenfis quidem, at fine
ullo artificio, aut concordantia: Hanc machinulam, intra concavitatem tubi abfconditam, eo modo, quem vides, conftitues quàm
optimè firmatam, ne à loco fuo dimoveri queat. Difpofitionem
machinæ vidimus, jam ufum quoque defcribamus.

**Quomodo
dirigenda
fit Machi-
na, ut Mu-
fica per
ventum
longè di-
ftantibus
exhibea-
tur.**
Muficam itaque exhibiturus Auditoribus, dirige machinam
orificio fuo E A F. fupra fulcrum fuum verfatilem, contra ventum, qui vehementior effe debet, qui magno impetu tubum ejuf-
que orificium E A F. ingreffus, chordas in machina I K G H.
extenfas in harmoniofum fonum animabit; qui deinde in reliquo
tubo plurimùm auctus, atque in remota fpatia per orificium L M.
diffufus in modum plangentium, & ejulantium, ommium ftupore, & admiratione percipietur; dum, unde tam exotica & lugubris
Mufica proveniat, nefcii prodigiofum quemdam polyphonifmum
è cælo delapfum abfentes & longè diffiti exiftimabunt; præfentes
verò machinam quidem intuebuntur, fed, qua arte & induftria fonus producatur, fufpenfi hærebunt; quæ uti longâ experientiâ à me
comprobata funt; ita veluti certa & infallibilia *Lectori* curiofo hoc
loco communicanda duxi. Verùm jam ea quoque; per fequentes
machi-

machinulas paulò fusiùs exponamus *ex Musurgia nostra* ex-
tracta. Quæ omnia experientia multiplici à me comprobata
sunt.

TECHNASMA III.

ALIAM MACHINAM HARMONICAM AU-
tomatam concinnare, quæ nullo rotarum, follium, vel Cylindri
phonotactici ministerio, sed solo vento & aëre per-
petuum quendam harmoniosum sonum du-
rante vento excitet.

EST hoc machinamentum uti novum, ita prorsus facile &
jucundum, & in meo Musæo summâ audientium admiratione percipitur; Silet instrumentum, quamdiu fenestra fuerit clausa, mox verò ac ea aperta fuerit, ecce harmoniosus quidam sonus derepente exortus omnes veluti attonitos reddit; dum
scire nequeunt, unde sonus proveniat, vel quodnam instrumentum sit, neque enim fidicinorum, neque pneumaticorum instrumentorum, sed medium quendam & prorsus peregrinum sonum
refert. Ita autem instrumentum conficitur. Ex ligno pinûs reso-
nantissimo, quibus fidicina instrumenta confici solent, instrumentum conficiatur 5. *palmos* longum, latum duos, profundum unum,
hoc instrumentum 15. chordis æqualibus ex animalium intestinis,
veletiam pluribus instruas, ut in præsenti *figura* patet.

Instrumentum est A B C D. verticilli C A. pontes I K. &
S D. chordæ verti-
cillis circumplica-
tæ & per pontes I
K. & S D. dedu-
ctæ; clavis B D. af-
figuntur; Rosæ sunt
F F F. S. ansa, quâ
suspendi possit. Re-
stat concordatio,
quæ, non ut cætera instrumenta per 3. 4. 5. aut 8. perfici debet,
sed omnes chordæ in unisonum aut Octavas, ut harmoniosus sonus sequatur, concordanda sunt. Estque hoc prorsus mirabile &

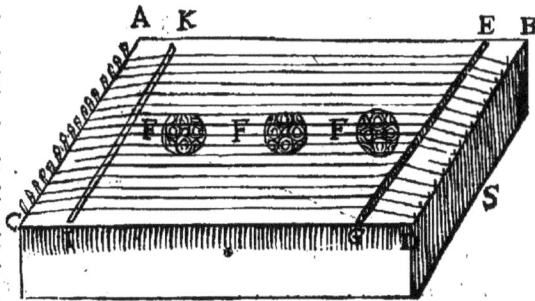

T   propè

propè παςάδοιξον quomodo chordæ in unisonum, aut in Octavas ten-
fæ diverfam harmoniam conftituere poffint.   Verùm ut φαι-
νόμενον muficum nefcio , an à quoquam hacteñùs obfervatùm
penitiùs enucleetur, caufæque dicti foni affignentur , experimentum ab ovo, ut dici folet, ordiemur , ubi tamen inftrumenti con-
ditiones, & ubi illud ftatui debeat, prius declaraverimus.

Locus inftrumenti non in libero aëre fed in loco claufo effe
debet ; ita tamen ut utrinque aër liberum abitum aditúmque habeat. Ventus autem varijs modis conftringi poteft: primò per canales conicos & cochleatos , quibus vocem fuprà intra domum
collegimus, deinde per valvas : Sint duæ valvæ ex ligno E F, &
B V C D. in F. & Y D. ita conjunctæ, ut tamen vento aditum
præbeant ad fpacium intra F. & K. & F E tabulas parallelas
comprehenfum.

Valvæ extra, tabulæ intra conclave condantur, quibus à tergo
ad rimam S N. inftrumentum affixum ita obliquo fitu rimæ

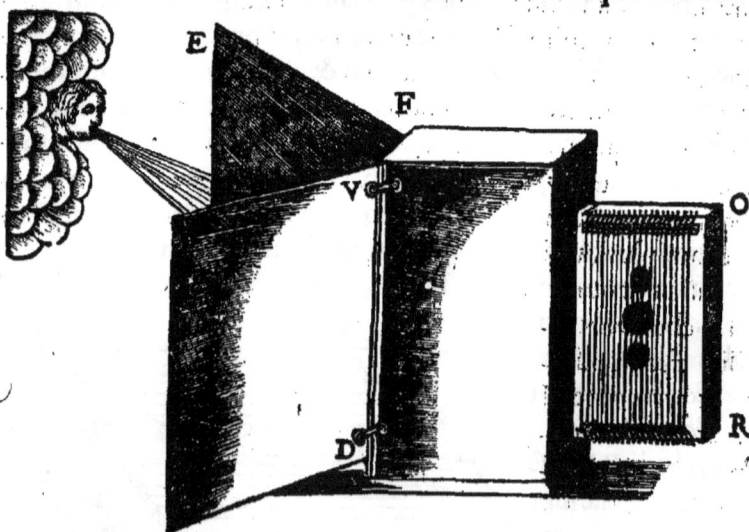

S N. obvertatur, ut ventus per valvas collectus, & intra anguftias
tabularum B V. & E F. conftrictus , & per rimam elapfus omnes inftrumenti S O N R. chordas feriat. Si enim inftrumenta
ad tabulas fitum habuerint parallelum, non adeò felicem; fi verò
uti diximus, ita obliquatum fuerit, ut omnes chordæ vento expo-
fitæ fint, optimum fucceffum fortietur. Nam juxta venti lenita-
tem

tem aut vehementiam miram harmoniam intra cubiculum percipies, fubinde omnes chordæ tremulum quendam fonum, inter-
dum avium cantus, aut organum hydraulicum, nonnunquam
concentum fiftularum, aliósque peregrinos fonos exprimet, nemine vel fufpicante quodnam inftrumenti genus id fit, aut quâ manu, quo folle, quo artificio harmoniam efficiat, erítque hoc inftrumentum tantò reconditius, & admiratione dignius; quantò
fuerit occultius, tectiufque.   Porrò fi omnes conclavis feneft as
clauferis, fonus pariter occlufus filebit, mox vel ad unam apertam
confueto fuo fono præfentes mirâ voluptate perfundet.

COROLLARIVM I.

Machinam memoratam perpetuò refonantem fabricari.

Si quis verò hujufmodi harmoniofum fonum in perpetuûm
continuare vellet, is machinam apparabit in turris alicujus paten-
te loco eâ ratione accommodatam, ut in morem apluftri five
indicis ventorum ad eum ventum, qui actu fpirat, verfetur, & fic
concepto aëre animata fuaptè fpontè ad quemcúnque ventum
femper refonabit.

COROLLARIVM II.

Ut in alto aëre prodigiofa Mufica percipiatur.

Ut verò prodigiofus ille harmonicus fonus in alto aëre cum
ftupore percipiatur; pifcem vel Draconem volantem (cujus fabri-

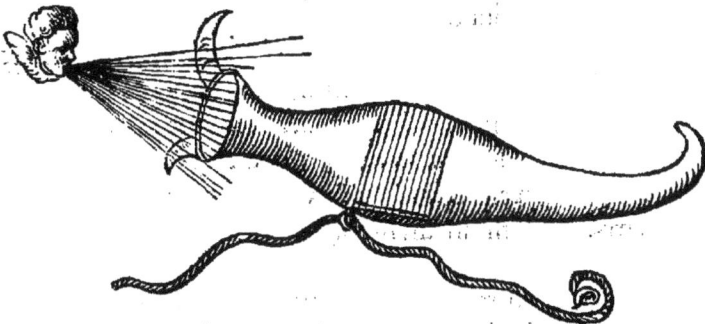

cam fufè in Magia Paraftatica Artis Magnæ Lucis & Umbræ

defcri-

defcripfimus) ita adornabis , ut ad utrúmque latus chordæ ad
æquifonum extendantur, quem mox ut liberiori auræ commife-
ris, fune five attracto, five laxato, magno femper impetu chordæ
cum intento Muficæ effectu excitabuntur.

· Quod fi loco Draconis Angelum volantem formes; tantò prodigiofius fpectaculum præbebit machinamentum , quantò fonitus
infolentior fuerit , rariòrque. Innumera alia hujus ope machinamenta effici poterunt , præftigiis haud abfimilia ; verùm hæc arti-
fici folerti relinquimus. Nihil igitur reftat nifi ut jam oftenda-
mus , cur chordæ ad æquifonum extenfæ diverfam tamen harmoniam efficiant. Suppono igitur primò experimentum fequens.

EXPERIMENTVM.

Si quis chordam ex animalium inteftinis extenfam vento in
præparato paulò ante loco expofuerit, obfervabit is chordam mox
fonare, non fono illo extenfæ chordæ debito, fed prorfus diverfo,
modo enim *tertiam*, jam *quintam*, nunc *decimam quintam*, aut
vigefimam fecundam , fubinde *tertiam*, *quartam* aut *fextam* fer-
vare; cujus rei caufam, cùm nemo fuerit, qui reddere potuerit,
noftrarum effe partium rati fumus genuinam hujus rei caufam hic
aperire.

Suppono itaque primò , ventum non femper æquali impetu
in chordam ferri, fed radiis veluti quibufdam nunc hanc, nunc
illam chordæ partem, nunc tardiori, nunc velociori impetu ferire,
atque hinc inæqualem fcilicet venti impetum , caufam tam diverforum fonorum effe, ita oftendo.

Sit chorda A F. ventus G. qui fi totam chordam A F. uno &
indivifo impetu comprehendat , certum eft chordam illam proprium illum, qui extenfioni ejus competit, fonum edere.

Si verò radius C. folus eam tanget, hoc eft bifariam dividat,
futurum eft ut reliquæ partes C A. & C F. ad totam diapafon fonent , quemadmodum in divifione monochordi demonftravimus.

Serviet enim venti radius loco plectri , quod ubi C. tetigerit
tremor totius chordæ in partibus C A. C F. duplo velociùs fo-
nabit

nabit , unde neceſſariò chorda unius *octava* intervallo altiùs in-
tonabit. Si verò radius
venti premat A B. reli-
qua pars chordæ B F.
neceſſariò *quintam* ſo-
nabit ob dictas rationes
in diviſione monochor-
di aſſignatas ; ſi iterum
totum ſpatium A D.
preſſerit ventus, ſonabit
D F. neceſſariò diſdiapa-
ſon, id eſt, *decimam quintam*, & ſic de cæteris ; radius itaque venti
pro aliâ & aliâ incidentiâ in chordam, in eâ alios & alios ſonos producet. Unde quantò ventoſus radius majorem chordæ partem reliquerit intactam , tantò ſonum producet leviorem , quantò verò
minorem , tantò graviorem. Quod igitur in una chorda ventus facit, in innumeris aliis æquiſonis faciet, atque hæc eſt genuina cauſa tantæ diverſitatis ſonorum, quæ in hoc inſtrumento percipiuntur. Naſcitur ſubinde tremulus quidam ſonus mirificè aures afficiens , qui certè aliunde originem ſuam non habet, niſi ab undulatione venti, qui non ſemper recto impetu, ſed in morem fluctuum chordæ allabitur , & ſic conſequenter eodem motu chordam incitat, quo illiditur.

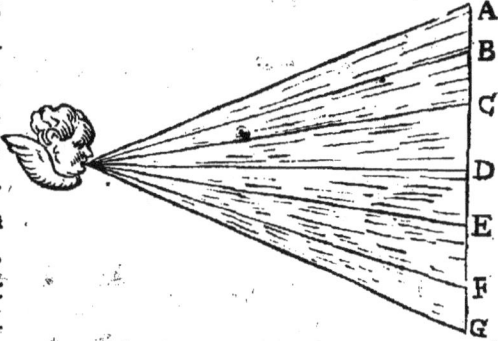

Cur vento incitata chorda diverſos ſonos producat.

COROLLARIVM.

Ex his quoque patet, unam & eandem chordam infinitos diverſos ſonos edere poſſe; nam ventus etiamſi fortiùs chordam in uno
loco premat , in aliis & aliis locis debiliùs eam premens, novas &
novas parturiet ſonorum differentias. Nam ſi verbi gratiâ : in C.
preſſerit fortiter, in B. debiliter, certum eſt C A. non omninò
diapaſon , ſed aliquod intermedium affectare. Sed hæc, de cauſa
diverſitatis ſonorum in una chorda ſufficiant.

TECHNAS-

TECHNASMA IV.

PHONOLOGIA HARMONICA
ad 1. 2. 3. & amplius milliaria instituenda.

Xperimentum hoc Romæ fieri curavimus, & hoc pacto inſtitui poteſt. Cùm aut Legatos, aut alios Principes in quopiam ſuburbanæ villæ Palatio ruſticationis causâ verſantes, peregrinâ aliquâ Muſicâ quiſpiam ex Principibus loci Dominus recreare deſideret; ſic negotium inſtituatur. Præparentur 4. tubi conici ejuſdem longitudinis, quos 4. Phonaſci in A. loco opportuno conſiſtentes, juxta canonem hîc appoſitum, vel quamcúnque aliam melodiam, per tubos in ruſticanum palatium Villæ directos, differentibus vocibus, *Baſſo, Tenore, Contralto, Soprano,* uti vocant, concepto verborum tenore ſtentoreâ voce inſonent. Tempus ſeligatur ad hoc ritè perficiendum opportunum, Medio ſine ventis, nebulâ, pluviiſque quieto & tranquillo. Et Hoſpites in ſuburbana villa ruſticantes harmonicam Melodiam, unde ea proveniat, neſcii cum admiratione percipient, tantóque plus obſtupeſcent, quantò Phonologia erit occultior, maxiмè

Muſica campeſtris artificiuſè in Villam dirigenda.

xîmè verò congrueret hujufmodi exceptio Legatis Barbaris, uti *Turcis*, *Arabibus*, *Perfis*, fub linguis unicuique proprijs, peracta: fed & iis machinis pariter ufui effe poffunt, quas in precedentibus jam expofuimus.

TECHNASMA V.

OMNIS GENERIS EXPERIMENTA HAR-
monica fympathica exhibens.

SYmpathica experimenta vocamus illa, quæ ad fonum alio-rum refonant intacta, mira quâdam fonorum corporum pro-portione & fimilitudine, quâ fit, ut ad fonitum unius al-tera quoque moveatur intacta : quæ quidem proportio in corpo-ribus non tantùm homogeneis, fed & in heterogeneis locum ha-bet. Unde plurima contingunt naturæ miracula, quorum ta-men nemo facilè, nifi muficorum Arcanorum infignem habuerit notitiam, rationem reddiderit. Et chordam quidem alteram in-tactam movere non in unifonum tantùm, fed & in diapafon, & diapente quoque concordatas, pænè vulgare eft; quamvis fem-per tantò intacta tremat vehementiùs, quantò fuerit unifono vi-cinior; Non affignabimus hoc loco rationem hujus effectùs, cùm fufiffimè eam in fequenti libro expofituri fimus, fed tantùm mo-dum, quo plurima in Magia naturali admiranda contingere pof-fint, aperiemus.

CAPUT XI.

DE RECONDITIORIBUS MACHINIS.

EXPERIMENTUM I.

MUSICAM SYMPATHICAM EXHIBERE,
id eft inftrumentum concinnare, quod nullo alio agente,
nifi Sympathico, harmoniofum fonum exhibet.

NON inftituemus hoc loco harmoniam in corporibus homogeneis, cujufmodi effe poffunt inftrumenta fidi-cina, fed in heterogeneis, hoc eft, organo & inftru-mento fidicino, alijsque, ita enim harmonia diftin-
ctiùs

étius percipietur. Accipe inſtrumentum chordis diſtinctum ſonoriſſimo ligno compactum , cujuſmodi in *Technaſmate III.* propoſuimus, hujus chordas ad organum aliquod perfectiſſimè concordabis , ita ut ſingulæ chordæ ad ſingulas organi fiſtulas perfectè uniſonent. Hoc peracto ad ſonitum organi cum inſtrumento in tantùm recedes , donec chordas moveri videris , & perfectum ſonum reddere inveneris ; atque hæc erit ipſius propor

tionata diſtantia ; Quod ſi aliquæ chordæ non moveantur , ſignum id erit, fiſtulam chordæ non perfectè reſpondere, aut Octavâ ſuperiorem eſſe. Vel conſultiùs ita operaberis ; inſtrumentum ad parietes interiores vicinorum conclavium vel optimè ſupra trabem organo continuam tamdiu hinc inde applicabis , donec motum ſonúmque chordarum deprehenderis, & habebis quæſitum. Inſtrumentum enim fidicinum omnem harmoniam organi intra ſeparatum locum perfectè exhibebit, & ne putes, me ſpeculationem tantùm tradere, lege, quæ alibi de *Organo Moguntino* Chelyn in vicino choro pendentem caſu incitante, retulimus, & de rei veritate nullum dubium remanebit. In hoc tantùm unica difficultas eſt, ut quis inveniat perfectam corporum ſimilitudinem & proportionem cum diſtantia proportionata, quam qui invenerit, is haud dubiè admirandum quid in natura ſe inveniſſe gloriari poteſt. Eſt enim corporum quorundam ſonorum ea ad invicem ſimilitudo, ut mox ac unum inſonuerit , alterum ſonare quoque comperiatur, uti curioſè ex *Muſurgia* ſupra oſtendimus. Quæ omnia aliud nos experimentum docet; ſi enim quis Harpas, Tiorbas, Cytharas, Clavicymbala, ſimiliáque inſtrumenta fidicina conclavi cuidam (omnibus priùs tapetibus ſonum obtundentibus remotis) oppidò ſonoro leviter ſuſpenderit , is vel ad voces loquentium exoticam quandam ſolo aëris motu vocibus cauſato organa incitantis harmoniam non ſine admiratione percipiet.

CONSECTARIVM.

De ſtatuis ad certum ſonum ſe moventibus.

Retulimus in citata *Muſurgia* ſtatuas quaſdam fuiſſe in Eccleſia quâpiam , quæ ad campanæ vicinæ ſonum ad certam etiam organi fiſtulam (omnibus præſentibus tanquam miraculoſum ſtatuarum motum inclamantibus) moverentur ; Patet igitur ex præ cedentibus, quomodo ſtatuæ in Ecclesia quâpiam, quæ ſimilem effectum præſtant, fabricari poſſint. Nam ſtatua ex poroſo ligno facta, & ſonoro corpori proportionata ſupra trabem poroſum cum organo, vel loco campanæ continuum exactiſſimè librata intentum haud dubiè effectum præſtabit.   De hujuſmodi Magicis *Ægyptiorum* ſtatuis ad plebis deceptionem fabricatis, *vide Oedipum noſtrum Ægyptiacum,* ubi multa curioſa & recondita reperies.

EXPERIMENTUM II.
DE SIMPATHICA HARMONIA PER
conicas ſectiones.

SI quis cylindrum Parabolicum aut Hyperbolicum efformare ſciverit, is maximum in *Muſurgia* ſecretum ſe penetraſſe noverit. Pandamus arcanum.

Paraboloplaſtæ formæ ope efformetur ſemicylindrus concavus parabolicus, quod fiet, ſi formam Paraboloplaſten conſtanti & recto motu in materia, uti gypſeâ, ad hoc idonea ſecundùm longitudinem traduxeris; eo enim motu in materia cedente & molli efformabitur ſemicylindrus parabolicus dictus; admirandæ in ſympathica harmonia exhibenda virtutis. Ita autem negotium inſtituatur: Obſerventur cum maxima diligentia duo in terminantibus parabolis foci, ex quorum uno ſi chorda ducatur in altero oppoſito parabolæ foco terminata tenſáque, erit inſtrumentum paratum ad ſympathicum ſonum. Sed rem litteris & figurâ declaremus. Sit cylindrus parabolicus A B C D E F. duæ parabolæ cylindrum terminantes A B C. ſuperior D E F. inferior H G. ſint foci parabolarum æqualium. Dico chordam ſeu nervum H G.

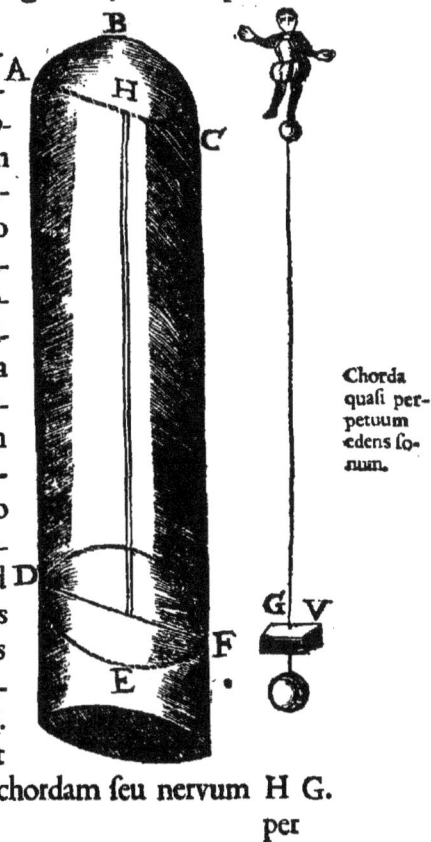

Chorda quaſi perpetuum edens ſonum.

per

per utrumque focum extensûm quocunque motu etiam minimo incitatum iri. Cùm enim quælibet femicylindri ad axem norma-liter facta fectio parabola fit, in femicylindracea verò illâ fuper-ficie infinitæ parabolæ concipi poffint; fit,ut vox vel fonus & motio aëris quælibet in hanc femicylindraceam fuperficiem parabolicam incidens, dummodò cylindro ad angulos rectos incidat, tot acti-nobolifmos parabolicos efformet, quot parabolæ æquales in dicto femicylindro concipi poffunt. Cùm prætereà chorda per H G. fo-cos fit extenfa, tranfibit illa confequenter omnium reliquarum pa-rabolarum in dicto femicylindro conceptibilium focos. Cùm ve-rò in focorum centris unitio confluxufque radiorum contingat, & in iifdem intenfio foni continget. Tota ergo chorda multiplici radiorum confluxu impulfûfque multiplicatione agitata tremet, fonabítque.

COROLLARIVM I.

Hinc patet, quod fi quis tres aut quatuor chordas fibi vicinas circa focos fecundùm confonantiam in 3. 5. & 8. intenderet, futu-

Perpetua
Harmonia
quomodo
fieri pof-
fit.

rum, ut machina harmonicum murmur perpetuò exhiberet loco opportuno aut vento expofita. Habet enim hæc fonora linea H G. latitudinem quandam phyficam, fpaciúmque aliquod, intra quòd intenfio radiorum effectûfque acuftici aut fonori contingant.

COROLLARIVM II.

Quomodo ftatua quæpiam perpetuò moveri poßit.

Hinc fequitur fecundò; quod fi quis loco chordæ chalybeam

Statua
femper
mobilis.

pinnam facilè flexilem in foco G. annexo pondere V. cùm indu-ftria libraret, in capite verò imaguncula mobilibus verfatili-búfque membris infigeret, futurum, ut ftatua hæc unà cùm pinna perpetuò moveretur; cùm enim confluxus agitationis aëris perpe-tuus in unica linea V O. contingat, illa continuò incitata, per-petuò quoque mota una fecum incumbentem dictam imagun-culam eft incitatura & tanto quidem vehemehtiùs, quantò motus fuerit vehementior.

COROL-

COROLLARIVM III.

Ex hiſce patet, quanta nobis conicarum ſectionum notitia miracula præſtet. Verùm, cùm de hiſce in *Magia Lucis & Vmbra* fuſè tractaverimus, hìc longiores eſſe noluimus.

EXPERIMENTUM III.

CHORDAS INTACTAS INCITARE
ſono vitri.

SI quis ſcyphi vitrei oram madefactis priùs digitis raſerit, is brevi tinnulum quendam ſonum percipiet, ſi prætereá ſupra ſcyphum chordam extenderit ad eum ſonum æquiſonum, is chordæ non tantùm tremorem, ſed & ſonitum perfectè ſentiet; Si quis igitur compluribus poculis vitreis chordas correſpondentes ſuperextenderit, habebit is muſicam ex miro quodam tinnitu & chordarum ſtrepitu compoſitam; de hoc experimento, *vide* fuſiùs nos tractantes in *prima parte Muſurgia*.

EXPERIMENTUM IV.

VT QVIS INGENTES CAMPANARVM
fremitus ſe audire putet.

EST & hoc inſigne & in maximam admirationem audientes rapiens experimentum. Accipe unam ex majoris chelis (quam *Violone* vulgò dicunt) chordis; huic appendes laminam æneam, aut aliud quodcunq; tinnulum & ſonorum corpus; deinde utrumque chordæ extremum digitis circumvolutum auribus inſere, illisàque pendente lamina alteri vicino corpori, eum percipies ſonum, quem nunquam tibi primò perſuaſeris, ſonum videlicet omnium campanarum ſonitum longè excedentem; ſi verò loco laminæ acceperis regulam æneam (quò longiorem, tantò negotio propoſito aptiorem) percipies ex gravi & acuto formidabilem prorſus ſonitum, & quò quidem longior fuerit chorda, tantò intenſiorem ſonum edet. Cùjus quidem rei alia cauſa non eſt, niſi tremor metalli tinnuli, qui chordæ tinnitum dum communicat, communicatum ſibi chorda fremitum deducit ad auditum, ubi

clauſus

claufus & intrinfecus aër per mufculos fuos acufticos uti vehementer concutitur, ita & vehementiffimum quoq; fonum exhibet. Id
fanè mirabile, non alia corpora, fed illa tantùm, quæ tinnitu gaudent, ut metallicæ laminæ & regulæ omnes, hunc effectum præftare.

COROLLARIVM.

Si hujufmodi inftrumentum intra cifternam aliquam vehementer refonantem per chordam dimiferis, & utrumque chordæ
extremum auribus inferueris, deinde laminam muro alliferis, au-
dies, fupra quàm dici poteft, vehementem ex variis compofitum
vocibus fremitum.

EXPERIMENTUM V.

OMNI GENERE LIGNORUM, METALLO-rum, aut Vitrorum Muficam inftituere.

QUomodo Zylorganum, quo eft ex varia & harmonica va-
riorum teffellorum ligneorum vitreorumvé variæ magnitudinis difpofitum, conftruendum fit ? in *Organica Mufica*
fusè dictum eft, quare citatum locum adire poteris.

EXPERIMENTUM VI.

DE VARIA ALTERATIONE SONI IN chordis.

CHorda fonum incitat juxta conditionem corporum illi loco
fulcri, quòd ponticulum dicunt, fubftratorum; ita fi extenfæ chordæ majori, lapillis aut pifis prius injectis veficam
vento inflatam fubftraveris, arcúque fetaceo chordam raferis, ridiculum quemdam fonum fenties fcenicis Intermediis aptum; fi eidem vitreum corpus fubdideris, peregrinum quendam tinnitum
æmulabitur chorda, & fic de cæteris; quæ omnia ingentem fup-
peditant peregrinorum inftrumentorum materiam.

EXPERI-

EXPERIMENTUM VII.

VT SVRDASTER MUSICAM PERCIPIAT.

TEstudo oblongo collo intentum propositum efficiet. Sit testudo, vulgò *Colachone*, fidibus instructa,
apprehendátque surdaster dentibus extremam partem colli, ac posteà incitetur testudo in
harmonicos motus. Dico, surdum harmoniam
percepturum ; cujus quidem rei veritatem non
aliud nisi experimentum in surdastro factum nos
docuit. Sonus enim testudinis per collum intra
os propagatus, per nervos in organo acustico, vim
auditivam mirificè excitat. Surdum quoque per
Experimentum IV. percepturum vehementem illum campanarum sonitum mihi persuadeo.

COROLLARIVM.

Ex his patet , si in instrumentis quibuslibet
in chordis collum quoddam sive brachium ob-
longum ipsis continuum propagetur in quam-
cunque distantiam, uti per intermedios muros,
dummodo muros non tangat ; futurum ut extremum colli dentibus apprehensum , sonum cytharæ non secus ac si præsens esset, exhibeat. Eundem enim effectum in collo cytharæ , quàm in
oblongis trabibus soni propagationem præstare
in præcedentibus diximus ; cùm enim collum
corpori totius sit continuum , certè ad sonitum
fidium , uti vicinæ, sic & remotiores atque adeò
totum corpus tremet, qui tremor cùm harmonica sit aëris propagatio, sonum consequenter organo acustico per os & dentes in remoto tam distinctè, ac si præsens foret, exhibebit.

TECHNASMA I.

Q Uemadmodùm hodie tubi optici conficiuntur, qui intra cubiculum exhibent quicquid foris ab hominibus agitur, dextrè, finiftrè, infernè, fupernè repræfentatum ; totúmque artificium confiftit in varia reflexione fpecierum extrinféca-

Sicut tubo rum in fpeculum pro motu tubi factâ , ut fi quis nôffe cupiat, *optico in-* quid in foro aut plateâ peragatur , is tubum primo egregiâ arte *troducun-* *tur fpecies* inftructum vertat, unàcum fpeculo ciftulæ ad lucem fuperfluam *vifibiles,* impediendam inclufo. Et variæ hominum formæ, habitus, ge- *ita acufti-* *co fpecies* ftúfque inter fpeculum reflexæ tubum infpicienti mox, ac fi præ- *fonoræ.* fentes forent, comparebunt. Videbit itaque tubifpex omnia , quæ foris geruntur, ipfe omnibus invifibilis : Res fanè ufui nova & infolita , quo & nos olim lufimus. Haud fecus tibi tubum acufticum parabimus, quo intra fecretum cubiculum omnia ea, quæ five in foro, five atrio alicujus palatii homines garriunt, audias. Sit Palatium A B C D. Forum aut platea five atrium alicujus palatij C H. fiat tubus E F G. per interiora palatij ductus in cubiculum fecretum G L. dico inter cubiculum G L. quotquot ibi fuerint , audituros diftinctè & clarè, omnia verba , rixas, rifus & fimilia populi commorantis in atrio aut platea D H. vo-

ces

ces enim per tubi umbonem E. & per canalem E F G. propagatæ in conclavi G L. clare se sistent. Uti experientiâ factâ nobis constat.

TECHNASMA II.

OTICORUM INSTRUMENTORUM FABRICA.

INstrumenta ad exemplar aurium animalium magna vi acusticâ pollentium facta, magnam quoque vim ad confortandum auditum habent. Auribus autem animalia oppidò acutis prædita sunt Cervus, Canis, Lupus, cæteráque omnia animalia multùm aurita; Inter cætera verò maximè admirabilis est auris leporinæ fabrica, quod cùm timidissimum animal sit, & prorsùs inerme, natura id tum auditu acutissimo; tanquam hostium exploratore ad præsentienda pericula, tum pedibus ceu armis ad currendum aptis munîsse videtur. Si quis igitur haberet ad exemplar auris leporinæ concinnatum tubum oticum : inveniret is mirum in confortando auditu arcanum; habet id generis organum primò externam aurem longissimam & veluti Ellipticum quoddam involucrum cartilagineum in omnem partem ad sonoros radios meliùs intra id colligendos versatile, deinde ex stricto in longum & cavernosum spacium dilatatum tandem in cochleam terminatur, huic verò cochleæ prætenditur membrana illa, quam in Anatomia tympanum diximus cum malleo incude & stapede ; Vox igitur aure illa oblonga & versatili intra cavernosum internæ auris meatum colligitur, ubi unica reflexione augmentata magna vi illabitur cochleato meandro, ibíque tympano illisa aërem internum commovet , unde tandem acutissima illa, quàm in leporibus miramur, contingit sensatio. Ad naturæ igitur industriam si tubum oticum compares, invenies admirandum quoddam in confortando facilè auditum, ut dixi, arcanum.

Ut verò in hac naturæ imitatione securiùs procederemus, animalium quorundam auditu præ alijs pollentium aures per peritissimos Anatomicos fieri curavimus, quas *Iconismo 2. in Musurgia nostra* spectandas exhibuimus , ut juxta latentem naturæ in organo auditus fabricam in apertum deductam artis tuæ opus conformares, tubósque oticos affectatâ industriâ conficeres.

PRAGMA-

·PRAGMATIA·

Tuborum Oticorum Conſtructio.

OMNIS GENERIS INSTRUMENTA ACUSTCA in uſum & commodum ſurdaſtrorum conficere.

Quicunque præcedentia bene intellexerit, nullam in acuſticis inſtrumentis omnis generis conficiendis habebit difficultatem : cùm omnes tam circulares, quàm parabolici,
hyperbolici, elliptici tubi in minori proportione conſtructi, auribus applicati mirificè auditum roborent, inter cæteros tamen ellipticus & cochleatus tubus omnibus reliquis palmam præripere videntur, fiat autem ellipticus tubus O. hoc ingenio ut unum cen-
trorum acuſticorum præciſsè auri ſurdaſtri S C. alterum extremum loquenti B V. reſpondeat, ut in *ſequenti figura* apparet.

Ellipſis Otica.

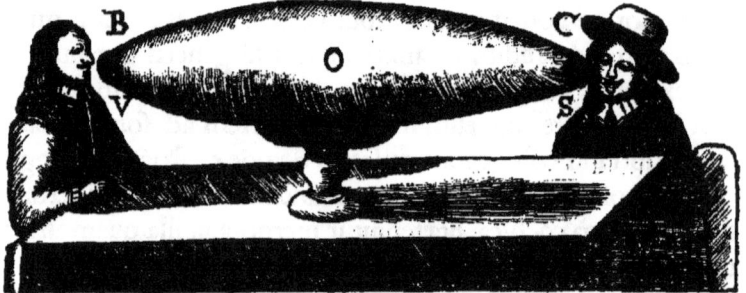

Alterum inſtrumentum eſt tubus cochleatus, qui, cùm ad exemplar fabricæ aurium conſtitutus ſit, mirum ad ſonos congregandos
vim habet. *Figura* ejus ſequitur.

Tubus Oticus cochleatus.

Tubus Tortus Oticus.

TECHNAS.

TECHNASMA III.

EX MAGIÆ NATURALIS PROMPTUARIO.
Statuam conficere, omnis generis tam articulatos, quàm inarticulatos sonos pronunciantem.

Varii varia de hoc mirifico machinamento commenti sunt; qui secretiorum philosophantium dogmata sequuntur, id omnino fieri posse putant. Nam ALBERTUM *Magnum* caput hominis, quòd articulatas voces perfectè pronunciaret admirabili solertiâ confecisse asserunt; *Ægyptios* quoque varias statuas confecisse articulatè quidlibet pronunciantes, in *Oedipo nostro Ægyptiaco* multis modis ostendimus. Nonnulli tamen id veluti naturæ legibus contrarium repudiantes, simile machinamentum fieri posse minimè sibi persuadere possunt; ALBERTI autem *Ægyptiorúmque* machinamenta vel supposititia & falsaria machinamenta fuisse, vel dæmonum ope architectata, eo ferè modo, quo dæmonem olim per oracula & statuas articulatâ voce responsa dedisse legimus, asserunt. Multi tamen putant statuam fieri posse eo ingenio architectatam, ut voces aliquas articulatè pronuntiet; ita enim ad exemplar naturæ Laryngem, linguámque, cæterâque vocis instrumenta aptari posse, ut vento animata manifestum articulatæ vocis effectum præstet. Quicquid sit de famoso illo ALBERTI *Magni* capite, cæterisque *Ægyptiorum* machinamentis disputare nolumus, utpote ipso facto ἀδύνατον Quare aliam hujusmodi statuæ construendæ methodum in hoc loco, quâ, quomodo id in opus deduci possit, demonstrabimus, & ne verborum tantùm ampullis id promittere videamur; hoc loco statuam fabricari docebimus, quæ non articulatè tantùm, sed & quoslibet sonos, cantúsque proferat, ad quodlibet respondeat, quaslibet animalium voces affectet, innumeráque hujusmodi ἄτακτα sanè & παράδοξα præstet. Ita autem auspicaberis; In conclavi A B C D. in quod tubus cochleatus in præcedentibus descriptus deducetur in E. vel in verticali tubo S. statua fiat ore oculísque mobilibus, totóque corporis situ vitam spirans, quæ quomodo confici possit, in *Statica nostra Taumaturga* ex professo docuimus; hæc statua certo & deputato loco ita constituatur, ut terminus tubi cochleati oris con-

cavo præcisè respondeat, habebísque statuam quidlibet articulatè
proferentem perfectam, consummatámque.   Nam hæc statua
perpetuò garriet, jam voces humanas proferendo, jam voces animalium, jam ridere & cachinnari, nunc cantare, subinde flere &
ejulare, nonnunquam vehementissimos ventos exsufflans cum admiratione audietur. Cùm enim Orificium cochleæ publico loco
respondeat, omnia verba hominum extra prolata intra tubum
cochleatum recepta sese intra os statuæ se prodent; Si canes la-
trent, statua latrabit, si quis cantaverit, cantu respondebit &c. Si
ventus spiraverit, is intra cochleam receptus, vehementissimos ventos statuam evomere coget ; unde applicata illi fistula ludere videbitur; Si tubam ori admoveris, tuba clanget, innumeráque hujusmodi ludicra omnia occulti canalis cochleati dispositione exhibebit.   Vide schema Iconismi præcedentis, in quo conclave
seu penetrale ab omni hominum consortio secretum sit A B C D.
statua verò sit E. tubus cochleatus crassissimo muro D E. inser-
tus sit, orificium tubi latè patens I H K. continget igitur, ut quidlibet in publico loco seu foro prolatum, atque intra os tubi colle-
ctum in conclavi à statua E. reddatur. Si verò tubum hunc cochleatum verticaliter disponas, meliorem effectum res sortietur, jux-

ta ea,

*Admiran-
dum sta-
tuæ omnis
generis so-
nos expri-
mēns pro-
digium.*

ta ea, quæ in præcedentibus diximus. Sit conclave aliud, (ut in *figura* Palatii M N O V. patet) in quo ftatua S. tubus cochleatus P O Q. ftatuæ ori infertus fit. Orificium patulum ejufdem T. publicum Epiftylium Q R. hominum multitudine frequentatum; quorum voces intra os T. receptæ in ftatuam deferentur, & auribus aftantium perfecte, uti priùs fe fiftent. *Vide figuram;* quæ innumeras alias horum tuborum difponendorum rationes fuggeret.

TECHNASMA IV.

INTRA FABRICAM QUAMPIAM CONUM SPIralem retortum five cochleatum tubum ita ordinare, ut quofcunque articulatos fonos in interiori conclavi à publico quantumvis remoto, ita certè & diftinctè reddat, ac fi ad aures contingerent, nemine, unde provenire poßit, fufpicante.
vide Iconif.

P Erfectiffimum & omnium maximè admirandum Echotectonicum machinamentum meritò in hunc locum refervavimus, quo, quid in magia naturali mirabilius effici poffit, nefcio, verùm ne Lectorem curiofum diutiùs fufpendam, rem paucis expono. Infculpatur in faxo aut rupe naturali, vel fi locus id non poftulet, in gypfo, argilla, vel topho, aut fymplex aut cochleatus tubus five conus fpiraliter contortus efformetur hoc ingenio, ut eminus patentiffimum habeat versùs locum aliquem publicum multitudine hominum frequentatum, exporrectum orificium; alter autem tubi terminus in parvulum foramen intra conclave interius, & ab hominum frequentia remotum definat, fuperficies conica cylindracea aut cochleata interior exactiffimè, quantùm in materia faxea, gypfea, aut alia quavis ex ferreis, æneifq; laminis confecta poffibile eft, fit polita, vel fi faxum rudius fuerit, fuperficies interior gypfo ad terfiorem polituram incruftetur. Hoc machinamento peracto, dico, nihil tam occultum in oppofito foro, platea, aut publico loco, qui orificium cochleati tubi refpicit, dici poffe, quod per tubam, aut cochleam non transferatur in reconditum illud conclave: In hoc igitur diverfas animalium voces, occulta hominum murmura, cantillationes; fletus & ejulatus ho-

minum

minum ita diftinctè & clarè percipies, ac fi in ipfo conclavi contingerent, nemine vel fufpicante, unde tam prodigiofus fonorum
effectus proveniat : Fabricam contemplare in *Iconifmo præcedenti*, ubi Palatium repræfentatur literis A B C D. cochleatus tubus muro infertus vel rupi incifus S I K. cujus orificium H. terminus ejus E. forum L. in quo nihil tam occultè proferri poteft,
quod non intra conclave quantumvis diffitum percipiatur; atque
hoc eft machinamentum, quod non parabolicas tantùm fed & ellipticas omnéfque, quotquot hucufque propofitæ funt, acufticas
fabricas longè fuperat, cùm ad naturæ exemplar in aurium fabrica
obfervatum fit conftructum, & infinitis reflexionibus vocum (ut
in problemate præcedenti oftendimus, unde & vox mirificè intenditur) fcateat. Poteft autem hujufmodi tubus duplici fitu, vel
horizontali aut laterali ut H E. vel verticali ut P O. conftitui, uter-
que infignes effectus producit, verticalis potentior eft, eo quòd vox
faciliùs furfum quam deorfum aut lateraliter feratur; Utrumque
tubi-ductum in *præcedenti Iconifmo* repræfentavimus. Invenimus autem hoc admirabile machinamentum occafione Auris
Dionysii *Siculi* Syracusis adhuc fuperftitis, cujus defcriptionem
vide in antecedentibus paulò uberiùs traditam.

Digreffio de Cono cochleato.

Cur verò in Cono cochleato five contorto helici tanta vis fit
multiplicationis foni, meritò cuiquam mirum videri debet. Certè
cùm diu multúmque mecum de hoc negotio cogitarem, tandem
helicem conum certa ratione tortum, nefcio quid parabolicum
affectare deprehendi, in quo infinitæ fonorum conglomerationes
dum fiunt, mirùm non eft, tantam eum in multiplicando fono
vim obtinere.

Verùm & helicem lineam parabolicæ æqualem dari poffe notum eft, quod ut *Lector* curiofus intelligat; fit helix linea intra
circulum N g n o. fignata litteris a b c d e f n. dico, fi axis
parabolæ G S. affumatur æqualis femi-perimetro n g N. circuli n o N g. & femi-ordinata parabolæ T S. affumatur æqualis femidiametro a g. dicti circuli; Deinde per verticem G. axis
parabola defcribitur G T. quæ per terminum femiordinatæ S T.

tran-

tranfeat. Dico, G T. parabolam helici lineæ a b c d e f n. æqua-
tum iri. Quæ omnia dependent
ex diverfis motibus, quêis utraq;
linea fimiliter & æqualiter defcribitur.

Si enim tangentem parabolæ
G m. in quotlibet partes æquales
femidiametro circuli a g. diviferis, erunt motus ex A. in g. æquales motui ex G in Q. & motus
ex N. per g h i k n. femiperime-
trum factus ex hypothefi æqualis
motui ex G in S. per axem parabolæ facto. Hinc patet fi femior-
dinatam fumas æqualem G N.
vel duplam S T. eamque in continuata parabola applices X V. inter G V. & G X. parabolam G
T X. duplo majorem fore helice
a b c d e f n. vel eidem bis fum-
ptæ æquari. Si verò femiordina-
tam triplo diametro a g. majorem in continuata parabola ap-
plicueris, habebis parabolam helice triplo majorem, & fic in infinitum, quæ omnia fufiùs hic
demonftrarem nifi ea aliis locis
refervâffem.

Sufficit igitur fcire cochleati
tubi vim omninò cum paraboli-
cis tubis aliquid commune obtinere, quæ & ideò hîc indicanda
duxi, ut Tyronibus ad hujufmodi inexhauftas naturæ gazas penitiùs rimandas animum adiicerent.

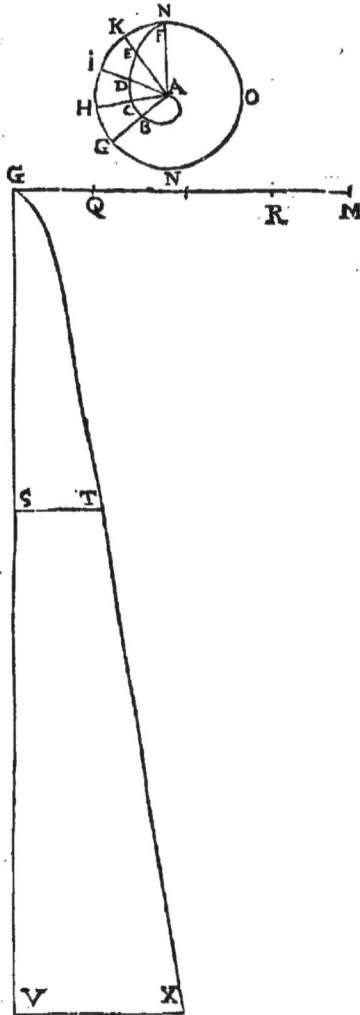

ANACEPHALEOSIS MAGIÆ
NATURALIS.

STATUAM CONFICI POSSE AIO IN MEDIO
aëris pendulam sonos quoslibet tam articulatos, quàm in-
articulatos perfectißimè pronunciantem.

MERITO hanc propositionem Anacephaleosin dicimus, cùm quæcúnque hactenus allatæ sunt rerum admirandarum descriptiones, hîc veluti in Epitome quadam contineantur; nam, quod dicam, certum & indubitatum est, experimentóque quantùm fieri potuit, mirabiliter comprobatum, dum statuam videlicet confici posse dico, quæ in medio cujusdam conclavis constituta, vel in aëre etiam pendula omnia prædicta perficiat, ita ut astantes prodigium quidem loquentis statuæ videre & audire, causam tamen reconditi Sacramenti penetrare nequaquam possint, oculorum observabunt motum, labiorum linguæque mirabuntur agilitatem, totius corporis vitam spirantis compagem cum stupore intuebuntur; Verùm quo artificio condita sit statua, aut quàm abditam motûs sui machinationem habeat, nemo deprehendere poterit, cùm statua in medio aëris sit pendula nulla re fulcita, nulli canali contigua, nullis animata rotis; sed artificio quodam purè naturali, & variâ reconditiorum artium combinatione constituta. Nemo tamen me ἀδύνατα polliceri sibi persuadeat; quæcúnque promitto in effectum infallibilem produci possunt: Modum tamen, (ne tam sublimia arcanorum mysteria ac solis Magnatibus revelanda cuivis obvia fierent) consultiùs silentio supprimendum duxi. Si vera sunt, quæ de ALBERTI *Capite* passim sparguntur, dicerem profectò nullum in mundo ad simile caput architectandum, præterquam quod descripsi, artificium superesse. Tanti momenti res est Ars combinatoria, cujus solius ope omnia mundi arcana panduntur, quicquid in qualibet scientia abstrusum & admirabile est eruitur, quam, qui calluerit, is in arcanarum rerum inquisitione scrutinióque nihil sibi adeò clausum, abditúmque esse reperiet, quòd intimè penetrare & sui juris facere non valeat. Latent enim omnia arcana naturæ in certa rerum applicatione, sicuti certi & reconditi sensus sub aliis & alijs nominibus, quos, qui eruere feliciter noverit; næ de hoc illud PHOCYLIDIS congruè dici posse existimo. πλέιστ⊙ ἴσ⊓ Θεοῖς.

Admiranda fabrica statuæ magicæ.

APPEN-

APPENDIX.

DE MIRIFICA PHONURGIA

Id eft,

De celebri , & penè prodigiofa Machina Organica,
Michaëlis Todini de Sabaudia , Mufici
Romani clariffimi.

I quid rarum, infolitum , curiofum & admiratione digniffimum ufpiam in harmonico, genere me obfervaffe memini, id machinam illam omni inftrumentorum genere concinnatam , effectúfque, quos præftat, forfan hucúfque inauditos, affeverare queam, quam jam ab octodecim annis inchoatam, tandem ad fummam perfectionem redactam MICHAEL TODINUS de *Sabaudia* Muficus *Romanus*, Muficæ tam fpeculativæ, quàm practicæ, fi ullus alius quifpiam , peritiffimus in domo fua vicina viculo, quem vulgò *l' Arco della Sciambella* vocant , tenet , vir eximiâ morum probitate confpicuus, atque inter cæteros Muficos neceffitudinis fœdere mihi femper conjunctiffimus.   Sed ne *Lectorem* diutiùs fufpenfum teneam, tam excellentis Operis Machinam paucis hoc loco maximè opportuno exponam.   Exhibet is intra binas domûs fuæ Cameras, quàm magnificentiffimè exornatas admiranda Artis fuæ fpecimina fummo omnium ftupore, & admiratione eorum, qui magno non Purpuratorum duntaxat Patrum, fed & Principum, nec non cujuscunq; fpectabilis conditionis hominum, numero confluunt.   In prima Camera Organum primo afpectu occurrit, ad omnes Opticæ artis leges, nec non multiplici fiftularum ordine difpofitum , & aureâ incruftatione fplendidum; circa cujus latera, quatuor Clavicymbala, ut vocant, difpofita fpectantur, quorum prius mole grandius, quod Archicymbalum meritò dici poteft, omnigenis occultarum machinarum fœtibus gravidum, à quo veluti à fonte quodam in reliqua tria minora Cymbala, totius motionis machinatrix virtus derivatur , uti in *figura* patet , in qua Archicymbalum fignatur littera A. reliqua duo

mino-

minóra B. & C. Medium deinde nonnihil reliquis majus D. ordine ita difpofita, & ab invicem eo modo feparata, ut fingula fuis
fulcita columnellis liberrimo fpatio, neque parietem attingant,
neque alio quopiam fulcimento circum afpectabili fuftineri videantur.

Quo or-
dine Au-
thor hujus
prodigij
experi-
mentum
faciat Au-
ditoribus.

Author igitur Symphoniarcha in machina fpecimina daturus
artis fuæ, fe accingit ad Archiclavicymbalum A. Regiftra accommodans modo omnibus incognito, incipit fonare concertum à fe
tanta & tam fuavi, & concinna Symphoniâ compofitum, ut aures
omniüm Auditorum ftatim dulcedine harmoniæ raptas arrigat:
Poft hæc cymbálum B. fuaviffimè confonat, quod fequitur cymbalum D. concertans cum cymbalo B. & tandem inftrumentum C. & deinde omnia fimul clavicymbala plenum & abfolu-
tiffimum fonum & concentum efficiunt; in quo illud Auditores
veluti attonitos reddit, quod in tribus clavicymbalis B C D.
marculi, quos taftos vocant, nunc in cymbalo B. modò in C. jam
in omnibus tribus per intervalla certatim fine ullo manus veftigio,
nulla abditorum filorum ope, nullo per vicinum murum, aut pa-
vimentum artificiofo chordarum ductu moveri, & alternatim fub-
fultare videantur; Symphonia verò, quam exhibent, eft mirum

in

in modum concinna, & summo ingenio ab Authore composita, non solùm aures Auditorum mirum in modum solicitat, sed & musculorum subsultatu oculos veluti attonitos reddit; magicum incantamentum jure diceres. Dum hæc geruntur, Author occulta motione mutato regiftro mox chely, quam *Violino* vocant, suaviffimam una cum cymbalis harmoniam exhibet; ubi verò abscondita fit dicta chelys, aut quo myfterio intra Archicymbalum conftituta fit, quo modo, aut qua arte hæ chordæ differentis conditionis, utpote ex animalium inteftinis confectæ folà plectri rafione incitentur, peritorum etiam æftimatione novum, & hucusque inventum incognitum habetur. Nec hîc finis: Finita chelys fymphoniâ, ecce derepente Author Lyræ harmonicum fonum ita dextrè cymbalis confonantem exhibet, ut omnes Auditores prodigiofi foni raritate animis auribúsq; fufpenfos teneat, præfertim cùm eofdem femper in Archicymbalo Symphoniarcha taftos tangat, & jam chelys, modò lyræ cymbalis intermiftam harmoniam optimè inftitutam exhibeat. Poft hæc; ecce Symphoniarcha derepentè Organum magnâ Regiftrorum varietate inftructum in pulcherrimam Melodiam convertit, ubi nunc fono flebili, modo hilari concitatóque fubinde ad bellicos furores concitandos organum agitat. Quomodò verò hoc harmonicum opus conftructum fit, qua abdita arte concinnatum, hîc defcribere nolim, ne incomparabilis Authoris inventioni quovis modo præjudicio fim, nefas effe putans, eum fuâ defraudare & inventione, & immenfis fumptibus, quos incredibili labore, & fudore ab octodecim ferè annis in adornando artificio expendit: Sæpè mihi conqueftus eft, fe frequenter in infuperabilibus difficultatibus occurrentibus animum defpondiffe, fed enim, uti labor improbus omnia vincit, ita quoque animum hortatu meo refumpfiffe ad continuandam machinam, donec tandem ad eam perfectionem, quam defcripfimus, illam reduxiffet.

Cùm verò fimilibus magni ingenii Opificibus ita comparatum fit, ut quiefcere non poffe videantur, donec inventionibus novas femper per continuam mentis agitationem adjungerent; habebat is apud fe inftrumentum muficum, quod *Mufettam* vulgò vocant, quod ex tribus fiftulis & utre conftruitur, quo Aulœdus finiftro brachio premit utrem, & digitis foraminibus fiftularum in Aulœdorum morem admotis, flatu melodiam exhibet auribus haud

Y   inju-

injucundam. Hujus itaque inftrumenti conftitutionem confide-
rans, quomodo fimile quid exequi poffit per *Taftaturam*, uti vocant, quâ quicquid alii in *Mufetta* magno labore præftant, id digitis
Cymbali *Taftaturâ* pedúmque motu affequeretur ; hoc itaque,
continuæ fpeculationi intentus, tandem perfecit, quod & in fecunda domus fuæ Camerâ, magno fabulofarum allufionum apparatu
exornata, exhibet. Mirum fanè oculis auribúsque fpectaculum,
videre taftos tangentem, Clavicymbali audire utriculum, aut *Mu-*
fettam exactiffimam ad Muficæ leges concinnatam melodiam.

Quomodo verò reductiones Regiftri foraminibus fiftularum
multiplicium ita accommodare potuerit, ut defideratam femper
Melodiam fonarent; qua arte & taftando Cymbala, & vento fimul & digitis orificia fiftularum nunc aperientibus, nunc clau-
dentibus, machinam in tam exoticum fonum animaret, nemo huc
ufque capere potuit, adeò omnia arcano artificio conftituta funt,
ut omnium etiam Artis Organicæ Magiftrorum in fimili quidpiam præftantium conatum eludat. Machina fanè admirabilis,
& forfan præcedenti, ob inpenetrabilem rerum difponendarum
ingenij vim, multò excellentior : quid enim prodigiofius eft,
Cymbalum fonare, & loco foni ejus audire toto cælo differens
inftrumentum aulædicum *Mufetta*? unde complures fimplicio-
res, qui inaffuetæ Artis folertiam non capiunt, id neceffariò fa-
tanicâ arte conftructum effe, fufpicantur.

Hæc *Lectori* paucis explicanda cenfui, partim ne Phonurgiæ
meæ quidpiam rarum, abftrufum, & inauditum circa multiplicia
Polyphoniæ prodigia deeffet, quod *Lectori* oblectamento effe poffet; partim ex amore & veneratione viri amici, ut ejus in dictis
jam harmonicis machinis rarâ induftriâ concinnandis ingenium
pofteritati commendarem ; atque unà eum exhortarer, inftimu-
larémque, ut totius Operis conftitutionem ordine exponeret, & libro datâ operâ edito detectum arcanum Reipublicæ Muficæ com-
municaret, ne fatis functo Opifice omnia fimul æternæ oblivio-
ni unacum Authore traderentur ; uti in multis novis inventionibus contigiffe, Hiftoriæ nos docent.

PHONURGIÆ
LIBER II.
PHONOSOPHIA NOVA,
Quâ reconditæ, & abſtruſæ ſonorum rátiones
per numeros exponuntur.

PRÆFATIO.

UANDOQUIDEM plures ſoni geneſin exactiùs nôſſe deſideraturos prævideo; ut & hiſce plenam ſatisfactionem daremus, hîc ea,
quæ olim in *Muſurgia* proſecuti ſumus,
paulò ampliùs demonſtrabimus. Quantam
enim vim non ſolùm in hominum animos
affectúſque concitandos harmonicus ſonus,
ſed & in ipſa animalia poſſideat; plena ſunt
omnium ſcriptorum monumenta. Quænam itaque hujus tam mirifici effectûs cauſa ſit, aperiemùs, ab ovo rem ordituri. Ex quibus
apertè cognoſcet *Lector* curioſus, quomodo chorda tacta, alteram
intactam moveat: quomodo inde ſive voces ſive inſtrumenta muſica ſpiritus incitent, & quàm mirificos effectus in affectionibus
Iræ, Amoris, Cómiſerationis Furoríſque tum in artificioſâ harmonicâ Symphoniâ, tum in ipſorum ſonororum corporum colliſione
naturâ præſtent; & quomodo tandem multiplici tubarum jam in
præcedentibus expoſitarum per differentès phonaſcos concentu,
homines ad quoſcunque affectus remotiſſimis etiam locis diſſiti
(tantò ubique majori ſtupore, quantò in remotiora ſpatia propagata
Symphonia occultiùs ſe audientium auribus ſiſtit) excitari queant,
oſtendemùs; ſed ad relicti *Rhombi* filum revertamur.

Y 2   SECTIO

SECTIO I.

De Prodigiosa Sonorum quorundam vi & efficacia.

CAPUT I.

DE MUSICÆ VI MIRIFICA.

MAGIAM Consoni & Dissoni nihil aliud esse dicimus, quàm facultatem illam prodigiosorum sonorum effectricem, quæ sanè inter cæteras magiæ naturalis species non minimum locum obtinet, est enim quibusdam sonis adeò admiranda & alterandi & trahendi vis, ut intellectus humanus vix ad genuinam eorum rationem pertingere posse videatur. Quantus insit musicis modulis magnetismus, quanta tractivæ virtutis efficacia nemo nescit, ut proinde non sine ratione Prisci ORPHEUM *Musicum magum*, animalia, sylvas, atque adeò ipsa saxa lyræ Sono magico trahentem produxerint, de quo admodum eleganter CLAUDIANUS in *præfatione secundi Libri de raptu* PROSERPINÆ his verbis.

> *Tam Patria festo lætatus tempore vates*
> *desueta repetit fila canora lyra,*
> *Et residens lani modulatus pectine nervos;*
> *pollice festivo nobile duxit ebur.*
> *Vix auditus erat, venti sternuntur, & unda,*
> *pigrior astrictis torpuit* Hebrus *aquis*
> *Porrexit* Rhodope *sitientes Carmina montes,*
> *excußit gelidas pronior* Ossa *nives.*
> *Ardua nudatus descendit populus* Æmo,
> *& comitem quercum* Pinus *amica trahit,*
> Phyrrheasque *Dei quamvis despexerit artes,*
> ORPHÆI *laurus vocibus apta venit.*
> *Securum blandi Leporem videre Moloßi,*
> *vicinumque lupo præbuit agna latus.*
> *Concordes varia ludunt cum* Tygride *Damæ,*
> Maßylam *cervi non timuere jubam.*

Quæ quidem prodigiosa animalium, sylvarum, saxorúmque attractio partim tropologicè, partim allegoricè accipienda est; Notárant

tàrant enim Prifci maximam Muficæ vim effe in animam, eamque
fecundùm varios ejus fonos & harmonias mutari,& tanquam cæ-
ram quòcunque torqueas fequi ; ideo ipfam ἀρχὴν πάντων, five principium omnium, & ut PSELLUS in *fua Mufica* ait τὴν μυσικὴν οἱ παλαιότατοι
συνέχειν ἔφασιν τὸ πᾶν. Præterea videbant eandem Muficam mores poffe
componere,& variare, nihil enim tam facilè in animos teneros eof-
que molles influere, quàm varios canendi fonos, quorum dici vix
poteft, quanta fit vis in utrámque partem, namque & incitat languentes, & languere facit excitatos, & tum remittit animos, tum
contrahit, ut fufiùs poftea declarabitur. Saxa igitur, fylvas & animalia, id eft, homines prorfus infenfatos, ferinos & crudelitate
immanes divino lyræ fuæ fono attractos ad humanitatem & politi-
càm vivendi rationem perduxit ; Alii verò dictam attractionem
allegoricè intelligunt ; Cùm enim ORPHEUS infignis effet Aftro-
logus & Muficus,utramque Artem perfectiffimè callens, ita opportunè temperaret, & mifceret fonos, & cæleftium fyderum, quam
optimè ipfe intelligeret, imitaretur harmoniam, & eam ad hanc ita
provocaret, ut eorum omnem in fe traheret, ac deportaret influ-
xum atque vim, quà fretus quæcunque vellet pulfando traheret ac
deliniret. Nonnulli quoque fubjungunt, quòd cùm optimè nôf-
fet, quâ proportione & quo concentu unumquodque effet à natura conftitutum compofitúmque, cuíque ftellæ pareret, effetvè
fubjectum ; muficales rationes eifdem accommodans & ftellis
earum, ad motum alliceret inanimata per vim ftellarum, quam in
illis latentem externâ fuâ harmoniâ quafi produceret; non fecus ac
ferrum ex filice latentem ignem excutit ; vel flammam flatus follis
abditam prodit; funt enim in omnibus rebus quidam veluti laten-
tes igniculi, atque femina harmoniæ, five fenfus, adeo,ut vel ipfum
DEUM veteres dicerent Ἁρμονίαν πάντων.

Hinc PROCLI authoritate cuncta hymnos concinunt ad fui
ordinis Duces, fed alia intellectuali, alia rationali, alia naturali,
alia fenfibili tantùm modo. Et profectò fi quis, (inquit ifte) au-
diret pulfationem quam fingula in aëre in orbem efficiunt, ut fo-
laria ad Solem, lunaria ad Lunam, profectò illum quendam ejuf-
modi fonum erga Regem fuum aptè compofitum animadverte-
ret, qualemcumque poffunt res fingulæ conficere. Magnetica i-
gitur vis Muficæ omnia movens quantùm in hominibus poffit

notum

Saxorum attractio ab Orpheo facta quid notet.

Vis Harmoniæ in omnibus latet.

notum est ; Nec enim tam immite ac efferatum cor esse poterit, quòd aptis modulis ac cantilenis animum delinientibus non remittatur , contra indecentibus & inconcinnis arctetur & restringatur, Carmen prodit Musæus dulcissimam rem mortalibus cœlitùs datam omnes mulcentem , perstrepunt in bello tympana, ad animos prœliaturis addendos : resonant Tubæ , Tibiæque ad suscitandos in pugnando militum animos. Timotheus Musicus quoties libuerat , phrygio sono Alexandri animum ita accendebat , ut efferatus ad arma curreret , & cùm aliter voluisset , mutato tono mentis ferociam supprimebat, emollitúmque animum ad epulas trahebat & ad convivia : Simile quid legitur de Cytharœdo quodam *Regis Daniæ.* Nonne Pythagoras Cicerone teste adolescentem quendam Taurommeum insano amore veluti æstro percitum spondæo resonante pacatum reddidit & mansuetum ? Certè ad compescendos animi impetus , ac perturbationes musicos sonos Theophrastus fertur adhibuisse. Clitemnestram ad continentiam & pudicitiam incitatum à Cytharædo , ut armis obviis arreptis manus violētas in quosvis sibi assidentes conjecerit. Musicis modulis non homines tantùm , sed & animalia ipsa capiuntur. Alliciuntur Elephantes Strabone teste, tympanis ; Cygni cytharâ.

Fistulâ dulce canit , volucrem dum decipit auceps.

Ursorum innata feritas , & sæva immanitas nisi fistulæ auditę sono non sistitur; ad tibiæ modulos Rythagoras luporum impetus repressisse fertur, Musica deniq; medicina excellentissima est omnibus morbis depellendis idonea. Hac Ischiathicos, Melancholicos, Furiosos, Dæmoniacos, Venenatos curatos historiæ & sacræ & profanæ affatim narrant ut postea dicetur. Quod autem Asclepiades passim ab ignaris Authoribus tubâ surdos curasse allegetur, id non intelligi velim, quasi tubæ sono & modulis id præstiterit; sed quòd instrumento in tubæ formam concinnato auribus surdi indito (ut hodierno die multi adhuc utuntur surdastri, quorum fabricam in antecedentibus tradidimus) species soni verborúmque unitas, & varia repercussione auctas organo auditivo surdi efficaciùs sisteret, quo dum surdi mirum in modum juvarentur, res in fabulam recepta est, Asclepiadem surdis tubæ sono mederi.

His igitur ita præmissis, jam videamus, quis ad trahendos animos
mos

mòs infit magnetifmus ? Quam cum auribus confonantiæ proportionem, ut illis tantopere delectemur, habeant, & quidnam fit
numerus, pondus & menfura, tam in fonis, quàm in auribus, vel
in anima, prout fonis delectatur, vel iifdem auditis, nefcio quo
pathemate corripitur? Sunt enim foni quidam adeò molefti & in-
concinni, ut eorum afperitate dentes ipfi ftridere, quidam adeò
apti & concinni, ita fuaviter influentes, ut animam extra fe rapere
videantur. Hæc cùm fcrutor, dici vix poteft, quanta circa hujuf- Variæ opi-
niones
modi harmoniæ vim atque efficaciam Authorum fit controverfia circa Mu-
& diffenfio, quantæ de modulorum confonantiis fint omnium fic æ vim.
penè fcriptorum diffonantes fententiæ, quibufdam hanc vim in
omnis confonantiæ fontem DEUM aut animam numeris compofi-
tam, nonnullis nefcio in quos influxus cæleftes, aut cabalifticum
decachordum, aliis in occultam fympathiam animæ cum Muficis
numeris, multis in Geometricas rationes conferentibus. Quibus
omnibus abfonis & tanquam à veritate multùm difcordantibus
relictis, quid nos de hac tractiva Muficæ facultate, animíque attra-
ctivà ftatuamus; & qua ratione & proceffu adeò varios non in hominibus tantùm, fed & in ipfis animalibus brutis effectus producat, tandem aperiamus.

CAPUT II.

DE NATURA ET PRODUCTIONE
Confoni, & Diffoni.

Mirantur omnes, cur anima tantopere afficiatur confonis,
tantùm verò à diffonis abhorreat, quorum caufæ & rationes ut intelligantur,

Notandum primò, duo in Confonis confideranda effe, collifio- Intenfio
nem corporum, quæ fit per motum fonorum, & proportionem, & remiffio foni à
quæ funt veluti duo principia, illud quidem Phyficum, hoc Ma- celeritate
thematicum; quibus omnes confonantiæ caufantur. Phyfica mo- vel tarditate.
tum confiderat, Mathefis quantitatem, numeros, pondus, men-
furam, omnémque proportionem unius foni ad alterum expendit.
Porrò cùm omnis vocum fonorúmque intenfio aut remiffio à motûs velocitate aut tarditate profluat, tantò neceffariò vox fonúfve
caufabitur intenfior, acutior & fpiffior; quantò motus fuerit ve-
locior;

locior; tantò verò remiſſior rariórque, quantò motus fuerit tardior. Quæ omnia à Boetio doctè expenduntur *lib. 1. Muſ. cap. 3.*
ubi docet neceſſariò ſonos illos eſſe graviores, qui fiunt à motibus
tardioribus & rarioribus ipſa tarditate atque raritate pellendi, acu-
tiores verò, ſi motus celeriores, ac ſpiſſiores fuerint, adeò ut nervus
idem acutiùs ſonet, ſi intendatur: graviùs ſi remittatur; quia cùm
denſior eſt, velociorem pulſum reddit, celeriùs revertitur ac frè-
quentiùs & ſpiſſiùs aërem ferit: qui verò laxior eſt, ſolutiores pul-
ſus efficit, & ipſa imbecillitate feriendi rarus effectus breviori tempore tremit; hinc fiſtulæ ſeu tibiæ, ut in *Muſurgia Organica*, &

Quæ cau-
ſa vocis
acutæ &
gravis in
homini-
bus.

7. libro Muſurgia noſtra demonſtravimus pro clauſorum atque
apertorum foraminum ratione, ob conſtipatum laxatúmque aërem nunc acutiùs nunc obtuſiùs graviúſque ſonant, quòd & in
fiſtulis organicis, & in larynge ſeu aſperâ arteriâ humanâ patet:
quantò enim in illis lingua, ſeu epiglottis, aut fiſſura illa, ubi aëris
illiſio ſonum cauſat, longior fuerit, & fiſtula amplior, tantò graviorem ſonum, quantò brevior ſtrictiórque tantò acutiorem ſonum edet. Unde conſequenter quorum larynx ampla & longa,
gravis & baſſa, at quorum ſtricta & exigua eſt, alta & acuta voce
intonare ſolent. Verùm de hiſce fuſiùs alibi locuti fuimus.

Sonus
non eſt u-
nus con-
trarius, ſed
multis ſo-
norum
partibus
compoſi-
tus.

Notandum ſecundò, nervi moti aut vocis emiſſæ ſonum non
eſſe continuum quiddam, ſed ex motibus diſcretis & interpolatis
ejuſmodi ſonum eſſe conflatum, ut in *Chordoſophia* dictum eſt, etſi
ejus intervalla aures noſtræ percipere minimè valeant, non ſecus
ac oculi dijudicare nequeunt, ardens ne titio, quem quis velociſ-
ſimè in orbem circumagit toto in circulo exiſtat, an circulus totus
ſit igneus? Quod & Boetius turbinis à pueris circumacti declarat
exemplo, qui ſi virgulâ coloris rubri ſecundùm longitudinem ſeu
altitudinem coni imbuatur, totus conus ubi gyros aget rubro colore infectus comparebit, non quòd ita ſit, ſed quòd partes minimè coloratas rubræ notæ velocitas comprehendat, aliaſvè apparere
non ſinat. Similiter intenſior nervus pluribus ictibus reſilit atque
tremit, remiſſior paucioribus; quoties enim chorda pellitur, non
tantùm unus ſonus editur, aut una fit percuſſio, ſed aër feritur toties quoties eum tremebunda chorda percuſſerit. Unde additione
motuum ex gravitate acumen intenditur, detractione verò motuum ex acumine laxatur gravitas, cùm acumen ex pluribus moti-

bus

bus conftet. Quomodo autem datum quemvis numerum aut magnitudinem ita fecare poffimus, ut partes fectæ fint in data proportione harmonica, fusè alibi tradidimus.

Quibus conftitutis infero tandem, Muficæ illam mirandam vim, quam in animi commovendis affectibus obtinet, non ab anima immediatè profluere, quæ cùm immortalis fit, & immateriata, nullam ad vocem & fonus proportionem dicit, neque ab eis immutari poteft; fed à fpiritu, qui eft animæ inftrumentum, ut ab animæ principali conjunctione, quâ corpori annexa eft; Spiritus enim hujufmodi cum fubtiliffimus fit, vapor quidam fanguineus admodum mobilis ac tenuis facilè ab aëre harmonicè concitato incitatur, quam concitationem anima fentiens pro varia fpiritûs incitatione varios effectus quoque inducit, hinc cùm fpiritus velocioribus motibus harmonicis & fpiffioribus concitatur, & veluti crifpatur, oritur ex illa crifpatione rarefactio quædam, ex rarefactione verò fpiritûs oritur dilatatio, quam confequitur lætitia & gaudium, quæ omnia tantò majores affectus habebunt, quantò moduli fuerint concinniores, aptiores & complexioni conftitutioníque naturali hominis proportionatiores, *hinc* fit, ut, dum optimè conftitutam harmoniam ac fuaviffimam percipimus melodiam, titillationem quandam in corde animóque, hâc aptâ concitatione veluti attracti abfortíque fentire videmur, quam affectuum varietatem maximè promovent diverfi modi feu toni mufici, de quibus alibi actum eft diminutiones præterea notularum, afcenfûs defcenfúfque varia reciprocatio, varia diffonorum cum confonis artificiosè miftorum combinatio. Spiritum autem hac ratione, non aliâ moveri, ex primo fequentium experimentorum manifeftum eft.

In quo côfiftat vis Muficæ.

CAPUT III.

DE AFFECTIBUS ANIMI AD QUOS *Mufica incitat.*

ANimus igitur juxta harmoniæ diverfitatem varios quoque affectus induit Lætitiæ, Impetûs, Remiffionis, Timoris, Spei, Iracundiæ & Commiferationis. Nos enim maximè ad octo affectus movent Muficæ modulationes, ut, alibi dictum eft, vel

Z quia

quia confonæ funt vel diffonæ vel quia concitatæ aut tardæ , vel quod majus eft , quòd tendant in acutum ad alacritatem , vel in gravem definant & remiffum fonum ad commiferationem & lachrymas : ad amorem autem & odium etfi affectus omnium funt potentiffimi , non excitat Mufica , quia amor & odium alicujus funt amor & odium , ut alibi dictum eft.

Mufica autem generales folùm movet animi affectus, excitatur tamen amor à lætitia generali affectu, veluti ex attritu quodam; verùm cùm Mufica triftitiam generare non poffit, neq; odium generare poteft; triftitiam autem generare non poffe Muficam, inde patet, quòd triftitia fit ad mortem; mufica autem ad vitam : Cur autem Mufica, ut rectè Ecclesiastes dicit, in luctu importuna narratio fit , & cur lugentes aut corde gravi quâdam triftitia fuppreffo omnem Muficam nos refpuamus, *hac eft ratio*, quia fpiritus feu humor metu aut triftitiâ per fortem impendentium malorum imaginationem congelatus conftrictúfque omnem refpuens commotionem ejus fe veluti incapacem reddit , fi itaque Muficus effet, qui hunc fpiritum condenfatum Muficâ bene ordinatâ diffolvere poffet, non ad triftitiam moveret fed lenimen doloris fpiritu aliquantum dilatato afferret. Diximus ad octo maximè affectus nos Muficâ moveri , qui tamen commodè ad hos tres Affectus revocari poffunt, *Lætitiam* videlicet, *Remißionem* , & *Mifericordiam*, ut fupra quoque dictum eft , at quòd ex his poftmodum alii affectus, ut Amoris, Triftitiæ, Audaciæ, Furoris, Temperantiæ, Indignationis, Gravitatis, Religionis refultent, per accidens eft ; fiquidem hi omnes ex his tribus generalibus animi affectionibus confequuntur, ut in *Mufurgia noftra Rhetorica* plurimis rationibus tradidimus.

Variæ igitur intenfiones & remiffiones tonorum, variæ afcenfus defcenfúfque reciprocationes , variæ difcrepantéfque vocum repercuffiones variæ magneticæ tractionis animorum caufa funt , quos effectus quatuor res plurimùm adaugent. *Primò* artificiofa tonorum miftura, variæque fonorum ad arfin & thefin fyncopantium colligationes, quibus confona diffonis adeò ftrictis amicitiæ legibus connectuntur, ut nihil fuaviùs percipi poffit , quas variæ vocum diminutiones , fugarúmque artificiosè contextarum mutuæ amicæque infecutiones plurimùm adaugent. *Secundò* numerus determinatus verfu comprehenfus. *Tertiò* ipfa verba, feu

textus

textus cantilenarum. Ultimò difpofitio ipfa audientis, quæ fi abfuerint, nulla inde ex harmonia fequetur commotio. Cùm enim
diverfæ difpofitiones hominum ab alia non oriantur causâ, quàm
á motibus fpiritûs præcipui potentiarum omnium tam fentientis
quàm moventis animæ organi & inftrumenti vel per alterationem
aut motus etiam vocales caufetur, à quibus motibus fpiritus, ut
dictum eft, nunc recolligitur, nunc diftrahitur, jam laxatur, paulò
poft intenditur variáfque confequenter alterationes, quæ ab harmonia fonora caufantur per vices patitur, neceffariò fequitur animum ad ftatum & difpofitionem fpiritûs inclinari. Unde lafcivi
blandis, mollibus & acutioribus modulis gaudent, quia effectus,
quem hi in fpiritûs concitatione præftant; proportionatus eft, fi-
milífque affectui quò inclinant.

Hinc duo, quorum unus cælefti, alter amore terreno ardet,
uno & eodem tono, Dorio aut Lydio diverfis motibus aut defide-
riis agitantur, ille cæleftis Patriæ contemptui rerum terrenarum
conjuncto defiderio, hic confortii carnalis ardore appetitui rerum
caducarum conjuncto, & fic de cæteris judicandum. Ita unufquif-
que plus delectatur illâ harmoniâ, quæ naturæ complexionique
fuæ magis fuerit fimilis & proportionata, difpofitionique præfenti
magis fuerit confentanea.

CAPUT IV.

CAUSARUM NUMERI CONSONI ET
Diffoni inquifitio.

Orrò quomodo Mufica modulis fuis animi commoveat affectus, ex præcedentibus dictis facilè cognofcitur. Nunc fo- *Cur alii*
lùm explicandum reftat, quomodo aliqui foni confoni fint, *numeri*
funt fono-
aliqui non, & cur confoni folùm moveant ad affectus, diffoni non *ri alii non.*
item, quod ut intelligatur, fciendum eft, quòd ficut confonantia
eft diffimilium inter fe vocum aut fonorum in unam redacta proportio, vel foni acuti gravífque miftura fuaviter uniformitérque *Quid con-*
fonantia
auribus accidens; ita diffonantia fonorum acuti gravífque mixto- *& diffo-*
rum ad aurem veniens afpera injucundáque percuffio eft. *nantia.*

Cùm igitur delectatio ex duorum tonorum differentium audi-
tione percipiatur, caufa eft, quòd tremores ex vibratione chordæ

reful-

refultantes , fæpe uniantur & in unum concordent, qua unione
fpiritus fimiliter excitatus vim imaginativam ad delectationem
inftimulat; ad difplicentiam verò, fi tremores dicti aut prorfus non,
aut rarò fe unierint; ut verò quilibet cognofcere poffit, quomodo
ifta unio contingat, hìc totum negotium per aliquot propofitiones
demonftrare vifum eft.

PROPOSITIO I.

DUÆ CHORDÆ ISOTONE INCITATÆ ÆQUA-
li tempore neceffariò unifonum producunt, & fingulis vibratio-
nibus perfectè & æquali tempore fefe vniunt.

Uamvis hæc omnia fusè & ex primis fundamentis demonftravimus in *Chordofophia Mufurgia noftra* ; quia tamen hic locus veluti jure fuo poftulat confonantiarum ge-
nefin, hìc breviter eadem repetenda duximus. Suppono igitur ex
citati Libri demonftratis , omnes diadromos five æquales , five
inæquales unius chordæ effe æqui-diurnos. Sint igitur duæ æquales & tenfione & craffitie A B. C D. dico ex earum incitatione neceffariò nafci unifonum.

Quoniam enim ex demonftratis citato loco Ifothonæ chordæ
ad invicem fe habent, ut I ad I. tempus quoque fit æquale & æ-
qui-diuturnum, neceffariò vibrationum terminus in utraque chorda erit ἰσόχρονος, id eft , continget in eodem tempore ; Nam utraque chorda A B. quidem tracta in E. & C D. tracta in F. uno &
eodem tempore hæc in M. illa in I. punctis reflexionum ferientes aërem caufabunt tonos prorfus eofdem, in receffu verò uno &
eodem temporis momento in S. & T. ferientes aërem caufabunt
tonos eofdem, quos priùs , & fic femper eofdem & eofdem fonos
parient, donec tremebundæ chordæ centrum gravitatis confecu-
tæ, quieverint.

Cùm igitur ictus aëris in punctis reflexionis eodem temporis
momento perfectè fe uniant, & hoc fingulis diadromis, five cur-
fo-recurfibus neceffariò inde, uti dictum eft , refultabit tonus ille
unifonus, fons & origo omnium confonantiarum ; duæ chordæ
igitur Ifotonæ ; neceffariò producunt unifonum *quod* erat demonftrandum.

PROPOSITIO II.

DVÆ CHORDÆ ÆQVALES CRASSITIE, QVA-rum una alterius sit dupla, incitatæ necessariò producent Dia-pason, sive Octavam, & æquali duratione tem-poris sese unient.

SInt verò jam duæ chordæ A C. & B C. quarum hæc ad illam sit in proportione dupla. Dico, incitatarum sonos non jam æquali sed inæquali tempore unitum iri. Quoniam enim uti chorda ad chordam, ita æqui-diurnitas unius motûs ad æqui-diur-nitatem motûs alterius scilicet incitatarum chordarum seque ur necessariò chordam B C. duplo celeriùs diadromos suos con-ficere, quàm suos conficiat chorda A C.

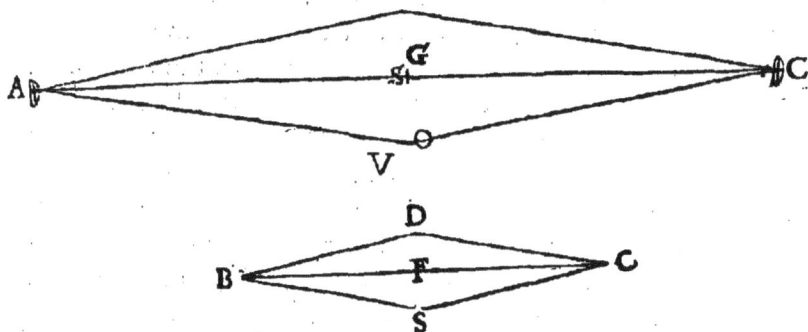

Incitentur enim duæ chordæ eodem tempore, chorda quidem A C. in G. & B C. in F. transibit necessariò chorda A C. to-tum spacium G O. semel, dum interim chorda B C. ex F. per-venerit in D. tunc itaque illa in O. velut in termino, & hâc in D. tanquam in fluxu existente, nulla quoque fiet sonorum unio, quando igitur chorda B C. pertigerit in V. chorda A C. eodem tempore pertinget in F. & ibi utriusque chordæ terminum con-secutæ, hæc in V. illa in S. soni ex actu aëris causati primi sese uniant perfectè. Cùm verò chorda B C. duplo velociùs currat chordâ A C. necessariò una ad alteram in unione sonorum sona-bit Diapason sive Octavam. Diapason *igitur* causatur ex unione sonorum inæquali tempore fluentium ; *quod* erat demonstran-dum : Sed hæc aliter demonstremus.

Alia

Alia Demonstratio ejusdem.

SIt chorda major hypate, Nete verò sive Octava G. minor sub dupla chordæ majoris : sit autem chordæ hypates spacium quo vibrissata chorda currit & recurrit, Netes verò spacium F G. prioris sub duplum , habebitque se ut chorda ad chordam, sic spacium quod percurrit ad spacium. Ponamus igitur

has chordas simul uno & eodem tempore incitari in B. & F. curret igitur utraque chorda ex B & F. illa quidem in S. hæc in G. at minor in S. perveniens ibi veluti terminum motionis suæ consecuta ex repercussione aëris sonum causabit chorda B C. in S. C. utpote à termino C. tantùm adhuc remota, quantùm ex B. in S. confecit, silente, mox tamen ubi in C. pervenerit, ibi ex aëris repercussione sonabit; sed minor chorda interim ex G in F. æquali

Diapason quomodo in dupla proportione consistit.

tempore & spacio cum chorda B C. ex S in C. currente remeans, eodem quoque tempore in F. altero cursûs sui termino resonabit, dum chorda B C in C. resonat. Fiet igitur hîc prima sonorum utriusque chordæ unio, quæ toties continget, quoties chorda tremebunda B C. aërem ferierit, cùm præterea chorda minor bis suum spacium percurrat , dum chorda major spacium B C. semel ; necessariò duplo quoq; celeriùs aërem feriet chorda minor quàm major , & consequenter acutiùs sonabit , frequentíque vibrationum unione ob magnum auditorium , ita & spiritus vitales suaviter afficiens eam, de qua diximus, delectationem (qui primus harmoniæ gradus est) in anima efficiet. Unde in chordis æqualiter extensis , cum repercussio aëris in utraque chorda æquali tempore ac spacio contingat, unisonus causabitur, qui ita se habet ad harmoniam , ut unitas ad numerum, sive punctum ad lineam, unde & harmonicus propriè dici non potest, sed & Diapason omnium consonantiarum suavissima est, quia unio sonorum gravis & acuti perfectè mistorum frequentiùs quàm in ullis aliis consonantiis contingit , cùm unum solùm minor chorda sonum habeat, qui non uniatur majori chordæ , reliquæ verò consonan-

tiæ

tiæ plures fonos habent, qui non uniuntur, & confequenter rariùs
& rariùs, prout à confonantia diapafon magis ac magis recefferint,
cùm hypate confonant, fed hæ in diapentes & diateffaron clario-
res fient.

CONSECTARIVM.

Hinc fequitur, duas chordas B C. & F V. æqualiter tenfas,
fi chorda B C. ad fonum incitetur, alteram F V. quantumvis intactam pariter fonare.

PROPOSITIO III.

SI DVÆ CHORDÆ ÆQVALES CRASSITIÆ,
diapente fonent, foni in fefqui-altera temporis proportione fe unient.

IMaginaberis has subjectas lineas referre lineas tranfverfas, quas
Diadromi chordarum incitatarum conficiunt; fit igitur chorda
quædam major A D. fpacium verò quod incitata percurrit A
B C D. altera autem chorda minor E F G. ad priorem fe habeat

ut duo ad tria, quæ eft proportio fefqui-altera diapentes, moveatur
utraque eodem momento (loquimur enim non de chorda currente ex uno loco in alium, fed de fono qui in chorda promove-
tur de hoc in illud extremum, in quibus noftro concipiendi modo
aërem feriens fonum caufat, quod bene notes velim) curret ergo
utraque, major quidem ex A. versùs D. & minor ex E in G. mox
igitur dum minor venerit in F. major in D. refonare incipiet, nulla igitur horum fonorum hîc continget unio, cùm fonus chordæ
majoris in D. tardiùs contingat, quàm fonus chordæ minoris
in G. neque unio fonorum fiet in E F. cum motus chordæ majoris in E. terminum motionis fuæ necdum fit confecutus; cùm
igitur chordæ majoris motus ex E in A. tantum adhuc fpacium
con-

conficere debeat, quantum chordæ minoris ex E in G. in A & G.
motus utriusque chordæ terminis soni primùm unientur. Vides
igitur, quod sicut se habet vibratio chordarum, ita soni ad sonos; cùm igitur vibratio minoris chordæ ad vibrationem sive cur-
sum recursùmque majoris chordæ se habeat, ut 3. ad 2. ita & soni minoris chordæ ad majorem, semper igitur minor duobus sonis omissis, qui non uniuntur, sonum ex tertia vibratione resul-
tantem, chordæ majori conjunget. Unde unio sonorum gravis & acuti in diapente tardiùs quàm in diapason contingit, &
consequenter à prioris suavitate paulatim recedit.

PROPOSITIO IV.

DUÆ CHORDAE AEQUALES CRASSITIE
Diatessaron sonant, quia soni in sesqui-tertiâ temporis
proportione se uniunt.

Rimùm sit chordæ majoris spacium A, per quod incitata
currat A V X E C. Minoris D F E. spacium, habeatque se chorda ad chordam, & spacium ad spacium ut 3. ad 4. videli-

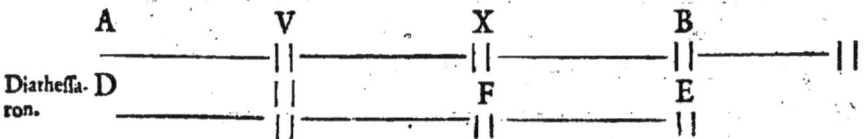

Diatheſſa-
ron.

cet in proportione sesquitertia, in quâ consistit proportio diatef-
saron, mota ergo utraque chorda è terminis A & D, versus C &
E, certum est, quòd minoris motus, ubi venerit in E, repercus-
sus primò resonabit, & ubi recurrerit ex E in F. tunc primùm incipiet sonare in C chordæ majoris motus; ubi igitur minor in
D. veniens secundo resonabit, majoris ex C. reversæ motio X.
puncto imminebit, & ubi minor venerit in F. major tenebit A.
ubi & terminum consecuta secundò repercussa sonabit. Minor
autem ex F in E. promota, ibi tertiò resonabit, interim chordâ
majori motâ in V. Nulla igitur adhuc sonorum unio facta est,
quam tum primùm acquirent, cum majoris chordæ motus ex V
in C. pervenerit, & minor ex E in D. cùm enim æquali tempore ac spatio terminos motionis assequantur, videlicet major in C.

&

& minor in D. ibi primùm unio contingit, ita, ut minor chorda semper in hac confonantia tribus tonis omiffis, qui non uniuntur fonis chordæ majoris, fonum ex quarta vibratione refultantem, tandem uniat. Idem de cæteris confonantiis judicium eft, quæ tantò femper erunt imperfectiores, quantò à fimpliciffima Diapafon magis receflerint, & quantò rariùs fonos unierint, ut fit in ditono, femiditono, hexachordo fono & fimilibus. Ita ditonus femper quatuor omiffis fonis, qui non mifcentur, quintum tantùm unit, femiditonus verò quinque infociabiles fonos omittens, ex fexta vibratióne chordæ refultantem fonum majori chordæ tantùm adjungit. Vide quæ fufiffimè de hifce tractavimus in *Chordofophia*.

Quòd fi itaque motus tardi & veloces fimul fuerint proportionati, & facilè inter fe mifceantur, orietur confonantia; Si verò fuerint improportionati & nullam mixturam feu coitionem admittant, nafcetur diffonantia. Tantò autem faciliùs mifcebuntur, quantò fuerint fimiliores & fonti five unitati aut unifono propinquiores. Hinc confonantia *Diapafon* omnium confonantiarum perfectiffima eft, quia proportione primà perfectiffimà & fimpliciffimâ tantùm unitate à monade diftante perficitur; qualis eft dupla, habetque fe ut unum ad duo; huic proxima in perfectione proportio eft fuper-particularis feu fefqui-altera *Diapente* habetq; fe ut 2. ad 3. quam fequitur immediatè proportio fefqui-tertia habètque fe ut 3. ad 4. quæ convenit confonantiæ *Diateffaron*, quæ in Harmonica tonorum difpofitione perfecta eft, in arithmetica verò difpofitione imperfecta cenfetur & diffona; unde fecundùm quid perfecta tantùm eft & confona. Accedit quod hæ proportiones fefqui-altera & fefqui-tertia confonæ fint, eo quod ex iis conjunctis *Diapafon* conftituatur, omnium autem confonantiffimam conftituere non poffent, fi confonæ non effent; atque ex tribus confonantiis tota Mufica conftat, neque tota Mufica eft aliud, quàm harmonia ex tribus confonantiis conftans, nec ulla Symphonia fine his tribus poffibilis eft.

Diapafon omnium confonantiarum perfectiffima eft.

In tribus igitur perfecta confonantiarum five fimplicium five compofitarum ratio confiftit, ab hac autem ufque ad fenarium numerum confonantiæ à perfectione fua decedunt, quales funt Ditonus, Semiditonus, Hexachordon majus, five fexta major;

Ex tribus confonantiis conftat tota Mufica.

A a   quarum

quarum prior in fefqui-quarta proportione confiftens, fe habet ut 4. ad 5. altera in fefqui-quinta fe habet ut. 5. ad 6. Tertia in proportione fuper-bipartiente tertias fe habet ut 3. ad 5. vocantúrque confonantiæ imperfeétæ, quibus unà cum perfeétis totus confonantiarum circulus completur. Vides igitur quomodo ab unitate profluentes confonantiæ in fenario totius perfeétionis fuæ circuitum, ita ut aliæ præter diétas confonantiæ affignari nequeant, abfolvant. Qui hæc penitus penetraverit luculenter videbit, quomodo Deus Opt. Max. Fons omnis harmoniæ fit, & quomodo mundus ab ipfo profluxerit, & quod opus ἐξάμηρον ab ipfo conftitutum fit, fed hæc *in 3. & 4. Libro fol. 100. & 187. Mufurgia noftra* fufiùs tradidimus.

　　Hæ igitur confonantiæ pro diverfa in fcala muficali difpofitione, diverfam quoque tonorum femitoniorum diefium, chromatum conftitutionem caufant, ex quorum varia combinatione pro varia hominum complexione, fpiritus quoque variè afficitur; unde & varii, ut paulò ante diétum eft, affeétus atque impetus animi refultant ; fiquidem fpiritus nofter ad concitati aëris rationem movetur, non aliter ac chorda taéta alteram intaétam concitat, unde fi fpiritus noftri chordæ forent, ij à modulis concitati harmoniam perfeétè exprimerent, quod fequentibus experimentis manifeftum facio.

PROPOSITIO V.

DE SYMPATHIÆ ET ANTIPATHIÆ
Sonorum ratione.

Nota primò in hujufmodi fono tria confiderari poffe , primò, corpus quod fonando movet, & corpus quod ab alio movetur ad fonum. Secundò proportionem quandam aut fimilitudinem inter corpora fonora. Tertiò Medium aptum qualis eft aër.

　　Nota fecundò , fonum non per medium aërem folùm propagari , fed ubicunque in Medio corpus aptum fuæ confervationi repererit, in eo vires fuas exercere. Aër enim, qui ex fono diffipatus eft , ex fe & fuà naturà quærit unionem , motus verò five fonus tenorem meliùs ac fidelius in corpore propagationi fuæ apto & habili fervat , cujufmodi funt chordæ extenfæ.

Hinc

Hinc infero, chordam incitatam alteram similiter extensam in- Quomo-
tactam concitare, vel ob maximam similitudinem & proportio- do chorda
nem, quam corpus sonans & sonabile ad invicem habent; cùm intactam
similitudo & proportio simia quædam similitudinis totius mo- moveat.
tionis veluti basis sit & fundamentum.   Secundò ob motum
aërem, cùm enim ad motum soni movetur aër, eáque sit soni
ad sonum, quæ aëris concitati ad aërem concitatum proportio,
ut in præcedentibus ostensum est, fit ut aër à sono incitatus inciderit in capax soni, quem adhuc devehit, eo modo id impe-
tat, quo aër à priori sono fuerat impetitus, utroque & aëre & sono in corpore maximè sonoro & aëreo ex insita sibi natura unionem & propagationem quærente.

Hinc chorda chordam movet æqualiter extensam, aut aliud
quodlibet corpus seu instrumentum harmonicum, uti chordam
sibi sono similem & correspondentem, eò quòd aër æqualiter incitatus in corpus incidat & quantitate & qualitate simile ei, à quo
fuit incitatus. Unde id ex se jam dispositum, & ad perfectionem
seu bonum sui anhelans, similiter quoque ambientis aëris vellicatione incitatur, chorda autem Octavam resonans, licèt intacta,
tamen ab inferiore concitatur ob maximam similitudinem &
proportionem, quam ad eam habet; omnium enim opinione
ab inferiore non differt, nisi acuto sono, unde eadem censetur, Cur pueri
imò virtualiter in inferiori tanquam acutum in grave (ARISTO- & adulti
TELE teste) continetur, nihílque est, quàm inferioris vocis repeti- nentes o-
tio quædam acutior & intensior, unde mulieres cum viris, ctavâ di-
pueri quoque & Eunuchi cum provectioris ætatis hominibus stant?
psallentes intervallum diapason naturaliter cantant. Campanæ
quoque aliáque instrumenta sonora diapason inferiori veluti mi-
stam resonant, quod non fieret, nisi maxima inter utramque similitudo intercederet & proportio.

Præterea cum ita se habeat aër extrinsecus ad aërem chordæ intrinsecum, ut extensio chordæ ad chordam, chorda autem diapason resonans, sit in proportione subdupla, sit ut aër juxta hanc
proportionem quoque moveat & incitet aërem organo auditorio
intrinsecum & innatum inter membranulas contentum. Atq; ex
dictis patet, quâ ratione ad varios animi affectus Musica concitet;
vim enim habet movendi auditum, vel cum delectatione, vel

cum commiſeratione, vel alio ſimili modo, pro varietate ſoni &
aëris moti, qui cum tali vel tali proportione movet auditum, dum
enim aër hoc aut illo modo motus, atque ab homine inſpiratus
eodem modo movet ſpiritum pro ſonorum varietate, variæ in
animalibus affectiones concitantur, uti variis modis moto aëre
movetur ſpiritus.

Spiritus in corde moventur per ſonus.

Cùm enim cor ſpirituum thronus ſit, hi tremulum & ſubſul-
tantem aërem recipiunt in pectus atque cum affine ſuo unum ſonant, hos ſequuntur ſpiritus reliqui cæteris in corporis partibus
poſiti, movent muſculos aut cohibent, prout numerorum lex vel
crebreſcit incitationibus, vel tenore compoſito quieſcit, aut lenti-
tudine quietem imitatur, non ſecus ac in fidibus paulò ante me-
moratis tacta chordâ quapiam altera æqualiter tenſa contremi-
ſcat.

Nam qui in corde ſunt ſpiritus ad exterioris ſoni motum excitantur tantò faciliùs, quàm chordæ, quantò major unio eſt, hinc
multâ curâ depreſſus ac marcidus animus revireſcit, factâ exterioris ſubeuntis aëris acceſſione; elatus verò cohibetur, aut etiam
detrahitur de ſuggeſto illo contrariâ ratione.

Hinc cauſa quoque patet, cur plerique aliud agentes canenti-
bus occinant, cur uno clamante omnes clamandi libido inceſſat:
& in proelio aut concione uno vociferante aut complorante, illicò tota acies aut concio vociferetur, aut ingemiſcat. Verùm hanc
ſpiritûs noſtri ab extrinſeco ſono concitationem ſequenti experimento oſtendendam duximus.

Experimentum Muſicum, idque primum.

Accipe ſcyphum vitreum cujuſcunque magnitudinis, quem
replebis aquâ purâ & lympidâ, quo facto ſi madefacto indice ma-
nûs extremam ſcyphi oram in circulum perfricueris aliquantulùm,
tandem mirabilem quendam ſonum ad inſtar tinnientis metalli
percipies, quo aqua concitata adeo vehementer criſpatur, ut à vento aliquo agitari videatur. Hunc ſcyphum ſi ad medietatem tantùm repleveris, ſenties quidem ſonum ſed duplo acutiorem altero,
ita ut hic ſonus ad priorem perfectam conſonantiam διαπασῶν reſo-
net, & conſequenter quoque concitatiorem aquæ criſpationem

nota-

notabis. Hunc eundem fcyphum fi in quinque partes diviferis,& tres aquâ repleveris duabus reliquis vacuis, refonabit tibi vitrum confonantiam diapente, quam debilior quóque crifpatio comitabitur; ita vafe in 7. partes divifo, fi quatuor impleveris tribus vacuis, percipies confonantiam, quam debilior quoque priori aquæ crifpatio fequetur. Ex quo luculenter patet, eâdem prorfus ratione humores noftros & principaliter fpiritum, qui fedem & dominium in corde potiffimum omnium affectuum officinâ habet, commoveri.

Hinc cùm vehementem aliquem fonum veluti tonitru explofionémque tormenti percipimus, horrore quodam perftringimur, quia fpiritus ad fonum fibi improportionatum nimis violentam patitur illifionem ac diffipationem, unde horror & terror. Hinc quoque ftridorem, fi quifpiam cultro ferrum radat, fufferre nequimus, cum afperitate fua mufculos quofdam ad ventrem & cerebrum deductos vellicans malè afficiat. Quæ omnia animalibus quoque conveniunt, funt enim, quæ & modulis gaudent, mulcentúrque, quod tamen fieri non poffet, fi vis illa Muficæ ab anima rationali immediatè proflueret; plus tamen infinitis modis homo Muficâ delectatur quàm animalia, quia modulos melius ac perfectius cognofcit.

Cur fono vehementi terreamur.

Bruta quomodo Muficâ delectentur.

EXPERIMENTVM II.

Super tabulam folidam levem & concavam novem nervi extendantur eo ordine, qui in fequenti fchemate compareat. Primi duo nervi A F. fint & quantitate & qualitate feu intenfione æquales, hoc eft, unifonum intenfione refonent, reliqui tonatim juxta fchema fubiectum difponantur.

Harum igitur primam chordam F. fi plectro incitaveris, illa omnes chordas fibi ἰσοτόνως, five æquitenfas quantumvis intactas refonare faciet, hâc tamen differentiâ, ut ea chorda, quæ unifonæ fuerit vicinior, plus refonet, & fenfibilius moveri videatur; Primò itaque chordæ F. unifonantis intactæ motus fonúsque maximè fentietur ad fonum primæ; octavam quoque A. incitabit, fonaréque faciet, fed paulò debilius quàm priorem, utpote ab unifono aliquantulum recedentem; fi enim plumam ipfi impofueris,

Chorda chordam diftantem movere folet.

aliquem

aliquem chordæ tremorem licèt tenuem fenties, quod vix à quoquam notatum reperi, cùm plerique *Hypathen* unifonam tantùm & *Netem* ad aliam intactam moveri exiftimaverint; fed experientia longa contrarium me docuit, omnes enim chordæ ad *Hypathen* confonæ moventur, fed, ut dixi, tantò efficaciùs, quantò
fonti fuo fuerint viciniores. Diffonæ verò folæ amicâ concitatione moveri nefciæ in fua pertinacia perfiftent.

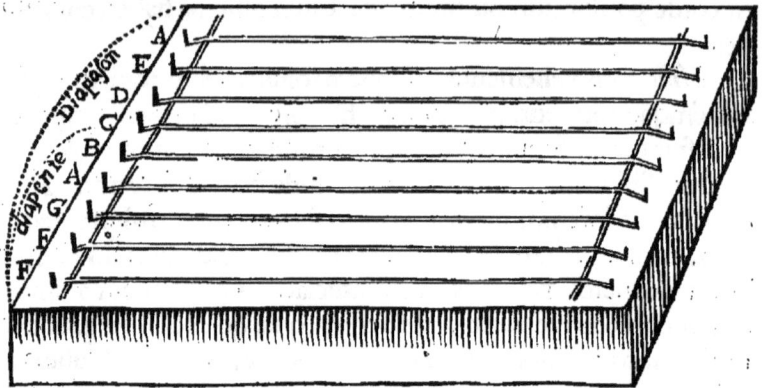

Porrò non chordæ tantùm chordas fimiliter extenfas incitant,
fed & fiftulæ & tubæ chordas fimili tono gaudentes fonare faciunt,
Cujus rei veritas ut pleniùs demonftretur, memorabo hoc loco
id, quod Moguntiæ olim mihi contigit; dum enim in odæo
quodam à templo feparato folemnioris Sacri tempore certis ne-
gotiis diftinerer, ecce chelin majorem (quàm è cantoribus qui-
Mirus cir- dam priùs ad organum templi exactè concinnatam fine chorda-
ca fympa-
thicos fo- rum laxatione parieti odæi appenfam abiturus reliquerat) inta-
nus cafus. ctam & nemine præfente, nefcio quo occulto motu, per intervalla fubinde refonare fentio, rei igitur novitate attonitus, propiùs accedo fonum hujufmodi prodigiofum penitiùs examina-
turus, quod dum facio, hìc comperio, quòd fimul ac Organœ-
dus fiftulas chordis dictæ chelys exactè undequaque correfpon-
dentes incitabat, ipfæ chordæ non fecus eo tono incitarentur, ac
fi plectro fuiffent concitatæ, quam harmoniacam fympathiam
pluribus poftea non fine ingenti admiratione exhibui.

Hanc Phonurgiam & aliis poftmodum in locis adhiberi atten-
tavi, fed difpofitionem loci fimilem memoratæ, cafu potiùs quàm

arte

arte inventæ, reperire non licuit ; Nam in hujufmodi harmonico prodigio primò perfectam fiftularum cum chordis adaptatio-
nem, exactam quoque diftantiam fiftularum à fidibus cum certa
loci, murorúmque fonum propagantium difpofitione neceffariò
requiri notavi. Sed de hujus conftructione, cùm non hujus loci fit, alibi forfan uberiùs Deo volente loquemur.

EXPERIMENTVM III.

Accipiantur quinque fcyphi vitrei omnes ejufdem magnitudinis & capacitatis, quos eo ordine fibi contiguos collocabis, qui
hic in fubjecto fchemate exprimitur ; repleatur autem unus fcyphus aqua-vitæ, fcyphus alter vino meliori, alius aqua fubtili, a-
lius aquâ craffâ, ut marinâ aut oleo, medius verò aqua communi ; Quo facto, extremo digiti madefacto oram fcyphi eoufque
rades, donec tinnitum, quem in primo experimento excitare docuimus, perceperis.

Hic enim acutiffimus fonus, non fine admiratione omnes reliquos humores concitabit, & tantò quidem vehementiùs, quantò unus humor altero fuerit fubtilior.

Hinc aqua-vitæ in fcypho, quæ igneam naturam refert, feu
cholericam, præ cæteris maximè fubfultabit ; vinum verò in fcypho complexionem fanguineam, feu aëriam referens modera-
tam

Sonus hu-
mores va-
rios variè
commo-
vet.

tam fubibit concitationem ; Aqua verò fubtilis phlegmaticam
conftitutionem exhibens præ cæteris tardam & obtufam commotionem caufabit ; Aqua verò craffa fcypho contenta ob terream
complexionem fuam vix motionis erit capax. Non fecus Muficam animi noftri affectus concitare judicandum eft. Si igitur fpiritus nofter fubtilis fuerit & calidus, Mufica fuperbos infolentes
& iracundos motus concitabit, fi fubtilior fuerit & moderatæ
qualitatis, ad amores, gaudia, lætitiam & venereos affectus incitabit; fi conftipatior fuerit, ad lachrymas, religionem, continentiam, aliófque Patheticos affectus movebit ; fi denique craffus
fuerit, ut in hominibus mœrore compreffis, omnis commotio-
nis incapax erit, atque ideo recte Mufica in luctu importuna narratio eft.

Ex hoc Experimento quoque patefit, quomodo unus fonus diverfis in hominibus diverfæ complexionis effectus fortiatur ; aliter enim Cholericus, aliter Sanguineus, aliter denique Phlegma-
ticus commovetur, quæ omnia adeò clara in hoc unico experimento elucefcunt, ut rationem concitativam Muficæ penè apo-
dictice demonftrent, quæ & in chordis æqualibus, fed ex diverfis animalium inteftinis aut metallis confectis conftant, ficuti
enim eft gravitas metalli ad metallum, ita chorda ad chordam,
& fonus ad fonum &c.

EXPERIMENTA VARIA.

Talis fubinde in crifpantis aquæ extinctu vehementia eft, vt vel
ipfum vitreum vas difrumpat; prodiit non ita pridem in *Batavia*
Opufculum, cui titulus, de *Ventricofa Ampulla vitrea ruptura fono vocis caufata*, inventore quodam *Ambftelodamenfi Hafflurgo*
feu Opifice vitriario ; Et hoc pacto experimentum monftrat; Ex-
plorato prius vitreo vafis feu ampullæ fono per præviam pulfationem, deinde per orificium vitri, vocem ita accommodatam in-
fonat, ut ad fonum vitri fupra διαπασῶ ferè exaltet vocem, id eft,
quafi paululum fupra Octavam feu diapafon confonantiam harmoniacam Muficis notam, in dupla proportione confiftentem; ex
quo mox confequitur vitrei vafis ruptura. Caufam hujus rei anxiè
fanè inquirere conatus eft, eruditus vir DANIEL GEORGIUS MORHO-
SIUS

fius in *Opusculo supracitato*; sed adhuc sub judice lis est; compluribus id tentantibus quidem , sed non cum eo quem sperabant
successu. Unde rei novitate impulsus, JOANNES JANSONIUS trans-
misso opusculo, causam exotici effectus à me petiit. Verùm, quemadmodum formam vitrei vasis atque ejus amplitudinem & capaci-
tatem , cæterásque circumstantias necdum penitùs cognitas ha-
bui; ita quoque judicium meum in rebus arduis, & à me incom-
pertis adhuc inconsultiùs interponendum non censui ; donec de
modo operandi certo & securo certior reddar; siquidem causam
istius effectus in solum sonum Octavæ, quem διαπασῶν efficit, conji-
cere , non facilè admiserim. Aliud igitur debet esse causa hujus
insoliti effectûs. Habeo & ego, & varia vidi experimenta rum-
pendi per solum sonum vitri; videmus enim per vehementem tonitrui sonum, veteres fenestras rumpi ; necnon per vicinioris alicujus
tormenti bellici explosionem. Sed hæc quia notiora sunt, quàm ut
ampliùs ea prosequi debeamus, ad alia progrediamur.

Prodiit præterlapsis annis inventum, vitrum certâ aquâ ita præ-
parandi, ut unum ejus frustulum in extremitate ruptum totam
massam in insensibilem pulverem redigat; cujus causam in *Mun-*
do subterraneo, *de arte vitriaria* assignavimus. Si itaque ex hac
materia vitrea ampulla confletur , non dubium , quin voce
graviori insonata ampulla evestigio dissolvatur. Idem fieret , si in
ampullæ latere adamantino graphio vel minimam crenulam in-
cideris ; móxque priùs calefacto voce humidiori insonueris ,
ampullam ruptum iri necesse est. Sed hæc opportuniori tempore, ampliùs enucleabuntur.

Bb   SECTIO

SECTIO II.
PHONURGIA LATRICA
Sive

De Perturbationibus animi , morbísque vi
Muſicæ curandis.

CAPUT I.
DE CAVSIS PRODIGIOSÆ MVSICÆ
Curativæ.

VARIAS hujus prodigioſæ curæ rationes & cauſas
varii aſſignant. *Cabaliſta* more ſuo omnia canalibus ſephiroticis , quibus divina vis in ſingula mundi influat , attribuunt. Modum verò quo hoc fieri
aſſerunt, diximus in *Oedipo noſtro Ægyptiaco, tra-*
ctatu de explicatione arboris 10. Sephiroth ; Platonici more ſuo horum mirabilium effectuum cauſas in mundanæ animæ harmonicis omnia ſibi copulantis (quam & *Colchodeam* vocant) ne-
xibus conſtituunt; *Aſtrologi* & *Alchimiſta* omnia influxibus ſu-
periorum corporum attribuunt; quorum omnium rationes, cùm
in *Aſtrologia Conſoni & Diſſoni* , ſive in *Muſica Mundana* tractaverimus , eò *Lectorem* remittimus.

Cabaliſtæ canalibus ſephiroti-cis omnia adſcribūt.

Platonici effectus exoticus Animæ Mundi at-tribuunt.

Aſtrologi & Alchy-miſtæ in influxus corporum cæleſtium referunt.

Et miror ſanè viros adeò ſapientes relictis naturalibus cauſis in
tàm abſurda & ab omni humano ingenio remota placita incidiſ-
ſe; idémque feciſſe videntur, quod illi, qui relictis domeſticis divi-
tiis, in *Indias* ad eas, quas copioſiores habent, divitias acquiren-
das innumeris ſeſe periculis exponentes commigrant. Verùm ſin-
gulorum effectuum genuinas cauſas antequàm aſſignemus, primò
more ſolito quædam , ad demonſtrationes noſtras ſolidiori funda-
mento ſtabilendas ſupponamus.

Suppono itaque *Primò*, Aërem non extrinſecum tantùm , ſed
& intrinſecum unicuique rei præſentem ad ſoni rationem moveri, ita, ut ſi ſoni fuerint in proportione dupla, in aëre eandem proportionem imprimant , ſi in tripla triplam , ſi in quadrupla qua-
druplam, & ſic de cæteris ; Et quemadmodum ſpecies viſibiles ab
Objectis conicè emanantes in medio ſenſibiles non fiunt, niſi dū

Obje-

actu ab organo & potentia visiva percipiuntur, etiamsi species o-
mnium visibilium rerum in aëre inconfusè & impermixtum (ut in
Arte Lucis & Umbra fusè demonstravimus) perseverent. Siquidem aër perpetuò plenus est infinitarum specierum per eum ab
omnis generis objectis delatarum simulacris: ita, ut sicuti species
visibiles in aëre perseverant, ita & species audibiles. Hâc solùm
differentiâ, quòd illæ permanenter, hæ transeunter insint, ita ut si
aëris motus harmonicè concitatus nobis sensibilis foret, eandem
in quâvis aëris parte harmoniam sentiremus, quam Musici proferunt. Verùm hæc omnia clariùs in sequentibus demonstrabuntur.

Aër harmoniacus quomodo concipi debeat.

Species audibiles sequuntur proprietatem visibilium.

Suppono *Secundò*, tripliciter considerari hujusmodi prodigiosam morborum curam posse; Primò supernaturaliter; Secundò arte Dæmonis; Tertiò naturaliter. Ad primum genus pertinent o-
mnes illæ curæ, quæ manifestum adjunctum miraculum habent.
Et sic CHRISTUS Servator noster LAZARUM magnâ voce revocavit
è mortuis, & surdo, hoc verbo *Ephetah* in aures insusurrato, auditum restituit, similiáque quæ tùm in *Sacris Literis*, tùm in *Vi-
tis Sanctorum* legimus. Secundò certum est, subinde hujusmodi
prodigiosas curas Musicâ procreatas fieri ope Dæmonis per pactum implicitum vel explicitum. Nam sicuti Magi pacto cum
Dæmone facto quodvis signum ponere possunt, quo facto diabo-
lus præstat sanitatis effectum, ita & Musicam vel quodlibet instrumentum Musicum assumere potest ad dictum effectum præstandum, atque hâc arte *Fratres Roseæ Crucis* quoslibet etiam incura-
biles morbos sanare perhibentur; Tertiò, Naturali vi Musicæ de
qua in præcedentibus partim dictum est, partim in sequentibus dicetur. Et hujusmodi vim solummodò hoc loco pertractandam
suscepimus.

Cura prodigiosa per Musicam subinde diaboli ope ex pacto fieri potest.

Suppono *Tertiò*, Corpus nostrum totum esse transpirabile,
nervósque & musculos eandem impressionem recipere per sonum materialem extrinsecum, quam acquirunt chordæ lævi &
sonoro ligno superextensæ. Et sicuti hæ non tantùm extrinseco
aëris sono proportionato sed & intrinseco concitantur, sic & nervi
musculísq; per aërem & spiritum implantatum motricis facultatis
choragum iis inclusum agitantur, quam proportionatam formam deinde anima percipiens, summas tandem alterationes vel
lætitiæ vel tristitiæ, ut subeat, necesse est.

Uti chordæ, ita & Musculi nervísque Musicâ concitari possunt.

Suppo-

Suppono *Quartò*, non quoslibet promiscuè morbos, sed qui ab atra & flava bile immediatè dependent, Musicæ ope curari posse. Nam Hecticum, Epilepticum, Podagricum, lentissimósque morbos, aut etiam eos, qui aliquod vitale membrum corruptum habent, curari alterari existimo.

Suppono *Quintò* Musicum naturam & complexionem illius, quem curare vult, penitus perspectam habere, necesse esse. Præterea temporis, loci, similiúmque circumstantiarum, sine quibus ad intentum effectum minimè perveniri posse censeo, maximam habendam rationem. His igitur suppositis, jam prodigiosam quorundam morborum curam ad examen revocemus. Ut quid de iis sentiendum sit, curiosus *Lector* cognoscat.

CAPUT II.

QUOMODO DAVID CYTHARIZANDO SAU-lem à Spiritu maligno eripuerit.

UT hanc quæstionem meliùs enodemus, adducemus primò verba sacræ *Scripturæ*, ita autem habetur *lib. 1. Regum cap. xvj. Quandocunque igitur Spiritus DEI malus arripiebat* SAUL, DAVID *tollebat cytharam, & percutiebat manu suâ, & re-*

Decachor-di Psalterii vi Davidem Saulem curâsseRabbini asserunt. *focillabatur* SAUL, *& leviùs habebat, recedebat enim ab eo Spiritus malus.* Musicâ igitur pulsum fuisse qualemcunque Spiritum DEI malum, verba SACRI TEXTUS clarissimè docent, quomodo autem id contigerit, varii variè explicant. RABBINI ajunt hoc loco DAVIDEM, dum SAULEM curavit, Cytharam personuisse decachordam ad exemplar *arboris Zephyroticæ* constructam, ac decem divinarum virtutum effluxibus veluti fructibus quibusdam fœcundam hunc effectu præstitisse, ajunt enim DAVIDEM sidus illud cognovisse, cui concentus conjungendus esset, ut facilè phrenesis retunderetur,

Rabbi Abenezra Astrologicas nugaces causas fingit curæ Saulis. & se leviùs haberet, ita R. ABENEZRA, in *Micra heggadolah.* PICUS *Mirandulanus 7. & 8. thesi Mathematica,* Musicam dicit movere spiritus, ut serviant animæ, sicuti medicina eosdem agitat, ut regant corpus, & musicam sanare corpus per animam, sicuti medicina curat animam mediante corpore; ex quibus quidem facilè colligi poterit, quâ ratione DAVID facilè furentem represserit SAULEM; unde quis non videt vanissimum ABENEZRA commentum esse?

osse? neque enim DAVID illos siderum aspectus inspexerat, dum SAULIS furorem sedavit; sed toties manu suâ pulsabat, quoties SAUL imperabat, sive hic, sive alius aspectus vigeret.

Verum nos omnibus dictis repudiatis, dicimus DAVIDEM SAU-LEM à melancholia & à furoris specie, quàm ipse perfectè noverat, & deinde etiam à dæmonio liberâsse non herbis, succis, pillulis, aliisque speciebus melancholiam dissipantibus. Sed solâ Musicæ vi & efficaciâ, atque ut celeriùs rem demonstremus; Nota, illa furorem sive maniam curare, quæ poros reserant, arcent fuligines, obstru-ctiones expediunt, cor recreant, sed concentus harmonicus id effi-cere potest; cùm enim Musica sonis constet, qui commotione aë-ris producuntur, ubi sonis illis usus fueris, qui aëreos furiosi spiritus moveant, hi spiritus per motum calidiores juxta *supposit.* 3. atque ce-leriores effecti attenuabunt, dissipabuntque omnem tandem me-lancholici humoris miscellam. Quænam
Melancho-
licum hu-
morem
dissipent.

Vel si mavis, ut illos spiritus remittamus, & quietiores efficia-mus, ne ita cerebri meningen lancinent, sonis admodùm lentis par-vísque intervallis uti debemus, ut ad tardorum motuum concen-tum spiritus illi & vapores mordaces, qui ex stomacho, liene & hypochondriis in cerebrum evolant, tardiores effecti quietum ho-minem dimittant. *Musica* itaque *Davidica* SAULEM duobus mo-dis sedare potuit. Primò spiritus fumósque SAULIS ita movendo, calefaciendo, atque attenuando, ut succum melancholicum dis-sipatum è cerebri cellis deturbaverit, vel dissolverit in auras tenues, quæ per transpirationem insensibilem, sudorem atque poros abje-rint. Secundò ubi spiritus illi melancholicum succum reliqueri-runt, non potuit sævire, donec redierint, quia ex se terrestris est & veluti actione destitutus, nisi vitales spiritus & animales illum mo-verint, atque huc illucque traduxerint; reliquerunt autem, cùm ad aures laxis velut habenis harmoniæ capiendæ gratiâ convolârunt, quâ durante furor cessavit, quâ cessante redierunt quidem, sed le-viores & expeditiores facti melancholiam ad tempus aliquod ex-pellere, attenuare, & fortâssis aliquam illius partem in benignio-rem vaporem, aut habitum convertere potuerunt. Ex quo mani-festum sit, hanc rem minimè ex casuali cytharæ sono, sed arte maxima & DAVIDIS summâ psallendi peritiâ processisse; DAVID e-nim cùm esset summi & sagacissimi ingenii, & præterà utpotè Ar- Quibus
modis Da-
vidSaulem
Musicâ cu-
rârit.

miger

miger SAULIS semper ejus præsentiâ frueretur, ex magna quâ ejusdem fruebatur consuetudine, ingenium, inclinationem, animi impetus, cæteráque quibus exagitabatur pathemata apprimè noverat. Unde, non tam proprio quàm divino eum instinctu urgente, citharam haud dubiè, aut aliud quodvis instrumentum arripiebat. Nam ut in *Schilte Gilbormi* refertur, noverat DAVID 36. instrumentorum Musicorum usum, peritissimèq; singula pulsabat, ut in Musica *Hebraorum* instrumentali dictum est, ita dexterè & appropriato sono humori *Regis* adaptare noverat; forsan Rhythmos quosdam, quos SAULI gratissimos auditu noverat, recitando & ad negotium facientes, aut etiam saltu metrico eum in tantùm solicitando, donec tandem intentum effectum consequeretur. Nàm & motu cytharæ harmonico, quo Armigeri sui utpote Adolescentis pulchri & decori aspectu mirùm affici solitus erat, adjuncto, spiritus musculorum excitabantur, verba harmoniæ conjuncta rhythmicè auditum vellicantia animum veluti ex tenebroso carcere in altam lucis regionem elevabant, quâ dissipati fuliginosi spiritus cor prementes tandem cordi dilatandi se locum præbuêre, ex qua dilatatione necessariò consequebatur lætitia, & molestiarum quies.

COROLLARIVM I.

Patet ex dictis, quomodo dissipatis caliginosi cordis vaporibus Spiritus Domini malus consequenter fuerit pulsus. Cùm enim melancholicus humor caliginosus sit obscurus & tenebrosus, aptissimam sanè se præbet Dæmonibus sedem, ut in dæmoniacis, phrœneticis, energumenis, menstruatis patet, qui, cùm multa atrâ bile abundent, sese variis Dæmonum in illo caliginoso vapore sedem suam figentium, animámque variè agitantium illusionibus capaces reddunt. Cujus rei manifestissima signa sunt exoticæ operationes, quas perficiunt, nunc linguas, quas ignorant, sermocinantes, nunc futura divinando, nunc alia & alia perpetrando, quæ puræ naturæ humanæ adscribi minimè possunt. Humor igitur melancholicus viscosus & fæculentus cùm Dæmonis veluti instrumentum quoddam sit ad animum miris modis agitandum aptus, mirum non est, dissipato humore animam pristinæ

Quomodo Musica Melancholicos, dæmoniacos sanet.

næ

næ tranquillitati poftliminio reftitui, ut poftea de *Tarantifmo* laborantibus dicemus.

COROLLARIVM II.

Patet ex dictis,qua ratione Mufica Peftem, Lycanthropiam,Fu-
rorem animi aliófque motus abftulerit in omnibus iis, de quibus
in præcedentibus mentionem fecimus.Cùm id fpirituum beneficio
contingat, qui tenuiores, celeriores calidiorèfque redditi humores
illos diffipant, & attenuant vel mitigant, quibus morbi procreaban-
tur, ac proinde mentem phantafià ab apprehenfione morbi animam plus æquò affligente tantifper aversâ, ita exhilarant, ut excitata Spiritus omnes ad infirmitatem propellendam deftinet, qui ob
efficax mentis imperium huc illùcque curfitant, atque convolant,
donec juffa perfecerint, eo ferè modo, quo venti quidam Aquilo-
nares excitati aërem contagione infectum perfectè purgant, ejuf-
demque aëris tetris vaporibus mixti putredinem arcent. Cùm e-
nim fpiritus vitalis fit aëreus vel æthereus,ftatim atque fonos acu-
tos & aërem celeriter commoventes percipit,motum illum illiúfq;
Rhythmum five claufulam imitatur, quemadmodum enim in-
tellectûs operatio phantafiæ actiones,& voluntatis atque appetitûs
fenfitivi actus mentis & imaginationis motus fequitur, adeò ut
vix motum unius ab alio diftinguere poffis, ita fpiritus illi corpo-
rei, qui funt animæ inftrumentapræcipua, aëris alterationis im-
preffiones atque motus facilè fequuntur.

CAPUT III.
DE MIRABILI HISTORIA REGIS CVJVS-
dam Daniæ vi Mufica infanientis.

Muficam non tantùm à furore remittere, fed & in furorem
concitare, fequens exemplum docebit, refert autem ca-
fum CRANZIUS *lib. 5. Daniæ cap. 3.* Et OLAUS *Magnus*,
his verbis:

Cùm ERICUS *intereà jam reverfus in regnum folemni Curia
uteretur, multorúmque militum fimul & artificum induftriâ dele-
ctaretur. Aderat inter alios Muficus, qui artis eam peritiam fe
tenere diceret, ut homines in quofcunque vellet affectus vocaret, ex*
mœftis

mæstis lætos, ex alacribus tristes, ex indignabundis placatos, ex pla-
cidis indignantes & usque ad furorem insanientes se facere posse
jactaret; atque is quò faciebat ista majora, qua se posse diceret, eò
Regem experiundi faciebat cupidiorem. Jamque pænitebat artifi-
cem sua jactantia, vellétque non tam de se magna prædicásse, quippe
ista in Rege experiri, non sine periculo esse; insuper si minus, quàm di-
xit, facto probasset, mendacem se, similemve haberi non sine discrimine
formidabat; orabat, quos poterat, ut Regem ab eo desiderio everte-
rent, sed nihil egit. Quò enim magis recusavit artis experimentum,
eò magis Regem accendit. Ubi videt, non se evasurum quamvis im-
pleret, qua jactasset, orat exportari arma omnia, quibus læsio pos-
sit inferri; deinde, ut extra sonum cytharæ consistant nonnulli, qui
possint ad se vocari, curavit, ereptámque manibus cytharam ca-
piti jubentur illidere canentis. Omnibus jam rite instructis Regem
cum paucis in Aula reclusum cythará aggreditur. Primùm gravi
tono mærorem quemdam audientibus ingerebat, inde succinendo
plausibiliùs in lætitiam vertit, ut paulum abesset, quominùs joca-
bundi dissultarent. Tum modis acrioribus intentatis indignatio-
nem quandam concitabat, qua ubi invaluit, furere Regem astantésq;

RexDaniæ *cernere erat. Mox signum dedit delitescentibus, ut introjerent, Re-*
vi Musicæ *gémque jam sævientem continerent illisá primùm ex condicto cytha-*
in furo- *rá, Regem deinde aggrediuntur. At tantum fuit robur viri ut pu-*
rem actus. *gno quosdam exanimaret; inde cùm multis obrutus fuisset pulvina-*
ribus, ardor ille conquievit, sed postquam se receperat, vehemen-
ter indoluit, sævisse se in eos, quos ante habuit fidissimos.

Ecce historiam prorsus mirabilem, quam & refert Saxo *Gram-*
maticus lib 12. Ferunt autem hunc Regem Ericum dictum cogno-
mento Bonum, in tantum furorem exarsisse, ut effractis atrii fo-
ribus arrepto ense quatuor transfoderit; ubi verò menti restitutus fuit, relicto Procuratore regni filio Hierusalem expiandorum
homicidiorum gratiá profectum, atque in Cypro defunctum fuisse; ubi sanè non parùm dubii occurrit, quomodo tam ineffabi-
lem vim cytharæ sonus habere potuerit, ut Regem ex se, & suâ
naturâ bonum, clementem, mitémque in tantos furores rapere
potuerit? Nam Alexandrum à Timotheo in rabiem actum & ad
armorum apprehensionem in cythara concitatum, non adeò mirum fuit in Rege effervescentis bilis, & animi prorsus martij

cùm

cùm enim esset refertus spiritibus igneis, hi autem modulo Martio concitatiores effecti facilè affectum furoris à perito Cytharœdo, cui ingenium ALEXANDRI nottum esset, inducere poterant.

At quo modo hunc optimum *Daniæ* Regem in tam excessivum mentis ardorem incitârit, non planè perspicio. Certè quò minus hic effectus prorsus naturalis fuerit, aliquot circumstantiæ mihi persuadent. Nam petit Cytharœdus, ut furente Rege cythara capiti suo illidatur, eâque illisa deinde Rex contineatur. Quæ actio nescio quod pactum implicat. Nam si, prout is se jactabat, homines in quosvis affectus animíque commutationes cytharæ sono excitare noverat, cur furentem Regem à vehementi animi commotione, remissioribus modulis ad mitiorem statum non revocabat? prout de TIMOTHEO & PYTHAGORA juvenes ex libidine exardescentes ad continentiam revocatos historici referunt. Tergiversatio quoque, qui eum promissi effectûs pænitebat, clarè ostendit, se infallibilem in Rege effectum præscivisse, & consequenter, ne magnum periculum capiti suo immineret, timuisse. Cur quoque satellites extra cytharæ sonum stare voluerit, non video causam, cùm Musica non omnibus, ut dictum est, eodem modo concitandis apta sit, sed pro diversis naturarum conditionibus alius aliter moveatur. Pactum igitur hîc haud dubiè aliquod implicitum fuerit, quo eundem effectum in omnibus tam potenter produxerit. Vel si non fuerit pactum, dæmonem tamen huic actioni dicam se immiscuisse, uti in SAULE, quem mox ubi Spiritus malignus invasit, ita infaniisse legimus, ut nulla *Davidica cythara* sufficiens fuerit, ad eum expellendum; nam certum est SAULEM à DAVIDE non semper curatum fuisse, siquidem bis psallentem lanceâ suâ transfigere conatus est; harmonioso sono ad tam violentam atræ bilis à dæmone conservatam commotionem dissipandam insufficiente. Quamvis etiam odium SAULIS in DAVIDEM conceptum plurimum peritiæ artis Davidicæ derogare potuerit. Verbo in hujusmodi prodigiosis curis per harmoniam peractis semper naturali actioni aliquid præter naturale coëxtitisse crediderim, præsertim si eoúsque Musicæ vi insaniant, ut in homicidia etiam aperta ferantur, quemadmodum in hoc exemplo præsente, & Rege SAULE patet. *Tarantismo* enim affecti, etsi Musicæ vi mores exoticos prorsus assumant, & lymphatis proximi sint, nunquàm tamen

men auditum fuit eos cuiquam vim intuliffe, ut poftea dicetur.

Phonurgicum fpecimen pæne prodigiofum, quod hic Romæ exhibuit puella Novennis.

ADdam hifce non minus præcedenti, ἄπιϛον fanè, ἢ παράδοξον, Phonurgici fpeciminis prodigium, & ita fe habet. Appulit præterlapfis menfibus, *Anno 1673.* vir honorabilis, & Muficus celebris *Siculus*, Patriâ *Panormitanus*, unâ cum uxore fua & filiolâ, cui nomen FELICE, ætatis 9. *annorum* 4 ½ *palm.* ftatura ejus. Hæc in tantilla ætatula tantam tum Muficæ, tum Inftrumentorum, quæ fidibus conftant, fonandorum peritiam, nacta fuit, ut etiam ex peritiffimis Muficis *Romanis* non defuerint, qui quidpiam humana arte fuperius fub ipfa latere fufpicati fint; Fui & ego ad hujufmodi fpectandam aufcultandámque Phonurgiam invitatus, comparui fateor, tantò libentius, quantò ardentius tum artis modum rationémque, tum geftus nutúfque cognofcendi animo meo infederat defiderium; Et primò quidem in Odæum introductus omni inftrumentorum genere inftructum; ubi dum nönnihil cum paucis comitibus commoratus fcenam peragendam anhelo animo exfpectarem, ecce mox è viciniori cubiculo prodiit puellula, nullo cofmetico ornata fuco, non calamiftratis capillorum cincinnis, verùm fimplici & plebæo ornata veftitu, tametfi pufilli corporis ftaturâ pigmæam, morum tamen gravitate ferietatéque nefcio quam viraginem præfeferebat; Quæ artis fuæ fpecimen datura, primò hofpitibus modeftiâ fingulari falutatis à Pfalterio, quam *Harpam* vocant, fuæ fidicinæ modulationis fumpfit exordium.

Erat *Harpa* alta 10. ferè palmarum, triplici ordine, fidiúmque difcrimine inftructa, & quoniam ad chordas per pyrolas, five paxillos ferreos (quas claves vocant) concinnandas pufillæ ftaturæ impedimento, non pertingebat; parens eam fedili impofitam fuftulit; atque hoc pacto adeo ingeniofâ induftriâ chordas accommodare coepit, ut, quod in aliis fonatoribus & cytharædis tædium adferre folet, in hoc vel ipfa concordatio harmoniâ plena, in oblectamentum cederet auditorum. Peractâ hac fidium adaptatione; mox tenellotum motu digitorum, tantò ingenio chordas follicitare coepit, ut omnes attonitos ftupore teneret.

Primò

Primò enim libro ante se posito celeberrimorum Musicorum compositionibus harmonicis conferto, in quo nil tam reconditum arte Musica reperiebatur, quod non exactissimè & peritissimè exprimeret: siquidem modò à chorda suprema ad infimam, & hinc ad supremam, & hinc iterum ad medias, vario ascensu descensúque per ingeniosum fugarum ordine se consequentium contextum, mirâ gratiâ Invitatorum aures vellicabat. Nec hìc destitit: Nemo eorum Musicorum quos *Castratos* vocant, cantu subjectum aliquod Melotheticum proferre poterat, quod industriosa sonatrix (*accompagnare* vocant *Itali*:) non exactè & juxta omnes modulorum numeros quàm peritissimè assequeretur; quod mirum videbatur ijs, qui difficultatem rei probè nôrant; sed jam ad alia. Dato specimine in Harpa *Thonasca felix* ad Instrumentum, quod *Clavicymbalum* vocant, accessit, ubi pari felicitate, tum ex libro, tum proprio marte ex propria inventione, ingenii sui proferebat magnalia.

Deinde Chelys, quam *Violino* vocant, ipsi porrigebatur, quâ pariter artis suæ granditatem adeò dextrè lusit, ut sive mentis vim & efficaciam, sive tenellarum manuum velocitatem artísque præstantiam spectet, nihil desiderari posse videbatur; nunc enim 2.3. aut 4. chordas simul radens plectro, integram chelyum symphoniam exhibebat; modò cum parente suo sonandi peritiâ conspicuo, quâ voce quâ pulsatione semper victrix concertabat; restabat spectaculum, quod reliqua omnia hucusque recensita technasmata superabat; Erant Harpa & Clavicymbalum eo situ disposita, ut utrumque hinc & inde commodè tangere posset. Itaque primò in Clavicymbalo dextrâ solâ præludebat; deinde in Harpa pariter sola sinistrâ, deinde utriusque instrumenti chordis tam continuos phtongorum numeros agitabat, ut num oculis ex manuum in utroque instrumento tam dextrè occupatarum agitatione, num auribus majus symphoniæ oblectamentum accederet? meritò dubitare posses, præsertim cum binorum Instrumentorum symphoniæ vox sonatricis accederet; qua ipsa perfectum *Triphonium* formabat, & quamvis tenelli digiti ad diapason, quam Octavam dicunt, pertingere non possent, ea tamen arte eos aptabat, ut in omnibus semper assequeretur.

Atque hæc sunt, quæ curioso *Lectori* de novennis puellæ *Pho-*

nurgia-

nurgia fanè mirificâ communicanda cenfui, ne quicquam inauditorum circa muficas operationes effectuum, in hoc Opere omififfe viderer, & proinde illud Davidis verificatum videatur.

Ex ore Infantium & Lactentium perfecifti Laudem tuam.

Porrò quomodo Surdaftri, Ischiatici, aliique morbi quidam curari potuerint, in fequentibus dicetur. Nunc ad curam eorum, qui à *Tarantula* intoxicati funt, calamum convertamus.

CAPUT IV.

DE TARANTULÆ MORSU INTOXI-
catorum Curâ prodigiofâ per Muficam

NIHIL quidem meo judicio affectibus effectibúsque, quos in toxicatis fuo veneno *Tarantula* producit, admirabilius effe poteft, ita ut experientiâ infallibili freti, omnes de prodigiofa morborum curâ per Muficam peractâ productos effectus hujus folius ductu demonftrare nos poffe credamus. Verùm cùm de hujufmodi Medicina ex Profeffo tractaverimus in *Arte noftra Magneticâ*, hîc fummatim tantùm eadem repetere vifum fuit, ne tam notabile *Artis Confoni & Diffoni* argumentum præterijffe videamur

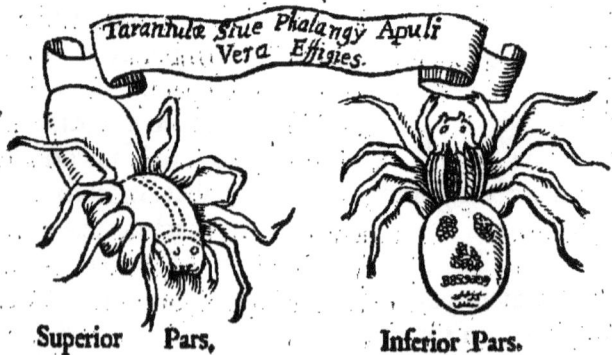

Tarantulæ five Phalangÿ Apuli Vera Effigies.

Superior Pars.   Inferior Pars.

Eft autem *Tarantula* animal insectum, seu *Aranea Apula* veneno turgida, quæ quos icerit Illi nisi faltu Muficâ excitato fanari nequeunt, ejus formam refert præfens *figura*.

QUÆSTIO

QUÆSTIO I.

CUR TARANTISMO LABORANTES NULLO
alio nisi harmonico medio, sive solâ Musicâ curari possint?

QUanta Musicæ vis sit in concitandis animi affectibus; & quænam hujus harmonicæ energiæ causa sit, in præcedentibus fusè ostensum est, nunc restat ut tandem ostendamus, quomodo vis morbi in *Tarantismo* laborantibus, vi músicæ depelli possit, infirmúsque integræ sanitati restitui? Sine ullis igitur verborum ambagibus propositum nobis ratiocinium ordiamur.

Cùm chordæ sive fides, ut in præcedentibus docuimus, maximam vim habeant concitandi aërem ad eum modum, quo ipsæ moventur, proportionalíque hâc sonorum mixturâ harmoniam auribus animóque jucundam excitent; fit ut hâc fidicinâ harmoniâ, ex vario proportionatóque chordarum motu aër harmonicè concitetur; aër verò juxta impressos sibi harmoniæ motus similiter concitatus intrò penetrans, phantasticâ facultate jucundo motu occupatâ, spiritum attenuando similiter quoque moveat; spiritus motu attenuatus, rarefactúsque musculos & arterias intimásque fibras, spirituum receptacula, commodè afficiat; fibræ musculíque latentis veneni vehiculum humorem acrem, mordacem & bilosum intimis habeant medullis absconditum, fit, ut iste unâ cum veneno suscitato rarefactus, calefactúsque pruritu quodam, seu vellicatione totum musculorum genus afficiat; patiens verò hâc sibi gratâ vellicatione dulciter affectus, in saltus perorumpere cogitur; saltum totius corporis humorúmque commotio; commotionémque calor, calorem totius corporis laxatio, prorúmque apertio, & demum pororum apertionem venenosi halitûs transpiratio necessariò consequitur. Quandoquidem verò venenum ita profundè radicatum est, ut una saltatione exhalare non possit; hinc singulis annis pedetentim aliqua portio motu evaporat, donec totum consumatur.

Sonus harmonici vis.

Quomodo infirmus Musicâ liberetur.

Quòd autem diversi diversis instrumentis musicis afficiantur, id complexionum, temperamentorúmque aut *Tarantularum*, aut hominum diversitati adscribendum existimem; qui enim melancholici sunt, vel à *Tarantulis* obtusioris veneni icti sunt, tympanis pótiùs strepitosis, clamosísque instrumentis, quàm chordis &

fidibus

Diversi diverſis inſtrumêtis afficiuntur pro veneni, complexionis & hominis côſtitutione.

Puella Tarantata quæ non niſi tympanis curari poterat.

fidibus afficiuntur; cùm enim humor craſſus ſit & lentus, ſpiritúsque humoris diſpoſitionem ſequantur, ad concitationem diſſipationémque eorum magna vis requiritur. Hinc TARENTO ſcribitur, ibi puellam fuiſſe *Tarantiſmo* affectam, quæ nullis alijs inſtrumentis ad ſaltandum compelli poterat, præterquam ſtrepitu tympanorum, bombardarum exploſione, tubarum clangore, ſimilibùsque inſtrumentis vehementem ſonum excitantibus, lentum enim venenum, in lentæ, frigidæque complexionis corpore, ad diſſipationem ſui nonniſi magna vi indigebat. Cholerici verò, & Sanguinei, cytharæ, teſtudinis, chelium, clavicymbalorum ſimul concinnatorum harmoniâ ob mobilitatem, tenuitatémque Spirituum facilè curantur.

Mirum & prorſus paradoxon in Tarantula obſervatum.

Eſt prætereà hoc vel maximè admiratione digniſſimum, quòd hoc venenum idem præſtet in homine ex ſimilitudine quadam naturæ, quòd in Tarantula proprio ſuo ſubjecto; ſicut enim venenum Muſica excitatum continuâ muſculorum vellicatione hominem ad ſaltandum excitat, ſic & ipſas Tarantulas; quòd nunquam credidiſſem, niſi ſuprà citatorum teſtimonio Patrum fide digniſſimorum id compertum haberem.

Scribunt enim hujus rei experimentum in civitate ANDRIA in *Palatio Ducali* coram uno ex Patribus noſtris, totáque prætereà

Aula

Aula factum esse. Nam Ducissa loci , ut hoc admirabile naturæ Experimē-tum mira-bile. prodigium luculentiùs pateret , Tarantulam datâ operâ inquisi-tam, atque supra festucam tenuem libratam conchæ aquâ refer-tæ imponi , & mox cytharœdum vocari jussit , quæ primò qui-dem ad sonum cytharæ nullum motûs dedit vestigium, mox ta-men ubi sono humori proportionato præludere cæpit, bestiola fre-quenti pedum subsultatione, totiúsque corporis agitatione , salta-tionem non affectavit duntaxat ; sed & verè ad numeros harmoni-cos subsiliendo eam verè expressisse visa est, cessante quoque cytha-

Tarantula quoque ad sonum sibi proportio-natum sal-tat.

rædo cessavit & subsultare bestiola. Hoc verò, quod præsentes tan quam exoticum in ANDRIA mirabantur , TARENTI postmodum ordinarium esse compererunt. Ubi sonatores , qui Musicâ suâ hoc malum etiam publicis Magistratûs stipendiis ad pauperum reme-dium, solatiúmque conducti curare consueverunt, ad curas patien-tium certiùs faciliúsque accelerandas, primò ex infectis quærere so-lent, ubi, quo loco, aut campo, & cujus coloris Tarantula erat , â qua morsus ipsis sit inflictus. Quo facto indicatum locum protinùs, ubi frequentes numero, atque omnis generis Tarantulæ retium texendorum laboribus incumbunt , accedere solent, Medici cy-tharædi, variáque tentare harmoniarum genera, ad quæ, mirum dictu, nunc has, nunc illas saltare non secus ac in duorum poly-chordorum æqualiter concinnatorum personatione illæ chordæ quæ similes sibi fuerint tono , & æqualiter tensæ moventur reli-quis immotis ita & pro similitudine & conditione Tarantula-rum, nunc has, nunc illas saltare comperiunt, cùm verò ejus colo-ris Tarantulam, quæ à patiente indicata fuerat, in saltum prorum-pere viderint, pro certissimo signo habent, modulum se habere ve-rum & certum humori venenoso τῦ ταραντίζοντῷ proportionatum, & ad curandum aptissimum, quo si utantur, infallibilem curæ effe-ctum se consequi asseverant

CONSECTARIVM I.

Hinc patet , eundem saltationis effectum præstari in ipsa Ta-rantula , quem hæc in homine icto præstare solet ; cùm enim humor hujus animalculi valdè tenuis & viscosus sit, ac faci-lè sonoro aëre ob subtilitatem , utpote ad recipiendum sonum

Viscosum animal subjectum sono pro-portiona-tum.

subje-

Subjectum aptiſſimum, cieri poſſit : fit ut is motu aëris harmoni̇́ci concitatus, ſimilem prorſus illi, quæ à Sonatore efficitur, vi̇́briſſationem cauſet ; unde animal ipſum veluti pruritu affectum ad ſaltum concitatur ; præſertim ſi ſonus humori commovendo fuerit proportionatus; viſcoſum autem araneorum humorem ſoni Subjectum capax eſſe, Petrus *Martyr* in *Hiſtoria ſua India Occidentalis* teſtatur, ubi ait, certum quoddam araneorum genus in *India* reperiri, cujus virus extractum adeò tenax ſit, ut non in fila tantùm cedat indigenis, ſed & loco fidium, ut ſericum cum Bombyce apud nos, ſerviat.

Quòd igitur animal ad ſaltandum moveatur, id humoris ab aëre harmonicè concitati diſpoſitioni ac qualitati facilè mobili adſcribendum putem ; ſi enim diſpoſitionem hanc in viſcoſo humore latentem ſenſibus percipere poſſemus, certè harmoniam non abſimilem ipſi, quam fidibus ſonatores efficiunt, audiremus . Quod & certa quædam experimenta teſtari videntur, uti in præcedentibus dictum eſt. Videmus enim quoſdam ad certum quendam ſonum, ſeu ſtridorem maximâ dentium moleſtiâ affici ; dum ſtridor hic ingratus muſculoſas gingivarum partes vellicare ſolet. Quòd etiam contingit, ſi inſtrumenti alicujus fidicini collum dentibus apprehenderis, totius enim corporis ſpiritus per hujuſmodi partium continuationem in agitationes quaſdam prorſus ſimiles ipſis, quas tremebunda chorda in aëre facit ; diſſolvitur, criſpatúrque; quæ pulchrè quoque experimentis in *noſtro Muſica Magnetiſmo* demonſtratis oſtenduntur: ſic Tarantula morſu ſuo hominibus humorem quendam ſublitem ; qui latentis penetrantiſque veneni veluti vehiculum quoddam eſt, infundit ; ita ut hic à Sole æſtivi temporis periodico calore excitatus, in totum ſe corpus præſertim in arterias, muſculos, fibráſque intimas ſe diffundat ; unde is hoc pacto paulatim ad harmonicos motus recipiendos diſponitur, diſpoſitúſque tandem ad harmoniæ rationem muſculos vellicans, infirmum, velit nòlit, in ſaltus prorumpere cogit, atque ita intentus ſanationis effectus præſtatur.

CONSECTARIVM II.

Colliges *ſecundò*, quòd ſicut non unicuique Tarantulæ quævis modulationes conveniunt, ſed certis certæ, ita & homini ab

hac

hàc vel illâ Tarantulâ ictô, hæc vel illa modulatio convenit, aliæ
enim ut dictum est , non moventur nisi vehementi strepitu, ut contingit in iis Tarantulis, quæ tenaciore humore præditę sunt , ita
in homine ; aliæ facilè & ad quemvis proportionatum illis sonum moventur, veluti in iis , quæ subtili & biloso humore præ-
ditæ sunt, motu enim facilè in iis attenuantur spiritus venenosi,
qui cùm acres sint & mordaces , vellicatione suâ musculosum genus infestantes vehementer ad saltum alliciunt : Si igitur melancholicum hominem jcerit melangoga , ètim torpidum reddet &
somnolentum ; si cholerogoga cholericum , mobilem , instabi-
bem , phreneticum & martios furores spirantem efficiet , & sic de
aliis, præsertim si musica Tarantiaco respondeat.

'Quis autem sit sonus proportionatus veneno , meritò quis dubitare posset ; Dico igitur veneni qualitatem excitatam statis tem-
poribns non secus , ac omnes morbos periodicos ebullitionem ,
seu commotionem quandam humoris causare, humorem autem
attenuatum vi veneni in subtilissima quædam veluti fila inter musculorum ἐπιφύματα difflari, quæ si ex humorum conditione talia fuerint , ut facilè à sono extrinseco harmonicè concitentur ; ad sonum veluti proportionatum subjectum , & ipsa motu vibrissata,
musculos quibus adhærent , cum vellicatione tùm mordacitate
materiæ in saltus provocabunt ; Hinc quantò sonus majorem habuerit vocum notularúmque diminutionem , atque acuti gravis-
que vocum, in Tono hemitoniis frequentibus referto , majorem
permistionem, tantò gratiorem futuram hoc morbo affectis musicam ; Ex celeritate enim motûs vehementiùs vellicat & consequenter ad saltandum vehementiùs sollicitat.

Hinc Cytharœdi quantùm fieri potest variis vocum diminutio-
nibus,& ut plurimùm in tono phrygio , ob frequentia quibus constat hemitonia, modulationes adornare solent. Verùm nequic-
quam curiosi *Lectoris* votis desit, apponemus hîc cantilenam, quâ
maximè Tarantati delectantur , vnde & vulgo Tarantella dicitur.

*Quæ musi-
ca sit aptis-
sima pro
Tarantia-
cis.*

Antidotum Tarantulæ.

D d   CA-

CAPUT V.

DE DIVERSIS DIVERSARUM TARAN-
tularum proprietatibus.

HOc porro prodigiofum pænè & prorfus paradoxum non
immeritò videri alicui poffit, unam videlicet Tarantulam
ex diffimilitudine quadam naturarum alteri penitus contra-
riari; neque enim unum inftrumentům patiuntur, neque faltus,
neque geftus, atque Symptomata eadem, fed prorfus diverfa, quod
cum *Hifpano* cuidam tunc temporis Tarenti commoranti fuiffet
relatum, fertur is rifu primò rem excepiffe, atque teftimonio multorum fide dignorum, donec in fe-ipfo rei periculum feciffet, ac-
quiefcere non voluiffe. Duas igitur Tarantulas colore & qualitate di-

Tarantul-
las contra-
riis facul-
tatibus im-
butas con-
firmatur
hiftoria
mirabili.

verfas inquifitas manui impofuit, laceffitáfque ultro diverfis in partibus manus fuæ puncturas infigi permifit; morfibus igitur acce-
ptis venenóque per totum corpus paulatim diffufo, fentiuntur
mox paroxyfmi graviffimi & mortis anguftiæ; advocantur confeftim cytharædi, auletæ, omnis generis Mufici, varia tentantur harmoniarum genera; fentit tandem infirmus ab uno modulo fortiter ad faltandum fe folicitari; fed fruftra, quantùm enim unius
venenum Tarantulæ ad faltum follicitabat, tantùm alterum venenum, utpote totâ fubftantiæ fimilitudine contrarium refiftens, à
faltu retrahebat. Tentantur iterum aliis adhibitis inftrumentis mo-
dulationum aliæ fpecies; verùm ab una earum ad faltandum iterum potenter fe inftigari fentit, fed fruftrà, venenum enim hoc ad
faltum concitativum à priori incompoffibili & prorfus contrario
ita eft inhibitum, ut quod unius concedebat facultas, alterius irre-
mediabiliter negaret; in hac igitur qualitatum contrariarum luĉta
conftitutus infirmus, dum nullum reluĉtanti naturæ, inimico-
rúmque humorum ferociæ remedium inveniret, neque ulla vene-
nofæ qualitatis exhalatio concederetur, vita tandem miferè non
fine

fine dolore & commiferatione præfentium exceffit; exemplo fuo
docens, quàm temerarium fit, quamque periculofum fine cautela
& circumfpectione fefe funeftis hujufmodi experimentis expone-
re.

Nifi igitur venenum Mufica tranfpiraverit, certum eft Taran-
tiacum vivere non poffe, aut faltem vitam miferabilem graviffimis
Symptomatis plenam degere. Quod duo alia exempla confirmant;
E Sacro *Capucinorum* Ordine quidam TARENTI morfus à Tarantula erat, cujus appetitus naturalis ad aquas lympidas ferebatur; hic
dum eodem, ceu magneticâ quadam cognatione relationéque
Tarantiaci ad Tarantulam appetitu ferretur, nequeà Superioribus
balneo, multò minùs remedio omnibus communi faltu videlicet,
ad morbi vim infrigendam uti permiffus effet; tantâ demùm mordentis qualitatis efficaciâ fuit incitatus, ut quodam die è Cœnobio
elapfus veluti mentis inops in mare, ad quod fummo impetu ferebatur ingreffus fit, ut hoc refrigerio aliquod falutare ftimulantis
morbi atrocitati remedium inveniret; fed aliter accidit: Ubi enim
falutem quærebat, mortem invenit; nam maximo omnium dolore fubmerfus, in mari periit.

ROBERTUS SANTORUS *Nobilis Tarantinus* à Tarantula morfus, quod nefciebat, ad extrema paulatim perductus fuit; Me-
dicis morbi nulla figna dignofcere valentibus, in mentem tandem venit uni ex aftantibus id quod erat, Nobilem *Tarantifmo*
laborare; placuit in confilio medico conjectura; Mox Sonator
peritus accerfitus in agonia conftituto fiftitur, loco luctûs con-
fueta tentantur modulaminum genera, ad quorum unum malo
fuo proportionatum, is qui immotus, omniúmque fuorum mi-
nifterio deftitutus lecto affixus detinebatur, gratis harmonici aëris repercuffionibus, veluti è veterno ac lethifero torpore excitatus aliquantulum tandem incipit languida membra movere, deinde jactare brachia, mox fono continuato, viribúfque refump-
tis in lecto federe, torquere collum, internæ ex Mufica perce-
ptæ delectationis manifefta indicia præbens; deinde cytharœdo
alacriùs perfonante, etiam in pedes fe erigere; quid ampliùs?
in choreas demum diffolvi tantâ vehementiâ, ut contineri vix
poffe videretur, qui igitur priùs narcoticæ qualitatis efficaciâ fe-
pultus, ad mortis portas adductus videbatur, admirabili refonan-

Venerum tranfpira-re Mufica debet.

tis cytharœdi energia excitatus, atque in sudorem omnibus membris resolutus, mox perfectæ sanitati vel hoc unico choreæ exercitio restitutus liber imposterum ab omni infirmitate vixit.

QUÆSTIO II.

CUR TARANTISMO AFFECTI CERTIS quibusdam coloribus tantopere delectentur.

DICTUM est diversas Tarantulas ad diversos colores Tarantismo affectos excitare, quod, qua ratione contingat, jam explicandum est. Suppono itaque tanquam experientia comprobatum, ad eum colorem ictos inclinare, quem Tarantulæ præseferunt, ita ut ij, qui à Tarantulis rubris vulnerantur, ad colorem rubrum flammeumque inclinentur ; qui à viridibus, ad viridem, & sic de cæteris. Item quæ Tarantulæ aquis, fluminibus aut cisternarum crepidinibus aficiuntur, ictos ad aquam similiter inclinant : quæ verò locis calidis & sicccis, ad bilosas actiones Tarantiacos plerumque concire solent.

Quod si complexio hominis Tarantulæ responderit, tantò effectum validiorem præstabit. Sunt igitur quædam animalia venenosa, quæ prorsus eandem affectionem, quam ipsa patiuntur, morsu in alios transferunt, ita *Dipsas* serpens, cùm semper fervida siti crucietur, talem quoque efficit mordendo in homine, juxta illud :

> *Ut sitis hanc torquens nullis extinguitur undis,*
> *Sic rabidam morsu concitat illa sitim.*

Ita canis rabidi morsus eam passionem, quam in cane efficit, etiam in homine præstat, videlicet ὑδροϕοβίαν, seu metum aquæ ; *Cerastes* quoque, ut ab *Ægyptiis* accepi, πυροϕοβίαν, seu metum ignis lucísque tam serpenti quàm homini ejus veneno infecto incutit. Ita *Torpedo* torpida, membra torpida reddit, & sicut parens quoque podagra, lepra, epilepsia laborans, in semine filio eosdem morbos communicat ; non secus Tarantularum diversarum venena ab insita sibi proprietate videntur icti animum ad eum colorem, quem ipsæ referunt, seu quo illæ recreantur, occulto Magnetismo seu cæca quadam naturæ similitudine inclinare ; Tarantulam

Jam autem certo colore recreari, inde patet, quòd in diverſis pla- Cauſa χρω-
ματορφιλίας.
nis coloratis poſitæ id planum appetant, quod iis colore con-
ſimile fuerit. Ex quo ſequitur, quòd ſicut proprius humor vene-
noſus phantaſiam hujus animalis ad hunc vel illum colorem, ut
naturæ ſuæ conſentaneum aut contrarium, gratum aut ingratum
inclinat; ſic & idem humor morſu in corpus hominis transfuſus,
eundem magnetica quâdam relatione & occultâ miràque corre-
ſpondentiâ præſtabit effectum; nam ſimul ac color, *ex: gr*: veneno ſympathicus homini affecto occurrerit, eo ſe mox bene & commodè affici ſentit, malè, ſi colorem ſibi contrarium fuerit intuitus,
Species enim coloris viſu percepti phantaſiæ obiicitur veluti gratum quippiam, unde dilatatio ſpiritûs; Spiritus autem dilatatus
ſpeciei gratæ vecto ſe humori jungit ad ſpeciem vectam Sympa-
thico, ex quo mutuo naturarum conjugio grata quædam reſul-
tat affectio, ſeu titillatio pruriens per omnes corporis fibras diffuſa,
ex qua demum voluptas & deſiderium vehemens, deſiderato objecto ſe jungendi uniendique: Sicuti igitur *Tarantiſmo* laborans,
numerorum proportione graviúmque & acutarum vocum miſtu-
râ humori venenoſo proportionata & conſimili ita afficitur, ut auribus etiam ad inſtrumenta applicatis, ejuſmodi harmoniam veluti auribus imbibitam, atque ſibi incorporatam ob titillationem
quandam harmonici aëris repercuſſi percipiat; ita in colorem quoque ſympathicum viſus icti tanto ardore fertur, ut eum oculis veluti imbibere, ſibíque ob gratam affectionem titillationemque
ſpiritûs, quæ indè efficitur, incorporare velle videatur; feruntur
enim ſingulæ potentiæ à ſpiritu directæ in ſua objecta eâdem
prorsùs ratione, ut in phantaſiæ Magnetiſmo dictum eſt *Libro 3.
de Arte Magnetica.*

Quæret hoc loco non immeritò quiſpiam, quo pacto color
albus diſſipet, niger colligat, ruber inflammet, viridis, puniceus,
aureus oblectet? quî Tarantiſmo affectos viridis & cæruleus tan-
toperè delectent, ruber & coruſcus prorsùs in exotica quædam
παδήματα rapiant? cùm hæc non niſi per ſpecies præſtare poſſint,
quæ ex ſe nullam realem actionem edunt; proptereà quòd im-
perfectam tantùm ac diminutam eſſentiam habeant, quam nonnulli realem, & alii intentionalem vocant, utpote quæ inter rea-
lium ac entium rationis naturam media ſit.

Reſpon-

Respondeo. Colorum speci̧es sensibiles qualitates esse atque agendi vi præditas, minore tamen, quàm qualitates ipsæ à quibus deciduntur. Quis enim neget lumen à sole sparsum per aërem; item calorem ab igne effusum calefaciendi vim habere? Est autem lumen imago & species solis, sicut calor forma vicaria ignis; nil igitur impedit, quo minùs Objecta per species tanquam per proprias ac naturales virtutes organa sensuum immutent.

Accedit, quòd venenum Tarantularum hoc sibi proprium vendicet, pro conditione sua ad hunc, vel illum colorem inclinare. Humor enim in humano corpore ita attemperatur, ut ad phantasiam duce spiritu, specie coloratæ rei informato, feratur.

Ita experientia docet rubrum colorem mirificè illos excitare, qui ab analogis Tarantulis fuerint icti; cùm enim rubedo peculiari actione oculos propter igneæ naturæ similitudinem accendat,& visivos musculos vellicet, ut in leonibus & bubalis apparet; in oculis autem maxima vis spirituum colligatur; spiritus isti dilatati & flammeo colore accensi, musculos tùm visivos, tùm alios adnatos reliquis membris correspondentes, vellicent, fit, ut ex hac vellicatione ingens pruritus quidam sentiatur, unde & motus quos Musica aëre suo harmonico multùm promovet; unde & homo ex objecto illo coloris gratissimi unâ cum Musica maximam voluptatem sentiens, velit nolit in saltus & tripudia agitur. Est enim & coloribus sua harmonia, quæ non minùs quàm Musica recreat,atque hæc harmoniarum analogia maximam in concitandis animi affectibus vim possidet; nam uti ex flavo, rubro, cæruleo colore, aureus & purpureus colores gratissimi oriuntur, ita ex hisce duobus viridis omnium colorum amœnissimus, pari ratione, cùm viridis ex aureo & purpureo gratissimis coloribus sit compositus, & perfectissimè attemperatus, non secus ac Diapason consonantia ex Diapente & Diatessaron compositus sit; uti hæc omnium perfectissimè aures movet, sic ille oculos, ita ut eum natura ad solam voluptatem, oculorúmque recreationem dedisse videatur.

Harmonia coloribus inest.

QUÆSTIO

QUÆSTIO III.

CUR TARANTISMO AFFECTI TAM DIverſos motus mentiantur?

Tarantiſmo affectos tempore Paroxyſmi diverſos mores aſſumere ſæpè dictum eſt; alios quidem milites, quoſdam Duces & Gubernatores, alios Pugiles, nonnullos Concionatores agere. Quæritur igitur unde hi affectus proveniant? Certum enim eſt, paſſiones hujuſmodi anteà non fuiſſe, iis vero mox ubi inſtrumentorum Muſicorum ſonitum perceperint, notabiliter tranſmutari, quod ut explicetur.

Notandum eſt, eſſe quædam venena, quæ peculiari ratione vim in phantaſia habeant, utpote quorum vi humores in toto corpore ſuſcitati in cerebrum elevantur, poſteà ſpiritus, deinde phantaſia iiſdem invaditur: Poſtremò denique ſpirituum ope totius corporis humores, juxta conceptas in phantaſia ſpecies pro varia temperamenti hominum ratione excitantur. Unde mirum non eſt, ſi ſpirituum ope infecti id ſe eſſe exiſtiment, quod ipſis à phantaſia obiicitur; ita venenum à *Dipſade* illatum, ut & *Aconitum* copioſiùs ſumptum, homines in piſces, anſeres, anates, mergos tranſmutare videtur. Cùm enim venenum iſtiuſmodi ex vi ſua ob intolerabilem, quam excitat ſitim, ad aquas inclinet, phantaſia ſtatim ſpirituum ope iis ſpeciebus ad quas inclinat aſſumptis, aquas ſibi ſollicitè & laborioſè fingit, earúmque viſu & potu inſatiabiliter gaudet: unde neceſſariò id eſſe deſiderabit, quod rebus deſideratis, uti ſunt omnia aquatilia, maximè frui ſolet, & conſequenter vi morbi perpetuò phantaſiam ad deſideratam rem ſtimulante, tandem læſa phantaſia ex iis unum eſſe imaginabitur.

[marginal note: Phantaſia vehementer circa rem aliquâ occupata transformatur quaſi in rem quam deſiderat.*]*

Ita febricitantes ſubinde ſe piſces optant, quo liberiori hauſtu ſitim reſtinguant. Econtra venenum ex morſu canis rabidi illatum, naturaliter ad aquæ timorem inclinat, rictúmque canis continuò imaginari facit.

Phantaſia enim ſpecie canis mordentis occupata, prætereà vi quadam occultâ aquis contrariâ ita percellitur, ut ne ſpeciem quidem aquæ tolerare poſſit, unde & ὑδρόφοβοι dicuntur. Non ſecus de Tarantulis ratiocinaberis, cùm enim pro diverſarum Tarantularum

larum naturâ diverfa venena fint, diverfos quoque humores ciere poffunt; hinc excitata venenofa Tarantulæ, *ex: gr*: cholagogæ qualitas; humorem iftum acrem & mordacem fibi confimilem in homine, & quidem in eodem cholerico vehementiùs excitat, humor autem illatus in cerebrum phantafiam ad id, ad quod aliàs inclinat, incitat, & hìc harmoniofo aëre percuffus dilatûfque per omnia membra fe diffundit, ea acriter ftimulando vellicandóque; unde mox motus humori excitato conformes, actus inquam indignationis, iræ, furöris, mobiliatis animi fimiléfque rationalis paffiones excitantur, quæ fulgore enfium evaginatorum, rubicundorúmque afpectu objectorum magis & magis promoventur, ut in præcedentibus quoque dictum eft; Cholagoga verò in homine phlegmatico mitiùs agit omnia; non fecus de Tarantulis hæmagogis, phlemagogis, melangogis, in homine fanguineo, phlematico, melancholico ratiocinabere, quæ cùm ex præcedentibus conftent, hìc libens omitto.

SECTIO

SECTIO III.

De variis prodigiosis sonis.

CAPUT I.

DE DEFINITIONE, ET DIVISIONE
Soni prodigiosi.

SONUS prodigiosus nihil aliud est, quàm insolitus quidam sonitus ad aliquod significandum institutus, qui dum aures vehementer percellit, neque causam ejus nôrunt Auditores, in maximam admirationem rapit. Estque triplicis speciei, naturalis, præternaturalis, supernaturalis sive miraculosus.

Ad Miraculosum sonitum, pertinet sonus ille magnus, qui perorante CHRISTO *Ioannis 6.* derepente exortus magnâ omnes admiratione Auditores replevit; talis Musica Angelorum in Nativitate CHRISTI fuit; talis die PENTECOSTES juxta illud *Actuum Apostolorum (factus est repente de cælo sonus, tanquam advenientis Spiritus vehementis)* tales sunt soni, passim in *Sacra Scriptura* memorati, clangor tubarum in monte *Sinai* dum Legem à DEO MOYSES acciperet.

CAPUT II.

DE CASU MURORUM JERICHONTINORUM
ad sonitum tubarum secuto.

UTRUM prodigiosus ille tubarum sonus populíque clamor *Jerichontini* muri casum physicè causaverit, an miraculosè, controversum est; Ex *Rabbinis* RALBAG primò putat soni vehementiâ eos concidisse, in qua sententia & ipsi SS. Patres fuêre, videlicet S. AUGUSTINUS *serm. 206. de tempore;* Post hæc, inquit, *ad civitatem* JERICHO *perventum est, & muri ejus ad clamorem populorum sonúmque tubarum usque ad fundamenta dejecti sunt;* D. HIERONYMUS *epist. ad* ABIGAUM: *Corruerunt,* inquit,

E c   muri

muri Jericho *Sacerdotalium tubarum subversi clangoribus*; idem asserit D. Ambrosius *lib. 30. cap. 10.* Origenes *homil. 6.* Mersennus inter recentiores putat omnino eos vehementiâ soni concidisse, imò proportionem inter objectum mobile, & movens præscribit; quæ cùm ingeniosiora sint, quàm veriora, iis non immorabimur, sed breviter dicimus, miraculosè illos ad sonitum, ceu Divinæ

Muri Jericho per miraculû corruerunt. voluntatis signum concidisse; naturaliter autem, (quicquid dicat Mersennus) commoveri non potuisse, ita probo. Nullus quantumvis ingens, intensus, & multiplicatus hominum, tubarúmque sonus murum, molémque ullam potest naturaliter solus deiicere, aut commovere, quod ita ostendo. Ad sonum concurrunt tria hæc, *Primò* corporum duorum, aut solidorum, aut quasi solidorum collisio. *Secundò* aëris, vel similis corporis inter duo illa intercepti confractio, & contritio. *Tertiò* corporis hujus confra-

Quomodo sonus res moveat. cti & contriti diffusio, ejusque veluti fuga, & recessio. Atque hoc est, à quo moveri & impelli potest quippiam; dum enim sic fugit, ac recedit, si quæ occurrunt corpora, ea ferit, & si quo modo potest, propellit, & quidem vicinum primòque obvium aërem commovet, ac propellit semper; quia corporum alioquin daretur penetratio: & aër ad motum recipiendum suapte veluti sponte perfacilis est; remotum verò non semper, quia sensim fugientis illius debilitatur impetus, sicque ultrò progredi, ac impellere definit; sed in isto ejus progressu, alienorúmque corporum impulsu considerandum, ut longè possit, ac fortiter progredi, ac impellere, necessarium esse primò, ut magnâ vi fractum, contritum, & extrusum sit; secundò, ut non exile quid ac tenue sit, sed quantitatem habeat majorem. Nam si desit prius, à fuga illico sistitur, neque vel ipso statim initio vehementem proximum aërem movebit; si desit posterius à circumstante, ac longè latéque diffuso aëre vox compescetur, neque vel progredi, vel pellere quicquam poterit; ad hæc accedit insuper quod exigua vis etiam maximorum sonorum sit in Medio libero, quales campi aperti sunt, & quod in vastum, qui nos ambit aërem facilè solvantur, ac dissipentur, adeò ut plerique Philosophorum ad aures paulò remotiores non verum realémque sonum, sed ejus tantummodò speciem, seu simulachrum pervenire asserant.

Si enim sonus hanc virtutem haberet, jam in urbibus expu-
gnan-

gnandis non aliis arietibus & catapultis opus foret, quàm incon-
dito hominum, equorum, tympanorum, tubarum, tormento-
rúmque sonitu. Quòd verò in præcedenti parte dixerimus, sonitum magnam vim obtinere in aliquas res, eas commovendo, ut
cum organum sonitu suo tremefacit lapidem, vel statuam vel simile quid, id non intelligi velim, nisi de harmoniosa concitatione aëris, potest enim, vel unicus etiam tubus minor commovere ingentem molem, quam tamen 10. fistulæ dicto tubo majores
non commoverent: non loquimur igitur illo loco præcisè de vehementi aëris commotione, sed de illa, quâ dicimus sonorum
commovere aliud corpus sibi proportionatum, non secus ac unam
chordam alteram chordam movere diximus. Si enim in aliquo
polychordo extensæ sint 12. chordæ, quarum prima & ultima
sint isotonæ, id est, æqualiter extensæ, dico, quod harum una alteram motura sit, nulla verò aliarum 10. ex recensitis chordis al-
terutram movere possit, etiamsi omnes concitentur. Vides igitur
ut unum corpus moveat aliud, non aëris vehementiam, sed ad id
movendum proportionatum & harmonicum ejusdem motum requiri; quod autem attinet ad testimonia *S S. Patrum* paulò ante
citata, dico nullum ex *SS. Patribus* putasse, sola naturali tubarum
clamorúmque vi avulsos *Jerichuntinos muros* cecidisse, sed ex signo, quo posito, DEus se ipso, vel Angelorum ministerio urbem
diruit ac vastavit. Manet igitur ruinam *Jerichuntinorum* murorum
clangore tubarum causatam, non fuisse naturalem, sed prorsus miraculosam; quare iis relictis ad reliquos sonos describendos progrediamur.

CAPUT III.

DE SONIS PORTENTOSIS SECUNDÆ
Classis, id est, quæ ab Agente quidem naturali, sed vi huma-
na majore contingunt.

Loquimur hîc de quibusdam sonis portentosis, quæ nec prorsùs supernaturalem, nec prorsùs naturalem vim videntur habere, sed vel ab Angelis seu Genijs bonis, aut malis in bonum vel malum efficiuntur.

E e 2   Mira

Mira Hiftoria de quodam Mago, fono fafcinante pueros.

Anno Christi 460. fupra quàm dici poteft, mirum quippiam accidit in Hammelia inferioris *Saxoniæ* Oppido ad *Vifurgim* fito ; Hiftoria ita fe habet : Cùm indigenæ eo anno ingentibus murium, foricúmque agminibus infeftarentur, malúmque in tantùm crefceret, ut nihil ferè five fruētuum, five fegetum, quod foricum rofionibus non effet obnoxium reperiretur, ac proindè varia de tàm importuno & perniciofo malo tollendo confilia agitarentur ; interea derepentè vir quidam invifus antehac & ftaturæ prodigiofæ comparuit; qui mox quicquid murium eo in diftrictu effet, confeftim fe fublaturum, dummodò de certa pecuniæ fumma cum eo pacifcerentur, pollicitus eft; dictum factum; promifsâ mercede, dictus vir extractâ ex pera, quâ cinctus erat, fiftulâ, fimul ac infonuit, ecce ingentia murium ex omnibus domorum angulis, tectorum crepidinibus, foraminibus pavimentorum prorumpentium agmina infolitum illum Aulædi fonum ad flumen ufque fequuntur. Aulædum ibi fuccinctâ vefte flumen ingredientem forices fecuti unà ibi omnes voluntaria fubmerfione extinguuntur; vir peracto incantamento pofcit mercedem condictam, verùm cùm cives de fumma promifsa tergiverfarentur ; minacibus illos verbis increpuit, nifi mercedem darent, futurum ut aliam exigeret mercedem multò promifsâ graviorem ; minæ cum rifu acceptæ ; Poftero verò die circa meridiem denuò vir dictus comparuit habitu venatoris, vultu terribili, purpureo inufitatæ compofitionis pileo, fiftulámque aliam longè à priori diverfam fimul ac infonuit, ecce omnes pueri totius oppidi, à quadriennibus ufque ad duodennes egreffi, prodigiofum fonum fecuti funt. Eft autem extra oppidum ad *Vifurgis* ripam in monte quædam caverna fat ampla jumentorum ftabulationi apta ; in hanc cavernam unà fecum omnes pueros duxit venator. Atque ab eo tempore nullus unquam puerorum comparuit, nec unquam deinde refcitum, quid cum pueris actum fit, quò abierint. Hoc tam mirifico eventu totum oppidum fuis viduatum filiis, annos fuos computare in hunc ufque diem folet, *à Filiorum noftrorum Egreffu*.

Fui & ego in eadem urbe, montem ipfum vidi, & hiftoriam mi-

Mures fi-
ftulæ fono
attracti.

nutâ picturâ in Ecclesia exhibitam, summa admiratione contemplatus fui ; *Quæritur igitur* quisnam ille sonus fistulæ tantæ virtutis fuerit?

Respondeo. Haud dubiè Dæmonem fuisse, qui occulto DEI judicio fascinatos pueros, in aliam orbis partem transtulerit ; Nam *Chronica Transylvaniæ* testatur , circa idem tempus in *Transylvania* ignotæ linguæ pueros derepente apparuisse, qui & ibi sedem figentes, linguam suam ita promoverint, ut in hunc diem *Transylvani* non aliâ nisi Germanico - Saxonicâ loquantur.   Multa de similibus sonis prodigiosis *vide* apud *Joannem Eusebium Norimbergium, Cornelium Gemmam* , aliósque.

CAPUT IV.

DE SONIS CAMPANARUM PRODIGIOSIS.

INTER cæteras Campanas prodigioso sono mundum stupefacientes , primum sanè locum obtinet campana illa VILILLÆ continuum *Hispaniæ* miraculum, de qua VARIUS sic scribit *lib.2. de Fascinatione cap 14. in Regno Hispaniâ, in Oppido* VILILLA *nuncupato Cæsaraugustanæ Diœcesis , campana quædam est , quam miraculosam appellant. Hæc per aliquot menses, antequam aliquid adversi in Christiana Republ. contingat, ex seipso nemine impellente pulsatur; Cujus rei testimonium per publicos tabelliones testibus pluribus adhibitis, hisce oculis egomet legi, quod de eadem illius Regni Proreges suis literis faciebant.* MARIANA noster his verbis eam describit : *Triginta sex passuum millibus infra Urbem* CÆSARAUGUSTAM oppidum VILILLA *ad Iberi ripam situm est , ex antiquis Romanorum in Illegertibus Coloniæ ruinis constitutum, nulláque re hac tempestate & avorum memoriâ nobilius, quàm Campanâ, cujus nullo movente, insolito insolentique pulsu nobilissimos in utramque partem eventus significari iis hominibus persuasum est.* Ineptè an verè, non disputo ; oculati tamen hujus miraculi testes citantur viri non leves.   Eam Campanam pridie ejus diei, quâ capti sunt Reges, sua spontè pulsatam ferunt.

Iterum ad tertium *Calend. Novemb.* & proximis *Januarii* Mensis *Nonis*, tertiò sonuisse, quo tempore composito MEDIOLANI fædere ARAGONIUS est in libertatem restitutus; præterea ante mortem

tem

tem PHILIPPI II. atque aliquoties ultimis hifce temporibus, tefte NORIMBERGIO pulſatam audierunt teſtes omni exceptione majores.

Varia Exempla prodigioſi cãpanarum ſoni-

Similis apud *Iaponios* campana eſt, quæ quoties Regno magnæ inſtant ſeditiones tumultuſque, ſuapte ſponte pulſatur; JOANNES Lupus *Epiſcopus Monopolenſis* refert, campanulam in *Monaſterio Camorenſi Patrum Prædicatorum* triduò ante obitum alicujus Religioſi ſponte ſuâ ſolitam pulſari, etſi nemo tunc temporis decumberet lecto; idem Author prodit ſimilem campanulam fuiſſe in Monaſterio S. DOMINICI *Cordubenſi* quæ ultrò ſonita aut Fratris iſtius Monaſterii, aut inſignis alicujus viri ejuſdem Ordinis fatum portendebat. Similia de alterius Campanæ in Cœnobio *Salernitano Dominicanorum* prodigioſo ſono moriturorum prænuncio refert ANGELUS ROCHA. GIBELLINUS *in Vita* S. MENULPHI in *Germania* in Monaſterio *Bodkenſi* Campanam pari modo & ſpontaneo pulſu Monialis alicujus obitum ſignificaſſe refert.

Sunt & alia inſtrumenta Muſica ſuapte ſponte ſonantia, dum graviora alicujus regni pericula imminent, ita ad ſepulchrum S. JACOBI *Compoſtella* ſeditiones futuras declarant inſtrumenta bellica & ſtrepitus; Nonnulla præſignificant victorias Catholicorum contra Infideles, ut colliſio oſſium FERDINANDI GONZALL. De quo *vide* NORIMBERGIUM. Innumera hoc loco adducere poſſem prodigioſorum ſonorum exempla, ſed qui plura hujuſmodi deſiderat; legat *Theatrum vitæ humanæ de Prodigiis*; ÆGESIPPUM & JOSEPHUM *de ſignis præviis excidii Hieroſolymitani*. CORNELIUM GEMMAM *in Coſmocriticis*, Alióſque. Reſtat, quomodo ſonus ille efficiatur, inquirendum; Certè naturalem non eſſe, præter naturam igitur eum contingere neceſſe eſt.

Dico igitur hoſce prodigioſos ſonos cauſari Tutelarium Angelorum ope ob merita alicujus Sancti, qui cùm ob certos fines rationéſque DEO ſoli notas, tum ad imminentia alicujus regni mala prævidenda veluti ſingulare privilegium id à DEO impetravit. Contingunt tamen hujuſmodi ſoni ſubinde quoque illuſione Dæmonum, uti olim fiebat in ſonitu Oraculorum prodigioſo, de quibus lege *Oedipum noſtrum hieroglyphicum in Tractatu de Oraculis veterum*; vel etiam ut in locis infeſtis ſubinde contingit, de quibus DELRIO & TYRÆUM conſule; Nos hujuſmodi ſonorum prodigiis tanquam longè extra Inſtituti noſtri metam poſi-

tis,

tis, relictis ad eos fonos defcribendos, qui cùm naturales fint, nemo tamen caufam eorum fatis perfpiciat, nos convertamus.

CAPUT V.

DE ABDITIS SONORUM QUORUNDAM
Caufis, ut de formidabili fonitu fpeluncæ Smellen
in Finlandia.

INtueamur modò fpeluncam illam *Finlandia* terribilem, quam
pulchrè *lib,11. cap. 3. fept. Hiftoriæ* defcribit OLAÜS *Magnus.*
Eft hæc propè littoralem Urbem VIBURGIUM ijfdem *Mufcoui-
ticis* terris vicinam; quæ ejus fecretæ virtutis eft, ut animali vivo
in eam conjecto, fonus in ea excitatus formidabilis fuâ vehementiâ aures propè pofitorum ita fuffocet, ut nec audire, nec loqui, nec
ftare poffint, multòque graviùs aures, quàm vehementiffima bom-
barda hac virtute adeò ferit, vel in momento debilitat, ut vix
fibi ipfis conftent. Sed neque hoc naturæ opificium otiofum videtur, ingruente enim hoftilitate Præfectus terræ omnium aures
cerâ concludi jubet, cellarijs antrisque abfcondi victuros, & demum fe muniens, animal aliquod vel fune vel haftâ fufpenfum,
in os fpeluncæ præcipitat : Unde tam horrificus fonus confeftim
excitatur, ut hoftes obfidentes in circuitu veluti mactanda peco-
ra labantur, lapfíque multo tempore remaneant fpoliandi. Ad
fe verò redeuntes non jam præliari, fed fugâ vitæ fuæ confulere
difponunt; Fitque ut qui armis & viribus à bellico furore reprimi
nõ poffunt, folo mugientis naturæ horrore tabefcentes, devincâtur.
Afferit præterea hanc fpecum pluribus muris ad temerè acceden-
tium arcenda pericula, circumdatam. Miferanda fanè eodem tefte
& experti hujus calamitatis exempla, præ cæteris hoftibus *Rutheni,*
multis fuorum millibus amiffis pofteris olim reliquerunt. Narrat
PLINIUS de fimili in *Dalmatia* fpelunca vafto-hiatu præcipiti, in
quam dejecto levi pondere quovis tranquillo die, turbini fimilis
emicat procella; De fimili fpelunca in *Hifpaniola America Infula* narrat PETRUS *Martyr,* tam horrendi fonitus, & tam atroci
tempeftate perpetuò fævientis, ut ad 5. *Milliaria* nemo eam im-
punè, hoc eft, fine vitæ, aut furditatis periculo accedere audeat.

Caufa

*Admiran-
da vis fo-
nitûs fpe-
luncæ in
Finlandia.*

Causa hujus tam prodigiosi soni , si vera sunt , quæ Olaus refert , alia non est , nisi naturalis interioris montis constitutio; quæ sonum ex infinita quadam voris reflexione multiplicans aërem concitat, cùmque alium concitatus aër exitum habere non possit, nisi per foramen & orificium civitatis, mirum non est ibidem constrictum coarctatúmque tam formidabilem sonum unà cum vehementia tempestatis excitare; Audio in *Helveticis* montibus simile quid reperiri, præsertim in monte, quem *Cucumerem* à figura appellant, in cujus vertice profunda vorago conspicitur, per cujus orificium in interiora montis vel unicus lapis projectus tam vehementes sonos excitat, ut astantibus non formidinem tantùm incutiat , sed & fugere exeuntis venti vehementia cogat.

Est enim mira vis clausorum montium in multiplicando sono, quod & experientia nos docet in profundioribus puteis ; Est & Fuldæ in Patria mea , in *Monte* Beatæ Virginis puteus quidam *500.* ferè *palmarum* profunditatem habens, in quo lapis conjectus tantum sonum excitat, ut tormenti bellici explosio videri possit. Idem me observasse memini in monte quodam *Insula Liparitana,* ut proinde minime fabulosam omnino putem speluncam illam Olai, cùm passim hujusmodi sonorum prodigia mundum peragrantibus occurrant ; Verùm cùm hæc montium miracula in *Subterraneo Mundo* retulerimus , eò *Lectorem* curiosum remittimus.

CAPUT VI.

DE PRODIGIOSO SONITU LITTORUM
quorundam *Maris Botnici.*

DE altissimis montibus *Botnici maris* Olaus *Magnus* dum tractat , meminit quoque prodigiosi littoralium cavernarum sonitus; harum radices ait neminem ob sonitûs vehementiam accedere posse, tantum enim ex alta fluctuum collisione horrorem percipiunt, ut nisi præcipiti remigio aut valido vento evaserint, solo pavore ferè exanimes fiant; habent autem dictorum montium bases in fluctuum ingressu regressúque tortuosas quasdam fissuras, internáque receptacula stupendo naturæ opificio

fabri-

fabricata, in quibus longâ voragine fonus ille formidabilis quaſi Horrendi fubterraneum fonitum, generat, cujus cauſam, ut complures fonitus littorum aliquando inconfultiùs fcrutaturi, aggreſſi funt, ita illicò op- in mari Botnico. pletis aquâ navigiis, cum admiratione vitam amisêre ; fonitus verò ille exitialis ad multa milliaria auribus navigantium allapfus monet triſtiſſimæ garrulitatis infidias procul effugere, quam co-minùs poſiti fuſtinere nequeant; De fimili monte narrat VINCEN-TIUS *Bellovacenſis* his verbis : *Apud* Tartaros *mons quidam exi-guus eſt, in quo foramen quoddam eſſe dicitur, ex quo hyberno tem-pore tanta tempeſtates ventorum emergunt, ut homines illinc vix & non niſi manifeſto periculo tranſire poſſint.* Cujus quidem rei cauſa alia non eſt, niſi occultæ fubterranearum aquarum cata-dupæ ; ut fuſè demonſtravimus in *Mundo noſtro fubterraneo*, & ex fpelunca *Hiſpaniolæ* fuprà memorata patet.

Refert PAUSANIAS Littus *Ægæi* maris, fonitum cytharæ æmu-lari certè non alia de cauſa, niſi ex varia cavernoforum littorum conſtitutione, quæ impetum ruentium undarum fuſcipientes fo-nófque multiplicantes, eminus aufcultantibus, neſcio quid har-monicum exhibeant. Nam magnitudinem & parvitatem caver-narum idem in foni productione, quod corpora fonora concava uti doliorum magnitudine differentium, præſtare, neminem dubitare poſſe exiſtimo. Unde & alia difficultas folvitur circa prodigioſum fonitum, quem in monte litori maris *Quatomalenſis in nova Hi-ſpania* vicino *Euro* flante percipi refert LAERTIUS in *Hiſtoria novi mundi* ait enim fonitum tam propè organi noſtratis fonum æmula-ri, ut indigenæ eum *Choream Deorum* nominent, cujus quidem rei cauſa alia non eſt, niſi canales montis differentis magnitudinis, in quibus aër vehementiâ maris per cavernas introactus conſtipa-túſque illiſione ad orificia canalium factâ, idem, quod in lituis, fi-ſtulis, corporibúſque vento expoſitis variè agitatus illiſúſque præ-ſtat.

His adjungemus quòd mirum narrat de montibus quibuſdam Mirabilis *Britannicis & Perſicis* CLEMENS *Alexandrinus lib. 6. Stromat.* his hiſtoria 3. montium verbis : *Dicunt autem ii quoque qui conſcripſerunt hiſtorias, eſſe* in Perſia. in Britanniæ Infula *quandam ſpeluncam monti fubjectam, in fa-ſtigio autem hiatum : cùm autem ventus incidit in ſpeluncam & in ſinu foſſa alliditur; ſonum Cymbalorum audiri, quæ numerosè puL-*

F f *ſentur,*

sentur. Sape autem cùm in sylvis quoq, moventur folia per repentinum & densum spiritus impetum, editur sonus avium cantui similis. Caterum ii, qui transiere Persica, in locis qua in Magorum Regione sunt eminentioribus, referunt tres montes in longo campo deinceps esse positos, primum sonum edere veluti clamantium non paucorum millium hominum, perinde ac si essent in aëre: ad medium autem cùm venerint, majorem simul & evidentiorem strepitum apprehendere: tandem verò audire canentes PÆANA *perinde ac si vicissent; Cujusvis autem soni causa est, ut existimo, & locorum lævitas & concavitas, rejectus itaq, qui est ingressus, spiritus in eundem locum procedens sonat vehementiùs.* Si vera sint, quæ CLE-MENS refert de montibus *Britannicis;* certè istius prdigiosi soni causa alia esse non potest, nisi cavernosi & pertusi montis differentis magnitudinis canales, unde talis nascitur dispositio; spelunca enim monti subjecta conceptum ventum immittit in canales, ubi strictiùs coarctatus illisúsque ad orificia diversos sonos progignit, quemadmodum suprà de montibus *Quatomalensibus* diximus.

Triplex verò murmuris differentia quod tres montes *Persicos* conficere CLEMENS refert, pari pacto in dispositionem montium referenda est; nam exercitùs sive *Caravana* transeuntis fremitus ibidem reflexus, ac intra montium concavitates varia reflexione multiplicatus, cum murmur reflexum transeuntium hominum referat, mirum non est tumultuantis exercitùs fremitum percipi. Secundi verò montis concavi reflexus à primo monte sonis tum directis, tum reflexis transeuntis *Caravana* foeto cùm geminet fremitùm; mirum non est tumultus auctiores audiri. *Tertium* verò montem, utpote remotiorem ob naturalem soli cavitatúmque alpestrium dispositionem, simile quid *Paana* canentium choris referre non mirabitur, qui præcedentia sonorum prodigia penitiùs fuerit contemplatus.

COROLLARIVM.

Hinc patet, rupem ingentem parabolicè excavatam ad *50. passus,* submissam vocem reddere posse, qualem P. JOANNES PAES *in sua Abyssinorum Historia* describit in montibus *Goyama* reperiri.

periri. Est hisce in montibus rupes ingens eâ naturæ industriâ ex- Naturæ miracula in speculo acustio seu audito- rio.
cavata, ut speculum remotè aspicientibus appareat. Huic ait,
aliam rupem oppositam; in cujus cacumine nihil adeò submissè
à quantumvis remotis dici possit, quod non audiatur : clamantibus verò in dicto loco sonum adeò intendi, ut vox exercitus alicujus videatur. Nôrunt occultum resonantis naturæ vim Sacrifi-
culi istius loci, qui ut se divinos demonstrent, homines in cacumine montis positos occultis hujusmodi vocibus de rebus futu-
ris admonent; ij verò se Numinis voce afflatos arbitrati, non rarò in
maximas calamitates devolvuntur, dum jussa exequi inconsultiùs
properant. Quæ si vera sunt, id alia ratione non fieri crediderim,
nisi per ἀνακαμπτικόν objectum sphœricâ aut parabolica figurâ à natura
præditum, quo in unum è regione positæ rupis punctum sonoræ
species confluant. Hinc multa solvuntur ab historicis relata, quæ
à plerísque pro fabulis & superstitionibus passim habebantur.
Narrat HERBERSTEINIUS, *in Provincia Candora* ultima Septen- Herber- steinius in historia Rutheni- ca.
trionis terra fluvium esse, quem ob spectra frequentia subinde
comparentia, & voces hominum animaliúmque ibidem in opposita ripa exaudiri solitas, nemo adhuc transierit; ait quoque, vix
diem aut septimanam labi, æstivo præsertim tempore, quâ hujusmodi prodigiosæ voces non audiantur. Certò Ego arbitror, nulla alia hæc portenta esse, quàm hominum animaliúmque voces
veras in citerioribus fluminis campis exortas, & ex cavis transti-
marum rupium speculis reflexas, quæ in ripis constitutos simplices
& inexpertos homines vano hoc metu, & Panico quodam timore
percutiant, cùm nihil hominibus faciliùs imponere possit, quàm
ludibunda hujusmodi naturæ loquacitas. CARDANUS *lib. 18. de Sub-*
tilitate similem narrat de quodam sibi familiari deceptionem.

Quidam, ait, amicus noster, cum iter ageret juxta flumen nec va- Casus ex- travagans.
dum sciret, exclamare cœpit, Oh! cui latens Echo *respondit, Oh!*
ille existimans hominem esse, interrogat italice: Onde deuo passar?
passa *respondetur: tum ille, qui? qui replicatur. At ibi profundo*
gurgite aquæ admodum perstrepebant, unde ille territus iterum in-
terrogabat, deuo passar qui? Echo respondet, passa qui; *cui sæpius*
idem interroganti, idem respondebat. Quare cùm amicus inter
metum, & necessitatem natandi esset, nóxque obscura & intem-
pesta urgeret, dæmonem aliquê sibi persuadere velle, ut se in torrentem

illum

illum præcipitaret, exiſtimavit: quare inde reverſus rem totam nar-
ravit CARDANO, *qui non dæmonis inſidias, non phantaſmatis illu-*
ſionem, ſed jocantis naturæ luſum fuiſſe ipſo facto demonſtravit. Hujuſmodi naturæ portentum ſentias quoque SYRACUSIS in ruderibus
Palatii Dionyſiani, ubi in quodam receptaculo natura ſonos ita
aptè reflectit, ut nihil admirabilius in ſimili materia me audiviſſe
recordari poſſim. Multa hoc loco de prodigioſa vocis ſonorúmque
reflexione dicenda forent, ſed cùm hæc omnia alibi dicta & expli-
cata fuerint, hîc *Teratologiæ* finem imponentes, ad nonnulla experimenta progredimur.

EXPERIMENTUM I.

De cura Melancholiæ.

HOminem profundo ſopore, aut vehementiori aliqua animi
perturbatione oppreſſum facilè excitaveris, ſi vehementiori aliquo ſono, vel tubæ phonicæ, vel alterius inſtrumenti, atræ bilis
alumno adſonueris; nec dubito, quin hujuſmodi inſtrumentis
facilè in ſaltus animaveris *Tarantiſmo* laborantes; quò enim vehementiùs ad ſaltus concitabuntur, eò citiùs ingentis ſudoris copiâ
perfuſi, à latentis veneni malignitate liberabuntur, uti in præcedentibus dictum fuit.

EXPERIMENTUM II.

De Luporum Ululatu.

HUjus experimentum in *Monte Euſtachiano* ſumpſimus, per
quendam Chirurgum, qui Luporum (quorum in dicti Mon-
tis latebris ingens ſtabulatur copia) ejulatus adeò ad verum fingere
norat, ut remotè audientibus lupus eſſe videretur; hic in alta con-
ſiſtens rupe per noſtram phonicam tubam eos ululatus edidit, qui
& lupos ad ululandum, & canes ad latrandum magnâ adſtantium
admiratione concitarent; fuítque magna & vehemens ululatuum
inter latratuúmque ſtridores haud injucunda concertatio; neque
dubito, quin in reliquorum animalium & volucrum vocibus fin-
gendis per hujuſmodi ſonos Phonurgus quiſpiam ſimiles effectus
conſequi poſſet. Sed *hæc* jam de hujus Operis Phonurgici argu-
mentis dicta ſufficiant.   CON-

CONCLVSIO.

Ex vaſto tandem Naturæ in phoniſmis mira vi ludentis Oceano eluctati portum tenuimus, ut proinde nil aliud ſuperſit, quàm ut ſublatis in cælum oculis hymnis, canticis, vocibus ſupremo harmonici chori Symphoniarchæ debitas gratias agamus; utpote qui me delectavit in factura ſua, & in operibus manuum ſuarum; in divinitatis ſuæ odæum introductum infinitæ ſuæ dulcedinis, vel tenui ſibilo ita cor meum rapuit, ita aures opplevit, ut parum abfuerit, quin ad omnes terrenæ corruptionis jucundtiates, & gaudia veluti ad caduci Mundi tumultuarias catadupas obſurduerim. Sint itaque omnia ad illius Nominis gloriam, Qui, ut poſſem, dedit, divinæ inſpirationis phoniſmo ut audirem, aures aperuit. Cæterùm reſtat, ut animus erectis in cælum auribus dignus fiat, qui poſt mortalitatis hujus caducitatem ad cæleſtium Chororum polyphoniſmos, ultra quod nil eſt, quod ampliùs deſiderari queat, pertingat; quod fiet, ſi cum timore & amore Deo ſerviamus, ſemper illius *Apocalypticæ* tubæ terrifici ſoni memores: Surgite Mortui, venite ad Judicium.

Ad Majorem DEI Gloriam, Virginiſque Matris MARIÆ.

EPISTOLA
P. FRANCISCI ESCHINARDI
SOC. JESV.

Ad

P. ATHANASIUM KIRCHERUM
ejusdem Soc.

Lumina, ùnde exeunt, revertuntur. Quicquid de sono meditatus fui, ad Te revertitur, tamquam ad suam Originem; scilicet per tuam eruditissimam Musurgiam illud merito es adeptus; ut nemo inpolterum de hac materia sit acturus, quin à tua Musurgia tamquam à fonte suum Opus derivet: Plura taceo; ne Tuæ insigni inter universales plausus modestiæ ruborem offundam: sed supradicta eo tantùm fine protuli, ut omnes causam norint; quare ad Te sequentia de sono dirigam. At quemadmodum à Tributi nomine non abhorret, quod flumina dum in mare intrant, contrario in illud impetu ac diverso sapore ferantur: Ita velim, ut meditationes meæ de sono, licet à tua aliquando opinione dissonæ videantur; nihilominus vectigales tibi sint, atque veluti tuas respicias, quandoquidem à te tandem initium sumpserunt.

Epilogabo hic ea, que non multò post typis mandanda in promptu habeo; & interim tuo prudenti judicio subdo. Primò censeo faciliorem vocis propagationem, juxta superficiem longæ trabis, non aëri interno trabis tribuendam, sed potiùs ejus partibus durioribus cohibentibus vocem, ne ex ea parte diffluat, & quasi illam, secundum quid solitantibus, adeoque fortiorem efficienti-

bus,

bus, impetus enim longius & fortius propagatur in folido. Confirmatur ex eo quod, ut Tu ipfe indicas, etiam à Metallica lamina oblonga id obtineremus; in qua non bene recurrimus ad dictum internum aërem Contra verò aëri interno tribuendum cenfeo; quod auris parieti immediatè applicata, fortiùs notabiliter fentiat vocem trans parietem factam; quam fi diftet per unum palmum v.g. à pariete: *Ratio eft*, quia aër internus parietis, ob fuam claufuram fit folidus fecundum quid: At aër externus (loquor de aëre poft parietem) ftatim diffluit; adeòque cedendo multùm perdit de fortitudine vocis, cæteris paribus. Adverte me locutum fuiffe de voce, non autem de fono facto per parietis percufsionem, nam hic à partibus duris parietis melius propagatur.

Ad id, quod communiter dicitur, nempe in cubiculis ac templis, quorum parietes tapetibus veftiantur, fonum minus bene audiri: eò quòd molle obtundat. Puto effe caute diftinguendum inter fonum confufum, & fonum diftinctum: Nam fonus quidem confufus minus bene fe habebit, eò quòd verè fiat minus fortis: At pro fono diftincto non nocent dicta mollia imò juvant ad diftinctionem: Per hoc enim, quod non reflectant fenfibiliter, fit, ut prima fyllaba v.g reflexa non concurrat ad aures fimul cum fecunda directa, & adverte in Mufica rem effe cautius obfervandam, nam non folum fyllabarum confufio, fed & Notarum muficalium eft evitanda, cùm alioquin pofsint fequi multæ diffonantiæ: Poteft quidem oculus videre plura fimul diftincte; quia diverfas partes Retinæ fingula afficiunt: At auris fentit per impetum receptum

ceptum in Tympano; ad singulos autem sonos totum Tympanum tremit (quid autem dicendum in sententia explicante visionem per impulsum, cùm Retina non sit minùs solida, quàm Tympanum auditorium, viderint illius Authores) quod tamen oculus facit simul tempore, facit auris æquivalenter successivè, sonus enim est aliquid successivum, color autem aliquid permanens.

Frequentia autem populi in templis, non tam nocet sono distincto ob debilem reflexionem, quàm ob aërem vaporosum. Hinc etiam cùm dicuntur aliqui cantores apti tantùm pro cubiculis; hæc propositio est intelligenda tantùm materialiter, non quod juventur semper à quacunque reflexione cubiculi, sed quia eorum vox se comodè extendit tantùm pro cubiculari spatio.

Hinc etiam fornices in templis potiùs nocent, quàm juvant, auditionem distinctæ Musicæ, Cantionum &c. & hinc minuitur delectatio &c.

Possunt tamen in praxi dari aliquæ utiles reflexiones, de quibus suo loco dicemus. Et in magnis Templis aptior locus pro cantoribus erit, non maximè humilis, sed mediocriter & juxta proportionem Templi elevatus, ut ii ex omnibus Templi partibus audiantur, sed oportet juvare illos per aptas reflexiones non discordantes sensibiliter à voce directa.

Labrum expansum in orificiis tubarum, puto primo universaliter juvare ad suaviorem sonum; per illam enim dilatationem orificii fit concursus minùs velox cum aëre externo, adeoque non datur strepitus asper & insuavis; similiter ac in ostiis fluminum divergentibus minuitur pugna cum mari.

G g

Secundò

Secundò in tubis militaribus præcipuè juvat ad fortiorem fonum, ob fortiorem tremorem, tum in ratione veftis, tum in ratione fuæ difpofitionis & figura: Non quòd ifte tremor tubæ feu tubi univerfaliter requiratur ad fonum fimpliciter, ut plurimi putant (nam ad effentiam foni fufficit, fi aër conftipatus à folido percuffus five in folidum incidens, quod perinde eft, tremat, ut in alio Opufculo explicavi) fed ad augendum fonum per duo corpora fonantia.

Adverto etiam, dictum tremorem in tuba militari effe diverfæ fpeciei à tremore effentialiter requifito ad fonum; & hinc in tuba marina ad perfectam imitationem tubæ militatis conducere potifsimùm pontem tremulum.

Adverto etiam fonum illū fenfibiliter tremulum, æquivalere pluribus fonis facientibus diverfas confonantias, & hinc habere fpecialem delectationem.

Adverto in inftrumentis fonoris verbi gratiâ: vulgò dictis clavicimbali, tremorem etiam fpecialem: Quamquam enim, prout erit majoris vel minoris molis, fi percutiatur, fonum edet magis vel minùs gravem; tamen dum chordæ tactæ confonat, omnino fequitur tremori chordæ, ac determinatum edit fonum ejufdem gradus cum chorda, five moles ipfius lignea fit major, five minor.

Puto ad obtinendam multiplicationem foni in tuba cochleata requiri impetum vocis aliquantò fortiorem, quàm in fimplicibus, ob multiplices reflexiones & ambages; fed tamen major ille impetus vocis in majori proportione fonum multiplicat, quàm fit proportio unius impetus ad alium, fusè explicabo: productio autem dicti impetus alligatur

gatur potius spatio, quàm tempori (prout etiam convenit reliquis corporibus tensis) ita tamen, ut quamvis initio major impetus producatur quàm in fine, tamen si liber & sine interruptione fiat motus, major erit impetus in fine, quàm initio.

Ex supradictis non multùm juvatur auris per hujusmodi Tubam sibi immediatè applicatam, ad audiendam vocem seu sonum, nisi impetus aëris recepti intra ipsam per orificiũ latius sit notabilis.

Ratio, quare in tubis Conophonicis requiratur lenta pronuntiatio, inter alias *est*, ob inordinatam reflexionem, per quam aliquæ lineæ seriùs, aliæ ociùs concurrunt in foco, quod non accidit in Ellipticis, ut alibi notavi, quamvis non negem plurimas fieri reflexiones in conicis.

Potest fieri difficilis objectio contra sonum fortiorem præcisè ex tuba fortiori cæteris paribus. Scilicet idem impetus majorem aëris molem debiliùs impellit, quàm minorem. Sed in Opusculo à me nuper impresso judicavi respondendum esse, quòd quamvis in singulis partibus aëris clausi possit esse impetus debilior, tamen tota collectio plùs continet impetùs, quàm in breviori tuba, ex longitudine enim tubæ impetus spiritùs tensi ex ore humano emissi, majores vires acquirit eundo, ut supra indicavi. Et hinc etiamsi tuba decurtetur, deperdit fortitudinem in majori proportione, quàm sit proportio decurtationis.

Hac occasione (ut denique omnia Tuo sistam judicio) addo, me pluribus communicasse, tuto & utiliter posse vertiginari Acum magneticam super apicem ferreum. *Ratio est*, quia ex una parte materia pileoli, cùm non sit ferrea, Apici non adhærescit, &

ex

ex alia, reliquæ partes Acus magneticæ sunt indifferentes, ut in omni puncto circumferentiæ trahantur æqualiter; non minùs quàm grave super Planum horizontale habeat indifferentiam, ergo ab astractione apicis ferrei non impeditur Acus, quò minùs vertatur juxta exigentiam magneticam: Moneo autem, pileolum fieri utiliter posse ex vitro.

Inveni etiam novam Methodum indagandi declinationem muri pro horologiis, per unicam & brevem operationem ad solem in quocunque instanti; absque ullo deinde computo, vel linearum ductu; & multò minùs requiritur Acus magnetica; quam aliqui tacitè aliquando subintelligunt in suis machinis; dum alioquin promittunt modum construendi horologium murale absque cognitione declinationis. Explicatur breviffimè in præsenti figura, in qua A B. sit Axis mundi juxta debitam Poli altitudinem: N O V sector pro solis declinationibus: dioptra ponenda in debita declinatione solari: M. centrum; circa quod vertatur A M. donec umbra dioptram ejusque pinnacilia æqualiter obumbret; obvertendo interim sectorem ad captandum solem, prout opus erit.

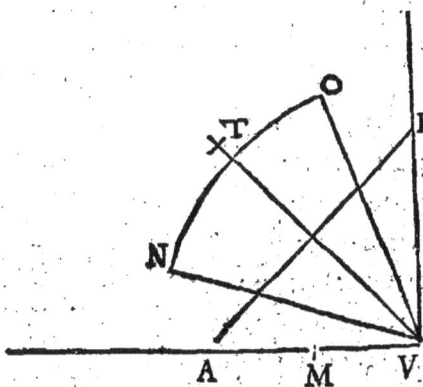

Machinæ denique nuper à me publicatæ, præcipuè pro Eclipsi lunari cochleam perpetuam addidi ad majorem facilitatem molus diurni lenti, uniformis. Extatque jam Romæ machina ex metallo affabrè concinnata à D. Hieronymo Caccia sub meâ quidem directione, sed tamen non sine ejus peculiari industria & ingenio; est quippe in hujusmodi machinis primò concinnandis solertissimus.

EXPLI-

EXPLICATIO TERMINORUM,
Nominorumque exoticorum, qui passim in hoc Opere occurrunt.

Phonurgia *est Facultas mirabilium per sonos Operatrix.*

Ars Anacamptica, *sive* Echonica, *est Facultas reflexi radij naturam & proprietatem exponens.*

φωνοκάμψις Phonocampsis, *nihil aliud est, quàm reflexio lineæ sonoræ.*

Centrum phonicū *punctū est, à quo diffusio soni aut vocis initiū ducit.*

Centrum phonocampticum, *est punctum extremum, in quo terminatur linea reflexa.*

Linea phonica *sive sonora aut vocalis est, per quam vox it & redit.*

Ortophona *per quā sonus in seipsam unde profluxit, reverberatur.*

Loxophona *est linea, quæ in murū obliquè incidēs, obliquè reflectitur.*

Anophona *est, quæ sursum obliquè incidens reflectitur.*

Catophona *quæ deorsum reflectitur.*

Objectum phonocampticū *est Murus, vel Mons, vel aliud quodvis obstaculum, in quo vox reflectitur.*

Triangulum phonicum *est, quod efficit linea directa & reflexa cum basi, quæ est distantia intra centrum phonicum, & phonocampticum; sive centrum directa & reflexa vocis.*

Phonismus *est collectio, seu radiatio specierum phonicarum intra tubos conclusarum.*

Polyphonismus *est vocis in corpore cōcavo variè reflexæ multiplicatio.*

Organa acustica *sunt instrumenta, quæ sonos in remota loca propagant.*

Phonoclasticum corpus *est, in quo sonus refringitur, ut in aquis fit.*

Tubus conicus, *est instrumentum, uti tuba, in turbinem extensum.*

Echometria *est Facultas investigandi directarum, reflexarumque linearum quantitatem.*

Elliptica, parabolica, & hyperbolica superficies *sunt ex variis Coni sectionibus ortæ, quarum figuras vide suis locis.*

Tubus cochleatus *dicitur, qui sub conica forma in tortuosum meatum contorquetur.*

Oticus tubus *vocatur, quo Surdastris ad aurē apposito, loqui solemus.*

Diapason *est consonantia in Musica, quam Octavam vocant.*

Diapente *est consonantia, quam Quintam vocant.*

Diatessaron *est consonantia, quam Quartam vocant.*

Nete *est chorda, quæ supremam vocem in Octava refert.*

Hypate *quæ infimam Bassi chordam significat.*

Chordæ Isotonæ *sunt idem, quod chordæ æqualiter tensæ.*

INDEX

INDEX
RERUM ET VERBORUM
Hujus Operis.

Man.

Ele-

Mon-

Hh 3   Cir-

(NB.) Numerus simpliciter positus indicat paginam Operis, si cum addito *col.* denotat columnas seu facies Epistolæ adjunctæ in fine.

FINIS.